U0314755

普通高等教育“十三五”规划教材

防火防爆技术

杨峰峰　张巨峰　编

扫一扫

看课件

北　京
冶 金 工 业 出 版 社
2023

内 容 简 介

本书针对应用型安全工程专业教育教学特色，以最新法律法规和技术标准为依据，以防火防爆技术发展趋势为主线，系统阐述了相关法律法规、火灾与爆炸基础知识、易燃易爆危险品及其危险特性、建筑防火防爆、火灾探测及报警技术、防灭火技术和消防灭火救援设施，将基本理论、法律法规、标准与技术有机融合，形成了较为完整的知识体系。

本书可作为高等院校安全工程、消防工程及相关专业的教材，也可供企业安全管理人员、安全技术人员以及其他生产管理人员参考。

图书在版编目(CIP)数据

防火防爆技术/杨峰峰，张巨峰编. —北京：冶金工业出版社，2020.5（2023.11 重印）

普通高等教育“十三五”规划教材

ISBN 978-7-5024-8465-1

Ⅰ.①防… Ⅱ.①杨… ②张… Ⅲ.①防火—高等学校—教材 ②防爆—高等学校—教材 Ⅳ.①X932

中国版本图书馆 CIP 数据核字（2020）第 064292 号

防火防爆技术

出版发行 冶金工业出版社		**电　　话** (010)64027926	
地　　址 北京市东城区嵩祝院北巷 39 号		**邮　　编** 100009	
网　　址 www.mip1953.com		**电子信箱** service@mip1953.com	

责任编辑 高 娜 美术编辑 郑小利 彭子赫 版式设计 禹 蕊

责任校对 郭惠兰 责任印制 禹 蕊

三河市双峰印刷装订有限公司印刷

2020 年 5 月第 1 版，2023 年 11 月第 3 次印刷

710mm×1000mm 1/16；14.25 印张；275 千字；215 页

定价 37.00 元

投稿电话 (010)64027932 投稿信箱 tougao@cnmip.com.cn

营销中心电话 (010)64044283

冶金工业出版社天猫旗舰店 yjgycbs.tmall.com

（本书如有印装质量问题，本社营销中心负责退换）

前言

近年来，火灾爆炸事故时有发生，如2013年青岛“11·22”中石化输油管线破裂爆炸，造成63人死亡；2014年昆山“8·2”特别重大金属铝粉爆炸，死亡75人；2015年的天津港“8·12”爆炸事故，死亡165人；2019年江苏响水天嘉宜化工有限公司“3·21”特别重大爆炸事故造成78人死亡、76人重伤。事故不仅给人们的生命财产带来重大损失，也引发我们对安全生产的重新思考。

众所周知，安全是构建和谐社会的基础，常伴于人们对美好生活的追求中。频频发生的火灾、爆炸事故使人们认识到开展防火防爆教育教学的必要性和紧迫性。高校不仅是开展安全理论教育的根据地，也是进行安全科技攻关研究的排头兵。安全工程专业人才的培养是确保安全科学与技术蓬勃发展的重要基础，而培养与现代科学技术发展相适应且满足社会需求的安全科技人才，是安全工程专业高等教育的核心问题。随着国家工业经济的快速发展，国家对安全越发重视，安全科学与工程专业已升级为一级学科。据统计，全国有180余所高校开设了安全工程的本科专业，为我国培养了一大批安全工程专业人才，有力地促进了我国安全生产的发展，保证了人民的安全与社会和谐稳定。

绝大多数高校的安全工程专业均开设了防火防爆类课程，而且在安全工程专业课程设置中占据着重要位置。当前，安全技术迅猛发展，行业标准频繁更新，加之各高校在专业培养上各具特色，因此，在充分吸收相关标准、教材和其他文献资料知识的基础上，本书编者编写了适应安全工程专业教学需求的新教材，以满足防火防爆技术类课程的基本教学需求。本书编写突出应用型教学特色，力求满足新时代安全工程专业人才培养及课程教学新的发展理念，立足实践，反映前沿，注重基础，尤其适用于地方性本科院校安全工程类专业的应用型人才培养，为安全工程专业应用型人才培养特色的凸显提供了基础。

本书从法律法规和部门规章入手，介绍了火灾与爆炸基础理论知识，重点阐述了建筑防火防爆、火灾探测与报警及防灭火技术，框架体系完整，通俗易懂，突出实践能力的培养，旨在帮助读者形成较为系统的防火防爆技术知识体系，为今后的安全工作和消防工程师考试奠定基础。

本书共7章，第1、3、7章由陇东学院能源工程学院张巨峰编写，第2、4、5、6章由陇东学院能源工程学院杨峰峰编写。全书由杨峰峰统稿。

本书在编写中参考了大量图书和文献资料，并引用了一些数据、论点，在此谨对相关作者表示最诚挚的谢意。本书得到了陇东学院著作基金资助，在此表示感谢！

由于编者水平有限，书中难免存在不足之处，敬请读者批评指正。

编　者

2020年3月

目　　录

1 消防法及相关法律法规

第1章　课件

1.1　中华人民共和国消防法

《中华人民共和国消防法》（以下简称《消防法》）于1998年4月29日由第九届全国人民代表大会常务委员会第二次会议审议通过，自1998年9月1日起施行；2008年10月28日由第十一届全国人民代表大会常务委员会第五次会议修订通过，自2009年5月1日起施行。根据2019年4月23日第十三届全国人民代表大会常务委员会第十次会议《关于修改〈中华人民共和国建筑法〉等八部法律的决定》修正，该法由总则、火灾预防、消防组织、灭火救援、监督检查、法律责任和附则共7章74条构成，目的是为了预防火灾和减少火灾危害，加强应急救援工作，保护人身、财产安全，维护公共安全。

1.1.1　消防工作的方针、原则和责任制

《消防法》总则第二条规定，消防工作贯彻预防为主、防消结合的方针，按照政府统一领导、部门依法监管、单位全面负责、公民积极参与的原则，实行消防安全责任制，建立健全社会化的消防工作网络。该条确立了消防工作的方针、原则和责任制。

“预防为主、防消结合”的工作方针，科学准确地阐明了“防”和“消”的关系，正确地反映了同火灾作斗争的基本规律。在消防工作中，必须坚持“防”“消”并举、“防”“消”并重的思想，将火灾预防和火灾扑救有机地结合起来，最大限度地保护人身、财产安全，维护公共安全，促进社会和谐。

“政府统一领导、部门依法监管、单位全面负责、公民积极参与”的原则是消防工作经验和客观规律的反映。“政府”“部门”“单位”“公民”四者都是消防工作的主体，共同构筑消防安全工作格局，任何一方都非常重要，不可偏废。

“实行消防安全责任制，建立健全社会化的消防工作网络”，这是我国做好消防工作的经验总结，也是从无数火灾中得出的教训。各级政府、政府各部门、各行各业以及每个人在消防安全方面各尽其责，实行消防安全责任制，建立健全社会化的消防工作网络，有利于增强全社会的消防安全意识，有利于调动各部门、各单位和广大群众做好消防安全工作的积极性，有利于进一步提高全社会整

体抗御火灾的能力。

国务院领导全国的消防工作，地方各级人民政府负责本行政区域内的消防工作。各级人民政府应当将消防工作纳入国民经济和社会发展计划，保障消防工作与经济社会发展相适应。国务院应急管理部门对全国的消防工作实施监督管理，县级以上地方人民政府应急管理部门对本行政区域内的消防工作实施监督管理，并由本级人民政府消防救援机构负责实施。军事设施的消防工作，由其主管单位监督管理，消防救援机构协助；矿井地下部分、核电厂、海上石油天然气设施的消防工作，由其主管单位监督管理。县级以上人民政府其他有关部门在各自的职责范围内，依照《消防法》和其他相关法律、法规的规定做好消防工作。

1.1.2 单位的消防安全责任

(1)《消防法》关于单位的消防安全责任的规定。

1) 任何单位都有维护消防安全、保护消防设施、预防火灾、报告火警的义务；任何单位都有参加有组织的灭火工作的义务；各级人民政府应当组织开展经常性的消防宣传教育，提高公民的消防安全意识；机关、团体、企业、事业等单位应当加强对本单位人员的消防宣传教育；应急管理部门及消防救援机构应当加强消防法律、法规的宣传，并督促、指导、协助有关单位做好消防宣传教育工作。

2) 教育、人力资源行政主管部门和学校、有关职业培训机构应当将消防知识纳入教育、教学、培训的内容。新闻、广播、电视等有关单位，应当有针对性地面向社会进行消防宣传教育。

3) 工会、共产主义青年团、妇女联合会等团体应当结合各自工作对象的特点，组织开展消防宣传教育。村民委员会、居民委员会应当协助人民政府以及公安机关、应急管理等部门，加强消防宣传教育。

(2) 单位消防安全职责。

1) 落实消防安全责任制，制定本单位的消防安全制度、消防安全操作规程，制定灭火和应急疏散预案。

2) 按照国家标准、行业标准配置消防设施、器材，设置消防安全标志，并定期组织检验、维修，确保完好有效。

3) 对建筑消防设施每年至少进行一次全面检测，确保完好有效，检测记录应当完整准确，存档备查。

4) 保障疏散通道、安全出口、消防车通道畅通，保证防火防烟分区、防火间距符合消防技术标准。

5) 组织防火检查，及时消除火灾隐患。

6) 组织进行有针对性的消防演练。

7）法律、法规规定的其他消防安全职责。

单位的主要负责人是本单位的消防安全责任人。

（3）特殊的消防安全职责。规定消防安全重点单位除履行单位消防安全职责外，还应当履行下列特殊的消防安全职责：

1）确定消防安全管理人，组织实施本单位的消防安全管理工作。

2）建立消防档案，确定消防安全重点部位，设置防火标志，实行严格管理。

3）实行每日防火巡查，并建立巡查记录。

4）对职工进行岗前消防安全培训，定期组织消防安全培训和消防演练。

县级以上地方人民政府消防救援机构应当将发生火灾可能性较大以及发生火灾可能造成重大的人身伤亡或者财产损失的单位，确定为本行政区域内的消防安全重点单位，并由应急管理部门报本级人民政府备案。

（4）同一建筑物由两个以上单位管理或者使用的，应当明确各方的消防安全责任，并确定责任人对共用的疏散通道、安全出口、建筑消防设施和消防车通道进行统一管理。

（5）生产、储存、经营易燃易爆危险品的场所不得与居住场所设置在同一建筑物内，并应当与居住场所保持安全距离。生产、储存、经营其他物品的场所与居住场所设置在同一建筑物内的，应当符合国家工程建设消防技术标准。

（6）任何单位不得损坏、挪用或者擅自拆除、停用消防设施、器材，不得埋压、圈占、遮挡消火栓或者占用防火间距，不得占用、堵塞、封闭疏散通道、安全出口、消防车通道。

（7）负责公共消防设施维护管理的单位，应当保持消防供水、消防通信、消防车通道等公共消防设施的完好有效。在修建道路以及停电、停水、截断通信线路时有可能影响消防队灭火救援的，有关单位必须事先通知当地消防救援机构。

（8）任何单位都应当无偿为报警提供便利，不得阻拦报警，严禁谎报火警；发生火灾，必须立即组织力量扑救，邻近单位应当给予支援；火灾扑灭后，发生火灾的单位和相关人员应当按照消防救援机构的要求保护现场，接受事故调查，如实提供与火灾有关的情况。

（9）被责令停止施工、停止使用、停产停业的单位，应当在整改后向消防救援机构报告，经消防救援机构检查合格，方可恢复施工、使用、生产、经营。

同时，《消防法》还规定，任何单位都有权对消防救援机构及其工作人员在执法中的违法行为进行检举、控告。

1.1.3 关于公民在消防工作中的权利和义务

《消防法》关于公民在消防工作中权利和义务的规定主要有：

(1) 任何人都有维护消防安全、保护消防设施、预防火灾、报告火警的义务；任何成年人都有参加有组织的灭火工作的义务。

(2) 任何人不得损坏、挪用或者擅自拆除、停用消防设施、器材，不得埋压、圈占、遮挡消火栓或者占用防火间距，不得占用、堵塞、封闭疏散通道、安全出口、消防车通道。

(3) 任何人发现火灾都应当立即报警；任何人都应当无偿为报警提供便利，不得阻拦报警；严禁谎报火警。

(4) 火灾扑灭后，相关人员应当按照消防救援机构的要求保护现场，接受事故调查，如实提供与火灾有关的情况。

(5) 任何人都有权对消防救援机构及其工作人员在执法中的违法行为进行检举、控告。

1.1.4 关于建设工程消防设计审核、消防验收和备案抽查制度

《消防法》完善了建设工程消防监督管理制度，进一步统一了审批管理体系，建立了建设工程消防设计审查验收制度：

(1)《消防法》第九条规定了建设工程的消防设计、施工必须符合国家工程建设消防技术标准。建设、设计、施工、工程监理等单位依法对建设工程的消防设计、施工质量负责。

(2) 对于国务院住房和城乡建设主管部门规定的特殊建设工程，建设单位应当将消防设计文件报送住房和城乡建设主管部门审查，住房和城乡建设主管部门依法对审查的结果负责；对于其他建设工程，建设单位申请领取施工许可证或者申请批准开工报告时应当提供满足施工需要的消防设计图纸及技术资料。

对国务院住房和城乡建设主管部门规定的应当申请消防验收的建设工程在竣工时，建设单位应当向住房和城乡建设主管部门申请消防验收。对于其他建设工程，建设单位在验收后应当报住房和城乡建设主管部门备案，住房和城乡建设主管部门应当进行抽查。

(3) 特殊建设工程未经消防设计审查或者审查不合格的，建设单位、施工单位不得施工；其他建设工程，建设单位未提供满足施工需要的消防设计图纸及技术资料的，有关部门不得发放施工许可证或者批准开工报告。

依法应当进行消防验收的建设工程，未经消防验收或者消防验收不合格的，禁止投入使用；其他建设工程经依法抽查不合格的，应当停止使用。

1.1.5 关于消防产品的监督管理

《消防法》进一步明确了消防产品监督管理制度：

(1) 明确了对消防产品的基本要求，规定消防产品必须符合国家标准；没

有国家标准的，必须符合行业标准。禁止生产、销售或者使用不合格的消防产品以及国家明令淘汰的消防产品。

（2）明确了消防产品强制认证制度，规定依法实行强制性产品认证的消防产品，由具有法定资质的认证机构按照国家标准、行业标准的强制性要求认证合格后，方可生产、销售、使用。实行强制性产品认证的消防产品目录，由国务院产品质量监督部门会同国务院应急管理部门制定并公布。经强制性产品认证合格或者技术鉴定合格的消防产品，国务院应急管理部门消防机构应当予以公布。

新研制的尚未制定国家标准、行业标准的消防产品，应当按照国务院产品质量监督部门会同国务院应急管理部门规定的办法，经技术鉴定符合消防安全要求的，方可投入生产、销售和使用。

（3）明确了消防产品的监督管理主体，规定产品质量监督部门、工商行政管理部门、消防救援机构应当按照各自职责加强对消防产品质量的监督检查，并依法进行处罚。

《消防法》还规定了消防产品监督管理中的产品质量监督、工商行政管理、消防救援机构等部门的协作制度。

1.1.6 消防技术服务机构和执业人员

《消防法》第三十四条规定，消防产品质量认证、消防设施检测、消防安全监测等消防技术服务机构和执业人员，应当依法获得相应的资质、资格；依照法律、行政法规、国家标准、行业标准和执业准则，接受委托提供消防技术服务，并对服务质量负责。该条既是确立消防技术服务市场地位、规范消防技术服务机构资质和执业人员资格及其消防技术服务行为的基本法律依据，也是我国消防法制建设进程中的一项创新成果。

1.1.7 消防组织

各级人民政府应当加强消防组织建设，根据经济社会发展的需要，建立多种形式的消防组织，加强消防技术人才培养，增强火灾预防、扑救和应急救援的能力。

县级以上地方人民政府应当按照国家规定建立国家综合性消防救援队、专职消防队，并按照国家标准配备消防装备，承担火灾扑救工作。乡镇人民政府应当根据当地经济发展和消防工作的需要，建立专职消防队、志愿消防队，承担火灾扑救工作。

下列单位应当建立单位专职消防队，承担本单位的火灾扑救工作：

（1）大型核设施单位、大型发电厂、民用机场、主要港口。

（2）生产、储存易燃易爆危险品的大型企业。

(3) 储备可燃的重要物资的大型仓库、基地。

(4) 第 (1)、(2)、(3) 条以外的火灾危险性较大、距离国家综合性消防救援队较远的其他大型企业。

(5) 距离国家综合性消防救援队较远、被列为全国重点文物保护单位的古建筑群的管理单位。

同时《消防法》还做出了如下规定:

(1) 专职消防队的建立,应当符合国家有关规定,并报当地消防救援机构验收。

(2) 专职消防队的队员依法享受社会保险和福利待遇。

(3) 机关、团体、企业、事业等单位以及村民委员会、居民委员会根据需要,建立志愿消防队等多种形式的消防组织,开展群众性自防自救工作。

(4) 消防救援机构应当对专职消防队、志愿消防队等消防组织进行业务指导;根据扑救火灾的需要,可以调动指挥专职消防队参加火灾扑救工作。

1.1.8 灭火救援的规定

县级以上地方人民政府应当组织有关部门针对本行政区域内的火灾特点制定应急预案,建立应急反应和处置机制,为火灾扑救和应急救援工作提供人员、装备等保障。

消防车、消防艇前往执行火灾扑救或者应急救援任务,在确保安全的前提下,不受行驶速度、行驶路线、行驶方向和指挥信号的限制,其他车辆、船舶以及行人应当让行,不得穿插超越,收费公路、桥梁免收车辆通行费。交通管理指挥人员应当保证消防车、消防艇迅速通行。

赶赴火灾现场或者应急救援现场的消防人员和调集的消防装备、物资,需要铁路、水路或者航空运输的,有关单位应当优先运输。

国家综合性消防救援队、专职消防队扑救火灾、应急救援,不得收取任何费用。单位专职消防队、志愿消防队参加扑救外单位火灾所损耗的燃料、灭火剂和器材、装备等,由火灾发生地的人民政府给予补偿。

1.1.9 关于法律责任的规定

《消防法》强化了法律责任追究,共设有警告、罚款、拘留、责令停产停业(停止施工、停止使用)、没收违法所得、责令停止执业(吊销相应资质、资格)6类行政处罚。例如,依法应当经消防救援机构进行消防设计审核的建设工程,未经依法审核或者审核不合格,擅自施工的,责令停止施工,并处三万元以上三十万元以下罚款。建筑施工企业不按照消防设计文件和消防技术标准施工,降低消防施工质量的,责令改正或者停止施工,并处一万元以上十万元以下罚款。消防产品质量认证、消防设施检测等消防技术服务机构出具虚假文件的，责令改正，处五万元以上十万元以下罚款，并对直接负责的主管人员和其他直接责任人员处一万元以上五万元以下罚款；有违法所得的，并处没收违法所得；给他人造成损失的，依法承担赔偿责任；情节严重的，由原许可机关依法责令停止执业或者吊销相应资质、资格。消防技术服务机构出具失实文件，给他人造成损失的，依法承担赔偿责任；造成重大损失的，由原许可机关依法责令停止执业或者吊销相应资质、资格。

第五十八条规定，有下列行为之一的，由住房和城乡建设主管部门、消防救援机构按照各自职权责令停止施工、停止使用或者停产停业，并处三万元以上三十万元以下罚款：

（1）依法应当进行消防设计审查的建设工程，未经依法审查或者审查不合格，擅自施工的。

（2）依法应当进行消防验收的建设工程，未经消防验收或者消防验收不合格，擅自投入使用的。

（3）本法第十三条规定的其他建设工程验收后经依法抽查不合格，不停止使用的。

建设单位未依照本法规定在验收后报住房和城乡建设主管部门备案的，由住房和城乡建设主管部门责令改正，处五千元以下罚款。

第五十九条规定，有下列行为之一的，由住房和城乡建设主管部门责令改正或者停止施工，并处一万元以上十万元以下罚款：

（1）建设单位要求建筑设计单位或者建筑施工企业降低消防技术标准设计、施工的。

（2）建筑设计单位不按照消防技术标准强制性要求进行消防设计的。

（3）建筑施工企业不按照消防设计文件和消防技术标准施工，降低消防施工质量的。

（4）工程监理单位与建设单位或者建筑施工企业串通，弄虚作假，降低消防施工质量的。

第六十条规定，有下列行为之一的，责令改正，处五千元以上五万元以下罚款：

（1）消防设施、器材或者消防安全标志的配置、设置不符合国家标准、行业标准，或者未保持完好有效的。

（2）损坏、挪用或者擅自拆除、停用消防设施、器材的。

（3）占用、堵塞、封闭疏散通道、安全出口或者有其他妨碍安全疏散行为的。

（4）埋压、圈占、遮挡消火栓或者占用防火间距的。

(5) 占用、堵塞、封闭消防车通道，妨碍消防车通行的。

(6) 人员密集场所在门窗上设置影响逃生和灭火救援的障碍物的。

(7) 对火灾隐患经消防救援机构通知后不及时采取措施消除的。

生产、储存、经营易燃易爆危险品的场所与居住场所设置在同一建筑物内，或者未与居住场所保持安全距离的，责令停产停业，并处五千元以上五万元以下罚款。

第六十四条规定，有下列行为之一，尚不构成犯罪的，处十日以上十五日以下拘留，可以并处五百元以下罚款；情节较轻的，处警告或者五百元以下罚款：

(1) 指使或者强令他人违反消防安全规定，冒险作业的。

(2) 过失引起火灾的。

(3) 在火灾发生后阻拦报警，或者负有报告职责的人员不及时报警的。

(4) 扰乱火灾现场秩序，或者拒不执行火灾现场指挥员指挥，影响灭火救援的。

(5) 故意破坏或者伪造火灾现场的。

(6) 擅自拆封或者使用被消防救援机构查封的场所、部位的。

第六十五条规定，生产、销售不合格的消防产品或者国家明令淘汰的消防产品的，由产品质量监督部门或者工商行政管理部门依照《中华人民共和国产品质量法》的规定从重处罚。

人员密集场所使用不合格的消防产品或者国家明令淘汰的消防产品的，责令限期改正；逾期不改正的，处五千元以上五万元以下罚款，并对其直接负责的主管人员和其他直接责任人员处五百元以上二千元以下罚款；情节严重的，责令停产停业。

消防救援机构对于本条第二款规定的情形，除依法对使用者予以处罚外，应当将发现不合格的消防产品和国家明令淘汰的消防产品的情况通报产品质量监督部门、工商行政管理部门。产品质量监督部门、工商行政管理部门应当对生产者、销售者依法及时查处。

第六十八条规定，人员密集场所发生火灾，该场所的现场工作人员不履行组织、引导在场人员疏散的义务，情节严重，尚不构成犯罪的，处五日以上十日以下拘留。

1.2 相关法律

消防安全涉及社会生活的方方面面，这一特点决定了公共消防安全法律规范是由多种法律综合构成的。本节主要介绍《中华人民共和国安全生产法》和《中华人民共和国刑法》。

1.2.1 中华人民共和国安全生产法

1.2.1.1 适用范围

《中华人民共和国安全生产法》（以下简称《安全生产法》）第二条规定了其适用范围和调整事项："在中华人民共和国境内从事生产经营活动的单位的安全生产，适用本法；有关法律、行政法规对消防安全和道路交通安全、铁路交通安全、水上交通安全、民用航空安全以及核与辐射安全、特种设备安全另有规定的，适用其规定。"这确定了《安全生产法》的安全生产基本法的地位，也说明了与其他相关法律、法规的关系。

1.2.1.2 安全生产工作方针和工作机制

《安全生产法》第三条规定了安全生产工作方针，强化了生产经营单位的主体责任，建立了安全生产工作机制。安全生产工作应当以人为本，坚持安全发展，坚持安全第一、预防为主、综合治理的方针，强化和落实生产经营单位的主体责任，建立生产经营单位负责、职工参与、政府监管、行业自律和社会监督的机制。

1.2.1.3 生产经营单位的安全生产保障

《安全生产法》第二章共32条，为生产经营单位在安全生产的各个方面和各个环节上确立了必须遵循的行为准则。主要包括：生产经营单位的安全生产条件，生产经营单位的主要负责人的安全生产职责，安全生产责任制的建立和落实，安全生产所必需的资金投入，安全生产管理机构的设置和安全生产管理人员的配备以及相关职责，安全生产教育、培训和资格要求，安全设施的"三同时"，安全条件论证和安全评价，安全设施设计、施工、验收和监督核查，安全警示标志，安全设备管理，危险物品的容器、运输工具管理，对严重危及生产安全的工艺、设备的淘汰制度，危险物品及废弃危险物品的监管，重大危险源管理，生产经营场所和宿舍安全要求，爆破、吊装作业管理，劳动防护用品，安全检查和报告义务，安全协作，生产经营单位发包或者出租的情况下的安全生产责任，生产安全事故的处理，工伤保险和安全生产责任保险等。

1.2.1.4 从业人员的权利和义务

《安全生产法》第三章共10条，规定了从业人员的权利和义务。

从业人员的权利：

（1）从业人员与生产经营单位订立的劳动合同应当载明与从业人员劳动安全有关的事项，以及生产经营单位不得以协议免除或者减轻安全事故伤亡责任。

（2）从业人员有权了解其作业场所和工作岗位存在的危险因素、防范措施及事故应急措施，有权对本单位的安全生产工作提出建议。

(3) 从业人员有权对本单位安全生产工作中存在的问题提出批评、检举、控告；有权拒绝违章指挥和强令冒险作业。生产经营单位不得因从业人员对本单位安全生产工作提出批评、检举、控告或者拒绝违章指挥、强令冒险作业而降低其工资、福利等待遇或者解除与其订立的劳动合同。

(4) 从业人员发现直接危及人身安全的紧急情况时，有权停止作业或者在采取可能的应急措施后撤离作业场所。生产经营单位不得因从业人员在前款紧急情况下停止作业或者采取紧急撤离措施而降低其工资、福利等待遇或者解除与其订立的劳动合同。

(5) 因生产安全事故受到损害的从业人员，除依法享有工伤保险外，依照有关民事法律尚有获得赔偿的权利的，有权向本单位提出赔偿要求。

(6) 生产经营单位使用被派遣劳动者的，被派遣劳动者享有本法规定的从业人员的权利，并应当履行本法规定的从业人员的义务。

从业人员的义务：

(1) 从业人员在作业过程中，应当严格遵守本单位的安全生产规章制度和操作规程，服从管理，正确佩戴和使用劳动防护用品。

(2) 从业人员应当接受安全生产教育和培训，掌握本职工作所需的安全生产知识，提高安全生产技能，增强事故预防和应急处理能力。

(3) 从业人员发现事故隐患或者其他不安全因素，应当立即向现场安全生产管理人员或者本单位负责人报告；接到报告的人员应当及时予以处理。

1.2.1.5 安全生产的监督管理

《安全生产法》第四章是关于安全生产的监督管理的规定，主要包括政府及安全生产监督管理部门的职责、安全生产事项的审批、政府监管要求、监督检查的实施、安全生产举报制度、安全生产舆论监督和建立安全生产违法信息库等。

1.2.1.6 生产安全事故的应急救援与调查处理

《安全生产法》第五章共11条，对生产安全事故的应急救援和调查处理做出了规定。主要包括：国家加强生产安全事故应急能力建设和建立统一的生产安全事故应急救援信息系统；县级以上人民政府应当指定特大事故应急救援预案，建立应急救援体系；生产经营单位生产安全事故应急救援预案制定、演练及应急救援义务；安全生产监督管理部门和有关部门的事故报告义务；事故抢救、调查和处理；行政部门失职、渎职法律责任；事故定期统计分析和定期公布等。

1.2.1.7 法律责任

《安全生产法》第六章共25条，规定了安全生产违法行为的法律责任，包括应当承担的行政责任、民事责任和刑事责任及其他相关规定。

1.2.2 中华人民共和国刑法

1.2.2.1 失火罪

失火罪是指由于行为人的过失引起火灾，造成严重后果，危害公共安全的行为。

A 立案标准

根据《最高人民检察院、公安部关于公安机关管辖刑事案件立案追诉标准的规定（一）》（公通字〔2008〕第36号）第一条，过失引起火灾，涉嫌下列情形之一的，应予以立案追诉：

（1）导致死亡1人以上，或者重伤3人以上的。

（2）导致公共财产或者他人财产直接经济损失50万元以上的。

（3）造成10户以上家庭的房屋以及其他基本生活资料烧毁的。

（4）造成森林火灾，过火有林地面积2公顷以上或者过火疏林地、灌木林地、未成林地、苗圃地面积4公顷以上的。

（5）其他造成严重后果的情形。

B 刑罚

《刑法》第一百一十五条第二款规定，犯失火罪的，处三年以上七年以下有期徒刑；情节较轻的，处三年以下有期徒刑或者拘役。

1.2.2.2 消防责任事故罪

消防责任事故罪是指违反消防管理法规，经消防监督机构通知采取改正措施而拒绝执行，造成严重后果，危害公共安全的行为。

A 立案标准

根据《最高人民法院、最高人民检察院关于办理危害生产安全刑事案件适用法律若干问题的解释》（法释〔2015〕22号）第六条规定，违反消防管理法规，经消防监督机构通知采取改正措施而拒绝执行，涉嫌下列情形之一的，应予立案追诉：

（1）导致死亡1人以上，或者重伤3人以上的。

（2）造成直接经济损失100万元以上的。

（3）其他造成严重后果或者重大安全事故的情形。

B 刑罚

《刑法》第一百三十九条第一款规定，违反消防管理法规，经消防监督机构通知采取改正措施而拒绝执行，造成严重后果的，对直接责任人员处三年以下有期徒刑或者拘役；后果特别严重的，处三年以上七年以下有期徒刑。

1.2.2.3 重大责任事故罪

重大责任事故罪是指在生产、作业中违反有关安全管理的规定，因而发生重大伤亡事故或者造成其他严重后果的行为。

A 立案标准

根据《最高人民法院、最高人民检察院关于办理危害生产安全刑事案件适用法律若干问题的解释》(法释〔2015〕22号) 第六条规定，在生产、作业中违反有关安全管理的规定，涉嫌下列情形之一的，应予以立案追诉：

(1) 造成死亡1人以上，或者重伤3人以上的。

(2) 造成直接经济损失100万元以上的。

(3) 其他造成严重后果或者重大安全事故的情形。

B 刑罚

《刑法》第一百三十四条第一款规定，在生产、作业中违反有关安全管理的规定，因而发生重大伤亡事故或者造成其他严重后果的，处三年以下有期徒刑或者拘役；情节特别恶劣的，处三年以上七年以下有期徒刑。

1.2.2.4 强令违章冒险作业罪

强令违章冒险作业罪是指强令他人违章冒险作业，因而发生重大伤亡事故或者造成其他严重后果的行为。

A 立案标准

根据《最高人民检察院、公安部关于公安机关管辖刑事案件立案追诉标准的规定（一）》第九条，强令他人违章冒险作业，涉嫌下列情形之一的，应予以立案追诉：

(1) 造成死亡1人以上，或者重伤3人以上的。

(2) 造成直接经济损失50万元以上的。

(3) 发生矿山生产安全事故，造成直接经济损失100万元以上的。

(4) 其他造成严重后果的情形。

B 刑罚

《刑法》第一百三十四条第二款规定，强令他人违章冒险作业，因而发生重大伤亡事故或者造成其他严重后果的，处五年以下有期徒刑或者拘役；情节特别恶劣的，处五年以上有期徒刑。

1.2.2.5 重大劳动安全事故罪

重大劳动安全事故罪是指安全生产设施或者安全生产条件不符合国家规定，因而发生重大伤亡事故或者造成其他严重后果的行为。

A 立案标准

根据《最高人民法院、最高人民检察院关于办理危害生产安全刑事案件适用法律若干问题的解释》第六条规定，安全生产设施或者安全生产条件不符合国家规定，涉嫌下列情形之一的，应予以立案追诉：

（1）造成死亡1人以上，或者重伤3人以上的。

（2）造成直接经济损失100万元以上的。

（3）其他造成严重后果或者重大安全事故的情形。

B 刑罚

《刑法》第一百三十五条规定，安全生产设施或者安全生产条件不符合国家规定，因而发生重大伤亡事故或者造成其他严重后果的，对直接负责的主管人员和其他直接责任人员，处三年以下有期徒刑或者拘役；情节特别恶劣的，处三年以上七年以下有期徒刑。

1.2.2.6 工程重大安全事故罪

工程重大安全事故罪是指建设单位、设计单位、施工单位、工程监理单位违反国家规定，降低工程质量标准，造成重大安全事故的行为。

A 立案标准

根据《最高人民检察院、公安部关于公安机关管辖刑事案件立案追诉标准的规定（一）》第十三条，建设单位、设计单位、施工单位、工程监理单位违反国家规定，降低工程质量标准，涉嫌下列情形之一的，应予以立案追诉：

（1）造成死亡1人以上，或者重伤3人以上的。

（2）造成直接经济损失50万元以上的。

（3）其他造成严重后果的情形。

B 刑罚

《刑法》第一百三十七条规定，建设单位、涉及单位、施工单位、工程监理单位违反国家规定，降低工程质量标准，造成重大安全事故的，对直接责任人员，处五年以下有期徒刑或者拘役，并处罚金；后果特别严重的，处五年以上十年以下有期徒刑，并处罚金。

1.3 部 门 规 章

1.3.1 机关、团体、企业、事业单位消防安全管理规定

1.3.1.1 消防安全责任人、消防安全管理人的确定

单位应当确定消防安全责任人、消防安全管理人。法人单位的法定代表人或者非法人单位的主要负责人是单位的消防安全责任人，应对本单位的消防安全工作全面负责。

1.3.1.2 单位消防安全管理工作中的两项责任制落实

单位应逐级落实消防安全责任制和岗位消防安全责任制，明确逐级和岗位消防安全职责，确定各级、各岗位的消防安全责任人，对本级、本岗位的消防安全负责，建立起单位内部自上而下的逐级消防安全责任制度。

1.3.1.3 消防安全责任人的消防安全职责

（1）贯彻执行消防法规，保障单位消防安全符合规定，掌握本单位的消防安全情况。

（2）将消防工作与本单位的生产、科研、经营、管理等活动统筹安排，批准实施年度消防工作计划。

（3）为本单位的消防安全提供必要的经费和组织保障。

（4）确定逐级消防安全责任，批准实施消防安全制度和保障消防安全的操作规程。

（5）组织防火检查，督促落实火灾隐患整改，及时处理涉及消防安全的重大问题。

（6）根据消防法规的规定建立专职消防队、义务消防队。

（7）组织制定符合本单位实际的灭火和应急疏散预案，并实施演练。

1.3.1.4 消防安全管理人的消防安全职责

（1）拟订年度消防工作计划，组织实施日常消防安全管理工作。

（2）组织制订消防安全制度和保障消防安全的操作规程并检查督促其落实。

（3）拟订消防安全工作的资金投入和组织保障方案。

（4）组织实施防火检查和火灾隐患整改工作。

（5）组织实施对本单位消防设施、灭火器材和消防安全标志的维护保养，确保其完好有效，确保疏散通道和安全出口畅通。

（6）组织管理专职消防队和义务消防队。

（7）在员工中组织开展消防知识、技能的宣传教育和培训，组织灭火和应急疏散预案的实施和演练。

（8）单位消防安全责任人委托的其他消防安全管理工作。另外，消防安全管理人应当定期向消防安全责任人报告消防安全情况，及时报告涉及消防安全的重大问题。

1.3.1.5 强化消防安全管理

确定消防安全重点单位，严格实行管理；明确公众聚集场所应当具备的消防安全条件；强化消防安全制度和消防安全操作规程的建立健全，明确单位动火作业要求；明确单位禁止性行为和消防安全管理义务。

1.3.1.6 加强防火检查，落实火灾隐患整改

消防安全重点单位应当进行每日防火巡查，并确定巡查的人员、内容、部位

和频次；其他单位可以根据需要组织防火巡查。公众聚集场所在营业期间的防火巡查应当至少每2h一次；营业结束时应当对营业现场进行检查，消除遗留火种。医院，养老院，寄宿制的学校、托儿所、幼儿园应当加强夜间防火巡查，其他消防安全重点单位可以结合实际组织夜间防火巡查。机关、团体、事业单位应当至少每季度进行一次防火检查，其他单位应当至少每月进行一次防火检查。消防设施、器材应当依法进行维修保养检测。对发现的火灾隐患要按照规定及时、坚决地整改。

1.3.1.7 开展消防宣传教育培训和疏散演练

消防安全重点单位对每名员工应当至少每年进行一次消防安全培训；公众聚集场所对员工的消防安全培训应当至少每半年进行一次；单位应当组织新上岗和进入新岗位的员工进行上岗前的消防安全培训。单位的消防安全负责人、消防安全管理人，专、兼职消防管理人员，消防控制室的值班、操作人员以及其他按照规定应当接受消防安全专门培训的人员，这四类人员应当接受消防安全专门培训。单位应当制定灭火和应急疏散预案。其中，消防安全重点单位至少每半年按照预案进行一次演练，其他单位至少每年组织一次演练。

1.3.1.8 建立消防档案

消防安全重点单位应当建立健全包括消防安全基本情况和消防安全管理情况的消防档案，并统一保管、备查。其他单位也应当将本单位的基本概况、消防救援机构填发的各种法律文书、与消防工作有关的材料和记录等统一保管备查。

1.3.2 社会消防安全教育培训规定

1.3.2.1 部门管理职责

公安、教育、民政、人力资源和社会保障、住房和城乡建设、文化、广电、安全监管、旅游、文物等部门应当依法开展有针对性的消防安全培训教育工作，并结合本部门职业管理工作，将消防法律法规和有关消防技术标准纳入执业或从业人员培训、考核内容中。

1.3.2.2 消防安全培训

单位应当建立健全消防安全教育培训制度，保障教育培训工作经费，按照规定对职工进行消防安全教育培训；在建工程的施工单位应当在施工前对施工人员进行消防安全教育，并做好建设工地宣传和明火作业管理等，建设单位应当配合施工单位做好消防安全教育工作；各类学校、居（村）委员会、新闻媒体、公共场所、旅游景区、物业服务企业等单位应依法履行消防安全教育培训工作职责。

1.3.2.3 消防安全培训机构

国家机构以外的社会组织或者个人利用非国家财政性经费，举办消防安全专业培训机构，面向社会从事消防安全专业培训的，应当经省级教育行政部门或者人力资源和社会保障部门依法批准，并到省级民政部门申请民办非企业单位登记。消防安全专业培训机构应当按照有关法律法规、规章和章程规定，开展消防安全专业培训，保证培训质量。消防安全专业培训机构开展消防安全专业培训，应当将消防安全管理、建筑防火和自动消防设施施工、操作、检测、维护技能作为培训的重点，对经理论和技能操作考核合格的人员，颁发培训证书。

1.3.2.4 奖惩

地方各级人民政府及有关部门和社会单位对在消防安全教育培训工作中有突出贡献或者成绩显著的，给予表彰奖励。公安、教育、民政、人力资源和社会保障、住房和城乡建设、文化、广电、安全监管、旅游、文物等部门依法对不履行消防安全教育培训工作职责的单位和个人予以处理。

1.3.3 消防监督检查规定

《公安部关于修改〈消防监督检查规定〉的决定》（公安部令第120号，以下简称120号令）2012年7月6日经公安部部长办公会议通过，于2012年7月17日发布，并自2012年11月1日起施行。该规章共6章42条。

1.3.3.1 适用范围

消防救援机构和公安派出所依法对单位遵守消防法律、法规情况进行消防监督检查。有固定生产经营场所且具有一定规模的个体工商户，纳入消防监督检查范围。

1.3.3.2 消防监督检查形式

（1）对公众聚集场所在投入使用、营业前的消防安全检查。

（2）对单位履行法定消防安全职责情况的监督抽查。

（3）对举报投诉的消防安全违法行为的核查。

（4）在大型群众性活动举办前的消防安全检查。

（5）根据需要进行的其他消防监督检查。

1.3.3.3 分级监管

消防救援机构依法对机关、团体、企业、事业等单位进行消防监督检查，并将消防安全重点单位作为监督抽查的重点。

公安派出所可以对居民住宅区的物业服务企业、居民委员会、村民委员会履行消防安全职责的情况和上级公安机关确定的单位实施日常消防监督检查。

1.3.3.4 火灾隐患判定

具有下列情形之一的，应当确定为火灾隐患：

（1）影响人员安全疏散或者灭火救援行动，不能立即改正的。

（2）消防设施未保持完好有效，影响防火灭火功能的。

（3）擅自改变防火分区，容易导致火势蔓延、扩大的。

（4）在人员密集场所违反消防安全规定，使用、储存易燃易爆危险品，不能立即改正的。

（5）不符合城市消防安全布局要求，影响公共安全的。

（6）其他可能增加火灾实质危险性或者危害性的情形等情形之一的，应当确定为火灾隐患。

1.3.4 火灾事故调查规定

1.3.4.1 调查任务

火灾事故调查的任务是调查火灾原因，统计火灾损失，依法对火灾事故做出处理，总结火灾教训。

1.3.4.2 管辖分工

根据具体情形分为地域管辖、共同管辖、指定管辖和特殊管辖。火灾事故调查一般由火灾发生地消防救援机构按照规定分工进行。

1.3.4.3 调查程序

具有规定情形的火灾事故，可以适用简易调查程序，由一名火灾事故调查人员调查。除依照规定适用简易程序外的其他火灾事故，适用一般调查程序，火灾事故调查人员不得少于两人。

1.3.4.4 复核

当事人对火灾事故认定有异议的，可以自火灾事故认定书送达之日起 15 日内，向上一级消防救援机构提出书面复核申请。

1.3.5 消防产品监督管理规定

《消防产品监督管理规定》于 2012 年 8 月 13 日以公安部、国家工商行政管理总局、国家质量监督检验检疫总局令第 122 号发布，自 2013 年 1 月 1 日起施行。该规章共 6 章 44 条。

1.3.5.1 适用范围

消防产品是指专门用于火灾预防、灭火救援和火灾防护、避难、逃生的产品。在中华人民共和国境内生产、销售、使用消防产品，以及对消防产品质量实施监督管理，适用该规定。

1.3.5.2 市场准入

（1）强制性产品认证制度。依法实行强制性产品认证的消防产品，由具有法定资质的认证机构按照国家标准、行业标准的强制性要求认证合格后，方可生产、销售、使用。

（2）消防产品技术鉴定制度。新研制的尚未制定国家标准、行业标准的消防产品，经消防产品技术鉴定机构技术鉴定符合消防安全要求的，方可生产、销售、使用。

1.3.5.3 产品质量责任和义务

（1）生产者责任和义务。消防产品生产者应当对其生产的消防产品质量负责，建立有效的质量管理体系和消防产品销售流向登记制度；不得生产应当获得而未获得市场准入资格的消防产品、不合格的消防产品或者国家明令淘汰的消防产品。

（2）销售者责任和义务。消防产品销售者应当建立并执行进货检查验收制度，采取措施，保持销售产品的质量；不得销售应当获得而未获得市场准入资格的消防产品、不合格的消防产品或者国家明令淘汰的消防产品。

（3）使用者责任和义务。消防产品使用者应当查验产品合格证明、产品标识和有关证书，选用符合市场准入的、合格的消防产品。机关、团体、企业、事业等单位定期组织对消防设施、器材进行维修保养，确保完好有效。

（4）监督检查。质量监督部门、工商行政管理部门、消防救援机构分别对生产领域、流通领域、使用领域的消防产品质量进行监督检查。任何单位和个人在接受消防产品质量监督检查时，应当如实提供有关情况和资料；不得擅自转移、变卖、隐匿或者损毁被采取强制措施的物品，不得拒绝依法进行的监督检查。

（5）法律责任。对生产者、销售者的消防产品违法行为分别由质量监督部门或者工商行政管理部门依法予以从重处罚；对建设、设计、施工、工程监理等单位、各类场所在使用领域存在的消防产品违法行为以及消防产品技术鉴定机构出具虚假文件的违法行为，由消防救援机构依法予以处罚；构成犯罪的，依法追究刑事责任。

2 基础知识

第2章　课件

2.1 火灾与爆炸

2.1.1 火灾和爆炸事故的特点

2.1.1.1 突发性

火灾和爆炸事故通常是突然发生的，事发的时间和地点有很大的偶然性，人们往往始料未及；同时，火灾和爆炸事故的发展迅速，来势凶猛，可波及的区域很广且随机性很大，能够在短时间内产生很大的破坏作用。虽然存在事故征兆，但由于人们对火灾和爆炸事故的规律及征兆了解与掌握不够，以及火灾和爆炸事故的监测、报警等手段的可靠性、实用性和广泛应用性等尚不太理想，因此会导致事故意外突发。

2.1.1.2 严重性

火灾和爆炸事故是严重危害人民生命财产、直接影响经济发展和社会稳定的最常见的一种灾害。随着经济建设的快速发展，物质财富的急剧增多，新能源、新材料、新设备的广泛开发利用，以及城市建设规模的不断扩大，火灾和爆炸事故发生的可能性越来越高，造成的损失也越来越大。

2.1.1.3 复杂性

发生火灾和爆炸事故的原因往往比较复杂。发生火灾和爆炸事故的条件之一是点火源，包括明火、化学反应热、物质的分解自燃、热辐射、高温表面、撞击或摩擦、绝热压缩、电气火花、静电火花、雷电等；另一个条件是可燃物，包括可燃气体、可燃液体和可燃固体等。此外，发生火灾和爆炸事故后，建筑物倒塌、设备爆炸、人员伤亡等也给事故原因的调查带来不少困难。

2.1.2 火灾的危害

火灾能造成非常重大的人员伤亡和财产损失，造成人员伤亡的因素主要有以下几方面。

2.1.2.1 高温

火灾作为一种燃烧反应会产生大量的热，这些热量通过对流、传导和热辐射的方式加热燃烧产物和周围气体，使得环境温度快速升高。高温不仅可使人的心率加快、大量出汗，很快出现疲劳和脱水现象，影响人员自救和疏散，而且会直接把人烧伤、烧死。

2.1.2.2 烟雾

烟雾是物质在燃烧反应过程中生成的气态、液态和固态物质与空气的混合物。烟雾的危害主要是它们本身的毒害作用造成人员窒息。另外，人在烟雾环境中的能见度会降低，影响人员疏散逃离。此外，人在烟雾中逃生，心理极不稳定，会产生恐怖感，使人的判断力下降，也容易造成自救和逃生失误。

2.1.2.3 有毒有害气体

发生火灾时可燃物的燃烧会产生大量的有毒有害气体，这些气体中除水蒸气外其他大部分对人体有害，能造成人员中毒或窒息，如 CO、SO_2、P_2O_3、HCl、NO、NO_2等。并且火灾发生时，由于燃烧要消耗大量的氧气，使空气中的氧浓度显著下降，人长时间在这种低氧的环境中就会出现呼吸障碍、失去理智、痉挛、脸色发青，甚至窒息死亡。当建筑物内燃烧旺盛时，还会产生大量的二氧化碳，当人员接触到浓度为10%~20%的二氧化碳后，会引起头晕、昏迷、呼吸困难，甚至神经中枢系统出现麻痹，失去知觉，导致死亡。另外，燃烧还会产生对人体有较强刺激作用的气体，让人无法看清方向，可能本来很熟悉的环境也会无法辨认其疏散路线和出口。

2.1.2.4 爆炸或其他事故

火灾，特别是工业生产中的火灾往往可能造成易燃易爆气体的泄漏，一旦这些泄漏的气体达到其爆炸极限就会发生爆炸。特别是在一些封闭空间中的着火，在用水灭火过程中会产生水煤气，达到爆炸极限时也会爆炸。另外，由于火灾会造成建筑物或设备的结构破坏，使它们的支撑能力下降，也可能造成坍塌、触电等其他事故。

2.1.3 爆炸的危害

爆炸发生时，其危害也是非常严重的。因为爆炸的威力巨大，在爆炸起作用的整个区域内，有一种令物体震荡并使之松散的力量。爆炸发生时，爆炸力的冲击波最初使气压上升，随后气压下降使空气振动，产生局部真空，呈现出所谓的“吸收作用”，爆炸冲击波可以造成附近建筑物的震荡、破坏。爆炸气体扩散通常在爆炸的瞬间完成，对一般可燃物质不致造成火灾，甚至有时还能起灭火作用。但是爆炸的余热或余火，会点燃从破损设备中不断流出的可燃液体蒸气进而造成火灾。爆炸与火灾相比，除了具备火灾的危害性外，爆炸事故还有它自己的特殊危害，这些危害造成的后果相较火灾更严重。爆炸事故的特点主要体现在以下五个方面。

2.1.3.1 冲击波

爆炸形成的高温、高压的气体产物，以极高的速度向周围膨胀，强烈压缩周围的静止空气，使其压力、密度和温度突跃升高，像活塞运动一样推向前进，产生波状气压向四周扩散冲击。这种冲击波能造成附近建筑物的破坏，其破坏程度与冲击波能量的大小、建筑物的坚固程度及其与产生冲击波的中心距离有关。冲击波对建筑物的破坏和对生物体的杀伤作用见表 2-1 和表 2-2。

表 2-1 冲击波对砖墙建筑物的破坏

超压力/10^5Pa	建筑物破坏情况
<0.02	基本上没有破坏
0.02~0.12	玻璃窗的部分或全部破坏
0.12~0.3	门窗部分破坏，砖墙出现小裂纹
0.3~0.5	门窗大部分破坏，砖墙出现严重裂纹
0.5~0.76	门窗全部破坏，砖墙部分倒塌
>0.76	墙倒屋塌

表 2-2 冲击波对生物体的杀伤作用

超压力/10^5Pa	对生物体的杀伤作用
<0.1	无损伤
0.1~0.25	轻伤，出现 1/4 的肺气肿，2~3 个内脏出血点
0.25~0.45	中伤，出现 1/3 的肺气肿，1~3 片内脏出血，一个大片内脏出血
0.45~0.75	重伤，出现 1/2 的肺气肿，3 个以上的片状出血，2 个以上大片内脏出血
>0.75	伤势严重，无法抢救，死亡

2.1.3.2 碎片冲击

爆炸的机械破坏效应会使容器、设备、装置以及建筑材料等的碎片四处飞散，其距离一般可达 100~500m，在相当大的范围内造成伤害。

2.1.3.3 地震波

地震波由若干种波组成，根据波传播的途径不同，波可分为体积波和表面波。爆炸引起的地震波，常常会造成在爆源附近的地面及地面的一切物体产生颠簸和摇晃，当振动达到一定强度时，可造成爆炸区周围建筑物和构筑物的破坏。

2.1.3.4 二次爆炸

发生爆炸时，如果车间、库房（如制氢车间、空分厂房或其他建筑物）里存放有可燃物，会造成火灾；高空作业人员受冲击波或震荡作用，会造成高处坠落事故；粉尘作业场所轻微的爆炸冲击波会使积存于地面上的粉尘扬起，造成更大范围的二次爆炸。

2.1.3.5 有毒有害气体

在爆炸反应中会生成一定量的CO、NO、H_2S、SO_2等有毒气体，特别是在有限空间内发生爆炸时，有毒气体会导致人员中毒或死亡。

2.1.4 火灾与爆炸的关系

燃烧和化学性爆炸就其本质来说是相同的，都是可燃物质的氧化反应，而它们的主要区别在于氧化反应速度不同。例如，1kg 整块煤完全燃烧时需要 10min，而 1kg 煤气与空气混合发生爆炸时，只需 0.2s，两者的燃烧热值都在 2931kJ 左右。通过以上比较可以清楚地看出，燃烧和爆炸的区别不在于物质所含燃烧热的大小，而在于物质燃烧的速度。燃烧速度（即氧化速度）越快，燃烧热的释放越快，所产生的破坏力也越大。根据功率与做功时间成反比的关系，可以计算出一块含热量 2931kJ 的煤块燃烧时发出的功率为 47.8kW，含同样热量的煤气燃烧时发出的功率为 1.47×10^5kW。功率越大，则做功的本领越大，破坏力也就越大。

由于燃烧和化学性爆炸的主要区别在于物质的燃烧速度，所以火灾和爆炸的发展过程有显著的不同。火灾有初起阶段、充分发展阶段和衰减阶段等过程，造成的损失随着时间的延续而加重，因此，一旦发生火灾，如能尽快地进行扑救，即可减少损失。化学性爆炸实质上是瞬间的燃烧，通常在 1s 之内爆炸过程已经完成。由于爆炸威力造成的人员伤亡、设备毁坏和厂房倒塌等巨大损失均发生于顷刻之间，猝不及防，因此爆炸一旦发生，损失已无从减免。

燃烧和化学性爆炸可随条件转化。同一物质在一种条件下可以燃烧，在另一种条件下可以爆炸。例如，煤块只能缓慢地燃烧，如果将它磨成煤粉，再与空气混合就可能爆炸，这也说明了燃烧和化学性爆炸在实质上是相同的。由于燃烧和化学性爆炸可以随条件而转化，所以生产过程发生的火灾与爆炸事故，有些是先爆炸后着火，例如油罐、电石库或乙炔发生器爆炸之后，接着往往是一场大火；而在某些情况下是先火灾而后爆炸，例如抽空的油槽在着火时，可燃蒸气不断消耗，又不能及时补充较多的可燃蒸气，因而浓度不断下降，当蒸气浓度下降进入爆炸极限范围时则发生爆炸。

2.2 燃烧的基础知识

2.2.1 燃烧的定义

燃烧是可燃物与氧化剂作用发生的放热反应，通常伴有火焰、发光和（或）发烟现象。燃烧过程中，燃烧区的温度较高，使其中白炽的固体粒子和某些不稳定（或受激发）的中间物质分子内电子发生能级跃迁，从而发出各种波长的光。发光的气相燃烧区就是火焰，它是燃烧过程中最明显的标志。由于燃烧不完全等原因，会使产物中混有一些小颗粒，这样就形成了烟。

燃烧可分为有焰燃烧和无焰燃烧。多数可燃物质的燃烧是在蒸气或气体状态下进行的，这种燃烧称为有焰燃烧，气体、液体只会发生有焰燃烧，容易热解、升华或融化蒸发的固体也主要为有焰燃烧。而有些固体的燃烧是氧气与固体表面所发生的氧化还原反应，在发生表面燃烧时，虽然有发光发热的现象，但是没有火焰产生，这种燃烧方式称为无焰燃烧，如焦炭、香火、香烟等。

2.2.2 燃烧条件

燃烧现象十分普遍，其发生和发展必须具备三个条件，即可燃物、助燃物（氧化剂）和温度（引火源）。当燃烧发生时，上述三个条件必须同时具备，如果有一个条件不具备，那么燃烧就不会发生，或者停止。燃烧三要素可表示为封闭的三角形，通常称之为着火三角形，如图 2-1 所示。

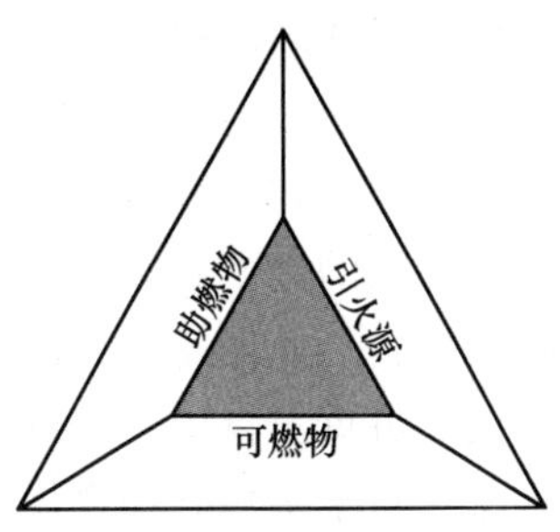

图 2-1 着火三角形

2.2.2.1 可燃物

一般来说，凡是能在空气、氧气或其他氧化剂中发生燃烧反应的物质，都称为可燃物，如木材、氢气、汽油、煤炭、纸张、硫等。可燃物既可以是单质，也可以是化合物或混合物。可燃物按其化学组成可分为无机可燃物和有机可燃物两大类。从数量上讲，绝大部分可燃物为有机物，少部分为无机物。按其所处的状态，又可分为可燃固体、可燃液体和可燃气体三大类。

2.2.2.2 助燃物（氧化剂）

凡是能和可燃物发生反应并引起燃烧的物质，称为助燃物，也称氧化剂。氧化剂的种类很多，氧气是一种最常见的氧化剂，它存在于空气中，故一般可燃物质在空气中均能燃烧。例如 1kg 木柴完全燃烧需要 4~5m^3空气，1kg 石油完全燃烧需要 10~12m^3空气。空气供应不足时，燃烧就会不完全，因此隔绝空气能使燃烧停止。

其他常见的氧化剂有卤族元素：氟、氯、溴、碘。此外还有一些化合物，如硝酸盐、氯酸盐、重铬酸盐、高锰酸盐及过氧化物等，它们的分子中含氧较多，当受到光、热、摩擦或撞击等作用时，都能发生分解放出氧气，能使可燃物氧化燃烧，因此它们也属于氧化剂。

2.2.2.3 引火源

引火源指具有一定能量，能够引起可燃物质燃烧的能源，也称着火源。在一定条件下，各种不同可燃物发生燃烧，均有自身固定的最小点火能量的要求，只有满足这个要求才能被引燃。常见的引火源有明火、电弧、电火花、静电火花、雷击、高温、自燃起火源、热辐射等。

2.2.2.4 链式反应理论

近代链式反应理论认为，燃烧是一种自由基的链式反应，是在瞬间进行的循环连续反应。所谓自由基，也称游离基，是化合物或单质分子中的共价键在外界因素（如光、热）的影响下，分裂成含有不成对价电子的原子或原子团。自由基是一种高度活泼的化学基团，容易自行结合或与其他物质的分子起反应，生成稳定的分子或新的自由基，从而使燃烧按链式反应的形式扩展。

研究表明，可燃物的多数氧化反应不是直接进行的，而是通过自由基团和原子这些中间产物瞬间进行的循环链式反应。当可燃物受热时，不仅会发生气化，而且可燃物的分子会裂解为简单分子，这些分子中原子间的共价键发生断裂，生成自由基，从而使燃烧得以继续。链式反应过程包括链引发、链传递和链终止三个阶段。可见，自由基的链式反应是燃烧反应的实质，光和热是燃烧过程中的物理现象。对于多数有焰燃烧而言，其燃烧过程中存在未受抑制的自由基作为中间体。因此，可以用着火四面体来表示有焰燃烧的四个条件，即可燃物、氧化剂、引火源和链式反应自由基，分别对应着火四面体的四个面，如图 2-2 所示。

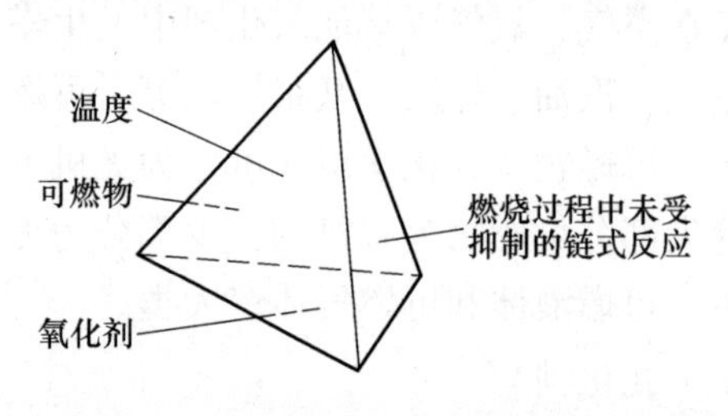

图 2-2 着火四面体

具备了燃烧的必要条件，并不意味着燃烧必然发生。发生燃烧还应有“量”的要求，这就是发生燃烧或持续燃烧的充分条件，即：

（1）具备一定数量的可燃物。在一定条件下，可燃物若不具备足够的数量，就不会发生燃烧。例如在温度为 20℃ 条件下，用明火接触汽油和煤油时，汽油会立刻燃烧起来，煤油则不会。这是因为汽油的蒸气量已经达到了燃烧所需浓度（数量），而煤油的蒸发量不够，在气相中浓度较低，接触明火也不会被点燃。

（2）有足够数量的氧化剂。要使可燃物质燃烧，或使可燃物质不间断地燃烧，必须供给足够数量的空气（氧气），否则燃烧不能持续进行。一般当空气中的氧的体积分数低于 14%时可燃物质不会发生燃烧。表 2-3 中列出了几种可燃物燃烧时所需氧的最低体积分数。

表 2-3 几种可燃物燃烧所需氧的最低体积分数

可燃物名称	氧的最低体积分数/%	可燃物名称	氧的最低体积分数/%
汽油	14.4	乙炔	3.7
乙醇	15.0	氢气	5.9
煤油	15.0	大量棉花	8.0
丙酮	13.0	黄磷	10.0
乙醚	12.0	橡胶屑	12.0
二氧化碳	10.5	蜡烛	16.0

（3）点火源要具有一定的能量。能引起一定浓度可燃物燃烧所需的最小能量称为最小引燃能量。物质能否燃烧，取决于点火源的强度，点火源的强度低于最小引燃能量便不能引起可燃物燃烧。例如一根火柴可点燃一张纸而不能点燃一块木头；又如气焊火花温度可达1000℃以上，它可以将达到一定浓度的可燃气与空气的混合气体引燃爆炸，但却不能将木块、煤块引燃。某些可燃物的最小点火能量见表 2-4。

表 2-4 某些可燃物的最小点火能量

物质名称	最小点火能量/mJ	物质名称	最小点火能量/mJ
汽油	0.2	甲醇（2.24%）	0.215
氢（28%~30%）	0.019	呋喃（4.4%）	0.23
乙炔（7.7%）	0.019	苯（2.7%）	0.55
甲烷（8.5%）	0.28	丙酮（5.0%）	1.2
丙烷（5%~5.5%）	0.26	甲苯（2.3%）	2.5
乙醚（5.1%）	0.19	醋酸乙酯（4.5%）	0.7

总之，要使可燃物发生燃烧，不仅要同时具有三个基本条件，而且每一个条件都必须具有一定的“量”，并彼此相互作用，否则就不能发生燃烧。

2.2.3 燃烧类型

燃烧可从着火方式、持续燃烧形式、燃烧物形态、燃烧现象等不同角度做不同的分类。掌握燃烧类型的有关常识，对于了解物质的燃烧机理、评定火灾的危险性，有着重要的意义。

2.2.3.1 按引燃方式分类

A 闪燃与闪点

可燃液体表面存在可燃液体的蒸气，可燃液体的温度越高，蒸发出的蒸气也越多。当温度不高时，液面上少量的可燃蒸气与空气混合后，遇到火源而发生一闪即灭（延续时间少于 5s）的燃烧现象，称为闪燃。除了可燃液体外，其他能蒸发出蒸气的固体，如石蜡、樟脑、萘等，其表面上产生的蒸气可以达到一定的浓度，与空气混合可成为可燃的气体混合物，若与明火接触，也能出现闪燃现象。

在规定的试验条件下，可燃液体蒸发出的可燃蒸气与空气形成混合物，遇火源能够发生闪燃的最低温度，称为闪点。闪点是判断液体火灾危险性大小以及对可燃性液体进行分类的主要依据。闪点越低，火灾危险性越大；反之则越小。例如，汽油的闪点为-50℃，煤油的闪点为 38～74℃，显然汽油的火灾危险性就比煤油大。根据闪点的高低，可以确定生产、加工、储存可燃性液体场所的火灾危险性类别：闪点<28℃的为甲类，28℃≤闪点<60℃的为乙类，闪点≥60℃的为丙类。

可燃液体之所以会发生一闪即灭的闪燃现象，是因为它在闪点的温度下蒸发速度较慢，蒸发出来的蒸气仅能维持短时间的燃烧，来不及提供足够的蒸气补充维持稳定的燃烧。也就是说，在闪点温度时，燃烧的仅仅是可燃液体蒸发的那些蒸气，而不是液体自身燃烧，即还没有达到使液体能燃烧的温度，所以燃烧表现为一闪即灭的现象。

闪点是可燃性液体性质的主要标志之一，是衡量液体火灾危险性大小的重要参数。闪点与可燃性液体的饱和蒸气压有关，饱和蒸气压越高，闪点越低。当液体的温度高于其闪点时，液体随时有可能被火源引燃或发生自燃，若液体的温度低于闪点，则液体是不会发生闪燃的，更不会发生着火。常见的几种易燃或可燃液体的闪点见表 2-5。

表 2-5　常见的几种易燃或可燃液体的闪点

名称	闪点/℃	名称	闪点/℃
汽油	-50	二硫化碳	-30
煤油	38～74	甲醇	11
酒精	12	丙酮	-18
苯	-14	乙醛	-38
乙醚	-45	松节油	35

B　自燃与自燃点

可燃物质受热升温而不需明火作用就能自行燃烧的现象称为自燃。引起自燃的最低温度称为自燃点，在这一温度时，物质与空气（氧）接触，不需要明火的作用就能发生燃烧。某些常见可燃物在空气中的自燃点见表 2-6。

表 2-6 某些常见可燃物在空气中的自燃点

物质名称	自燃点/℃	物质名称	自燃点/℃
氢气	400	丁烷	405
一氧化碳	610	乙醚	160
硫化氢	260	汽油	530~685
乙炔	305	乙醇	423

不同的可燃物有不同的自燃点，同一种可燃物在不同的条件下自燃点也会发生变化。可燃物的自燃点越低，发生火灾的危险性就越大。

对于液体、气体可燃物，其自燃点受压力、氧浓度、催化、容器的材质等因素的影响。而固体可燃物的自燃点，则受受热熔融、挥发物的数量、固体的颗粒度、受热时间等因素的影响。

C 燃点

在规定的试验条件下，物质在外部引火源作用下使其表面起火并持续燃烧一定时间所需的最低温度，称为燃点。在一定条件下，物质的燃点越低，火灾危险性越大。某些常见可燃物的燃点见表 2-7。

表 2-7 几种常见可燃物的燃点

物质名称	燃点/℃	物质名称	燃点/℃
蜡烛	190	棉花	210~255
松香	216	布匹	200
橡胶	120	木材	250~300
纸张	130~230	豆油	220

易燃液体的燃点一般高出其闪点 1~5℃，且闪点越低，这一差值越小，特别是在敞开的容器中很难将闪点和燃点区分开来。因此，一般用闪点评定易燃液体火灾危险性大小，用燃点评定固体的火灾危险性大小。

2.2.3.2 按燃烧发生瞬间的特点分类

按照燃烧形成的条件和发生瞬间的特点，燃烧可分为着火和爆炸。

（1）着火。可燃物在与空气共存的条件下，当达到某一温度时，与着火源接触即能引起燃烧，并在移去火源后仍能持续燃烧，这种持续燃烧的现象叫着火。着火就是燃烧的开始，并且以出现火焰为特征。着火是日常生活中最常见的燃烧现象，可燃物的着火方式一般分为点燃（或称强迫着火）和自燃。自燃有化学自燃和热自燃两种。

（2）爆炸。爆炸是指物质由一种状态迅速地转变成另一种状态，并在瞬间以机械功的形式释放出巨大的能量，或是气体、蒸气在瞬间发生的剧烈膨胀等现象。爆炸最重要的一个特征是爆炸点周围发生剧烈的压力突变，这种压力突变就是爆炸产生破坏作用的原因。

2.2.3.3 按燃烧状态分类

可燃物质受热后，因其聚集状态的不同而发生不同的变化。按燃烧物质所呈现的状态不同，燃烧可分为气体燃烧、液体燃烧和固体燃烧。

A 气体燃烧

可燃气体的燃烧一般经过受热、分解和氧化等过程，其所需热量仅用于氧化或分解，并使其达到燃点而燃烧。因此，相对于固体、液体需要经过熔化、蒸发等过程，可燃气体一般更容易燃烧，且燃烧速度更快。根据燃烧前可燃气体与氧混合状况不同，其燃烧方式分为扩散燃烧和预混燃烧。

(1) 气体的扩散燃烧。气体的扩散燃烧是指可燃气体与氧化剂互相扩散，边混合边燃烧。在扩散燃烧中，可燃气体与空气或氧气的混合是靠气体的扩散作用来实现的，混合过程要比燃烧反应过程慢，整个燃烧速度的快慢由物理混合速度决定。家用煤气的燃烧就属这种形式的燃烧。

扩散燃烧的特点为：燃烧比较稳定，扩散火焰不运动，火焰温度相对较低，可燃气体与氧化剂气体的混合在可燃气体喷口进行，燃烧过程不发生回火现象。因此，对稳定的扩散燃烧而言，只要控制得好，就不至于造成火灾，一旦发生火灾也较易扑救。

(2) 气体的预混燃烧。气体的预混燃烧是可燃气体预先同空气（或氧）混合，遇火源产生带有冲击力的燃烧。预混燃烧一般发生在封闭体系中或在混合气体向周围扩散的速度远小于燃烧速度的敞开体系中，燃烧放热造成产物体积迅速膨胀，压力升高，压强可达709.1~810.4kPa。

预混燃烧的特点为：燃烧反应快，温度高，火焰传播速度快，反应混合气体不扩散，在可燃混气中引入火源即产生一个火焰中心，成为热量与化学活性粒子的集中源。当预混气体从管口喷出发生动力燃烧时，若流速大于燃烧速度，则在管中形成稳定的燃烧火焰，由于燃烧充分，燃烧速度快，燃烧区呈高温白炽状，如汽灯的燃烧即是如此；若可燃混合气体在管口流速小于燃烧速度，则会发生“回火”，如制气系统检修前不进行置换就烧焊，燃气系统开车前不进行吹扫就点火，用气系统产生负压回火或者漏气未被发现而用火时，往往形成动力燃烧，有可能造成设备的损坏和人员伤亡。因此，火焰在预混气体中传播，存在正常火焰传播和爆轰两种方式。

B 液体燃烧

液体燃烧的特点主要体现在其燃烧过程及特殊的燃烧现象。易燃、可燃液体在燃烧过程中，并不是液体本身在燃烧，而是液体受热时蒸发出来的液体蒸气被分解、氧化达到燃点而燃烧，即蒸发燃烧。

（1）闪燃。闪燃是液体燃烧的一种形式，是引起火灾事故的先兆之一。

（2）原油火灾中的沸溢和喷溅。地下开采出来的石油，在未经加工前叫作原油。原油是烃类的混合物，主要成分是碳氢化合物。沸溢和喷溅在原油火灾中危害极大，沸溢可使原油溅出几十米，大油罐储油多时，其溢出的面积可达几千平方米，从而使火灾大面积扩散。喷溅时，原油的火焰突然腾空，火柱可高达70~80m，火柱顺风向喷射距离可达120m左右。火焰下卷时，向四周扩散，容易蔓延至邻近油管，扩大灾情，并且可能使灭火人员突然处于火焰包围中，造成人员伤亡。

1）发生沸溢及喷溅的原理。

①辐射热的作用。原油罐发生火灾时，辐射热在向四周扩散的同时，也加热了油品表面。随着加热时间的延长，被加热的液层也越来越厚，当温度不断升高，原油被加热至沸点时，燃烧着的原油就会沸腾，溢出罐外。

②热波的作用。当原油燃烧时，沸点低的轻馏分变成蒸气，离开原油表面被烧掉，沸点高的重馏分则逐步下沉并把热量带到下面，在液面下形成一个热的锋面，当继续燃烧时，此热锋面逐渐沉入下部的“冷油”中，这一现象称为热波。辐射热和热波往往共同作用，使原油很快达到沸点而发生沸溢。

③水蒸气的作用。原油中含有自由水、乳化水，热波会使原油中的水被加热汽化，变成水蒸气。水一旦变成水蒸气，其体积就会膨胀，蒸气压也相应增大，当超过原油的液压时，水蒸气会向上逸出，并形成大量的气泡，蒸气泡沫被油薄膜包围形成油泡沫，这样使原油的体积剧烈膨胀，当超出储罐的容纳范围时，向外溢出，这种现象就是沸溢。随着燃烧的继续进行，热波的温度逐渐升高，且不断向下移动，当热锋面遇到水垫层（或大量水）时，大量的水变成水蒸气，蒸气压迅速增大，以至将水垫层上部的原油物抛向上空，形成喷溅。

2）发生沸溢和喷溅的条件。只有同时具备以下几个条件的油品，才可能发生沸溢和喷溅。

①原油具有形成热波的特性，即油品中各组分的沸点范围较宽，可发生沸溢和喷溅。

②原油中含有一定程度的水。水是导致发生沸溢和喷溅的重要原因，原油中含有一定的乳化水或悬浮状态的水，且一般在其油层下还有水垫层。

③原油黏度较大。油品只有具有足够的黏度，水蒸气不容易从下向上穿过油层，才能使水蒸气泡沫被油膜包围，形成油泡沫。

3）沸溢和喷溅的主要区别。

①发生的时间不同，一般先沸溢后喷溅。发生沸溢的时间与原油的种类、水分含量有关。根据实验，含有1%水分的石油，经45~60min燃烧就会发生沸溢。

喷溅发生的时间与油层厚度、热波移动速度以及油的燃烧速度有关。

②水的来源不同，发生沸溢是原油中的乳化水、自由水，而发生喷溅则多是水垫层的水。

③危害不同，沸溢的危害较大，而喷溅来势迅猛，危害更大。

（3）沸溢和喷溅的征兆。在扑救原油火灾中，要注意观察是否出现沸溢和喷溅的前兆。发生沸溢和喷溅前一般有以下征兆：

1）油表面因大量油泡沫生成呈翻涌蠕动现象，此现象会出现2~4次。

2）火焰高度增加，颜色由深变亮且发白。

3）油罐壁出现剧烈颤抖，有的稍有膨胀现象。

4）燃烧发出的声音变异，发出强烈的嘶嘶声或呼呼声。

若出现以上征兆，火场指挥员要立即下达撤退命令，待沸溢或喷溅发生后再抓住时机进行灭火，以避免和减少不必要的伤亡。

C 固体燃烧

根据各类可燃固体的燃烧方式和燃烧特性，固体燃烧的形式大致可分为以下几种。

（1）蒸发燃烧。硫、磷、钾、钠、蜡烛、松香、沥青等可燃固体在受到火源加热时，先熔融蒸发，随后蒸气与氧气发生燃烧反应，这种形式的燃烧一般称为蒸发燃烧。樟脑、萘等易升华物质，在燃烧时不经过熔融过程，但其燃烧现象也可看作一种蒸发燃烧。

（2）表面燃烧。木炭、焦炭、铁、铜等可燃固体的燃烧，由氧和物质直接作用在其表面而发生，这种燃烧方式为表面燃烧。这是一种无火焰的燃烧，有时又称为异相燃烧。

（3）分解燃烧。可燃固体在受到火源加热时，先发生热解、气化反应，随后分解出的可燃性气体与氧气发生燃烧反应，形成气相火焰，这种形式的燃烧一般称为分解燃烧。如木材、棉花、煤、合成塑料、橡胶、纺织品等，都能发生分解燃烧。

（4）阴燃。可燃固体在空气不流通、加热温度较低、分解出的可燃挥发分较少或逸散较快、含水分较多等条件下，往往发生只冒烟而无火焰的燃烧现象，称为阴燃。阴燃是固体材料特有的燃烧形式，但其能否发生主要取决于固体材料自身的理化性质及其所处的外部环境。很多固体材料（如纸张、锯末、纤维织物、胶乳橡胶等）都能发生阴燃，这是因为这些材料受热分解后能产生刚性结构的多孔炭，从而具备多孔蓄热并持续燃烧的条件。

阴燃的发生需要有一个供热强度适宜的热源，通常有自燃热源、阴燃本身的热源和有焰燃烧火焰熄灭后的热源等。阴燃在一定条件下也会转化为明火，转化的过程与可燃物种类、状态、尺寸和外界条件有关。

需要指出的是，上述各种燃烧形式的划分不是绝对的，有些可燃固体的燃烧往往包含两种或两种以上的形式。例如，在适当的外界条件下，木材、棉、麻、纸张等的燃烧会明显地存在表面燃烧、分解燃烧、阴燃等形式。

D　燃烧产物

燃烧产生的物质，其成分取决于可燃物的组成和燃烧条件。大部分可燃物属于有机化合物，它们主要由碳、氢、氧、氮、硫、磷等元素组成，燃烧生成的气体一般有一氧化碳、二氧化碳、氯化氢、二氧化硫、丙烯醛（C_3H_4O）等。

（1）燃烧产物的定义。由燃烧或热解作用产生的全部物质，称为燃烧产物。燃烧产物有完全燃烧产物和不完全燃烧产物之分。完全燃烧产物是指可燃物中的C被氧化生成的CO_2（气）、H被氧化生成的H_2O（液）、S被氧化生成的SO_2（气）等；CO、NH_3、醇类、醛类、醚类等是不完全燃烧产物。燃烧产物的数量、组成等随物质的化学组成及温度、空气的供给情况等的变化而不同。

燃烧产物的成分是由可燃物的组成及燃烧条件决定的。例如木材完全燃烧时产生二氧化碳、水蒸气和灰分；而在不完全燃烧时，除上述产物以外还有一氧化碳、甲醇、丙酮、乙醛、醋酸以及其他干馏产物。

燃烧产物中的烟主要是燃烧或热解作用产生的悬浮于大气中能被人们看到的直径一般在10^{-7}~10^{-4}cm之间的极小的炭黑粒子，大直径的粒子容易从烟中落下来，即人们常说的烟尘或炭黑。炭粒子的形成过程比较复杂，例如碳氢可燃物在燃烧过程中因受热裂解产生一系列中间产物，中间产物还会进一步裂解成更小的碎片，这些小碎片会发生脱氢、聚合、环化等反应，最后形成石墨化炭粒子，构成烟。

（2）燃烧产物的危害性。统计资料表明，火灾死亡人数中大约有75%是由于吸入毒性气体而致死的。燃烧产物中含有大量的有毒成分，如一氧化碳、氰化氢、二氧化硫、二氧化氮等，这些气体均对人体有不同程度的危害。

燃烧产生的烟气还具有一定的减光性。通常可见光波长（λ）为0.4~0.7μm，一般火灾烟气中的烟粒子粒径（d）为几微米到几十微米，由于$d>2\lambda$，烟粒子对可见光是不透明的。烟气在火场上弥漫，会严重影响人们的视线，使人们难以辨别火势发展方向和寻找安全疏散路线；同时，烟气中有些气体对人的肉眼有极大的刺激性，使人睁不开眼而降低能见度。试验证明，室内火灾在着火后大约15min左右烟气的浓度最大，此时人的能见距离一般只有数十厘米。

2.3　火灾发展与蔓延

2.3.1　火灾及其分类

2.3.1.1　火灾的概念

广义地说，凡是超出有效范围的燃烧都称为火灾。我国的《消防词汇》

（GB/T 5907—2014）中定义，火是“以释放热量并伴有烟或火焰或两者兼有为特征的燃烧现象”，火灾是在时间或空间上失去控制的燃烧所造成的灾害。

2.3.1.2　火灾的分类

根据不同的需要，火灾可以按不同的方式进行分类。

A　按照可燃物类型和燃烧特性分类

按照国家标准《火灾分类》（GB/T 4968—2008）的规定，火灾分为A、B、C、D、E、F六类。

（1）A类火灾：固体物质火灾。这种物质通常具有有机物性质，一般在燃烧时能产生灼热的余烬。如木材、棉、毛、麻、纸张火灾等。

（2）B类火灾：液体或可熔化固体物质火灾。如汽油、煤油、原油、甲醇、乙醇、沥青、石蜡火灾等。

（3）C类火灾：气体火灾。如煤气、天然气、甲烷、乙烷、氢气、乙炔等。

（4）D类火灾：金属火灾。如钾、钠、镁、钛、锆、锂等。

（5）E类火灾：带电火灾。物体带电燃烧的火灾。如变压器等设备的电气火灾等。

（6）F类火灾：烹饪器具内的烹饪物（如动植物油脂）火灾。

B　按照火灾事故所造成的灾害损失程度分类

依据国务院2007年颁布的《生产安全事故报告和调查处理条例》（国务院令493号）中规定的生产安全事故等级标准，消防部门将火灾分为特别重大火灾、重大火灾、较大火灾和一般火灾四个等级。

（1）特别重大火灾。是指造成30人以上死亡，或者100人以上重伤，或者1亿元以上直接财产损失的火灾。

（2）重大火灾。是指造成10人以上30人以下死亡，或者50人以上100人以下重伤，或者5000万元以上1亿元以下直接财产损失的火灾。

（3）较大火灾。是指造成3人以上10人以下死亡，或者10人以上50人以下重伤，或者1000万元以上5000万元以下直接财产损失的火灾。

（4）一般火灾。是指造成3人以下死亡，或者10人以下重伤，或者1000万元以下直接财产损失的火灾。

注：“以上”包括本数，“以下”不包括本数。

2.3.1.3　火灾原因分类

事故都有起因，火灾也是如此。分析起火原因，了解火灾发生的特点，是为了更有针对性地运用技术措施，有效控火，防止和减少火灾危害。发生火灾的原因可分为以下几类：

(1) 电气火灾。过负载、短路、接触不良、电气设备过热等。
(2) 吸烟。
(3) 生活用火不慎。
(4) 生产作业不慎。
(5) 设备故障。
(6) 玩火。
(7) 放火。
(8) 雷击。
(9) 自然原因引发的火灾。
(10) 其他原因及原因不明的。

2.3.2 建筑火灾发展与蔓延

在各类火灾中，建筑火灾不管从发生次数和损失严重程度，约占所有火灾的70%。通常情况下，火灾都有一个由小到大、由发展到熄灭的过程，其发生、发展直至熄灭的过程在不同的环境下会呈现不同的特点。

建筑物内火灾发展蔓延本质上遵循热量传递规律。在建筑火灾发展蔓延过程中，热能传递由燃烧火焰和烟气的运动引起，以传导、对流和热辐射方式向外传播，使火灾得以发展和蔓延。

2.3.2.1 建筑室内火灾的发展

对于建筑火灾而言，最初发生在室内的某个房间或某个部位，然后由此蔓延到相邻的房间或区域，以及整个楼层，最后蔓延到整个建筑物。这里的“室”不仅代表住宅、写字楼、厂房、仓库等建筑内的房间，也代表汽车和火车的车厢、飞机和轮船舱等具有顶棚、墙体和开口结构的受限空间。其发展过程大致可分为初期增长阶段、充分发展阶段和衰减阶段。图2-3所示为建筑室内火灾温度-时间曲线。

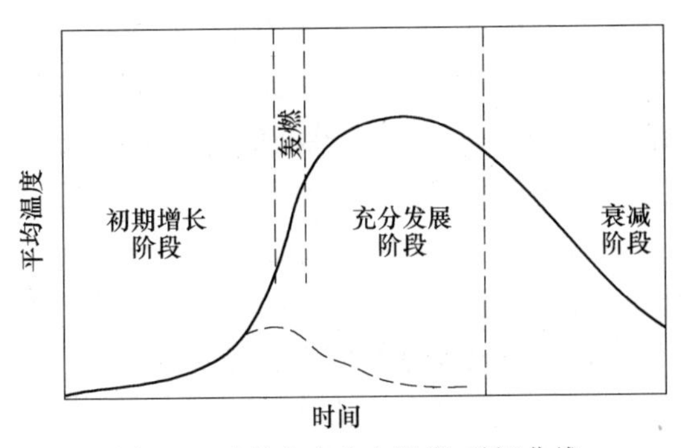

图2-3 建筑室内火灾温度-时间曲线

A 初期增长阶段

初期增长阶段从室内出现明火算起。这一阶段着火点处局部温度较高，燃烧的面积不大，室内各点的温度相差较大，平均温度较低，其燃烧状况与敞开环境中的燃烧状况差别不大。该阶段由于燃烧范围小，室内供氧相对充足，燃烧的速率主要受控于可燃物的燃烧特性，而与通风条件无关，因此，此阶段的火灾属于燃料控制型火灾。

随着燃烧的持续，该阶段既可能进一步发展形成更大规模的火灾，也可能自行熄灭，也可能出现因灭火设施动作或人为干预而被熄灭的情况，燃烧发展不稳定，火灾初起阶段持续的时间长短不定。

初期阶段火灾持续时间对建筑物内人员的安全疏散、重要物资抢救，以及火灾扑救具有重要意义，该阶段是灭火最为有利的时机，也是人员安全疏散的最有利时段，因此，应设法尽早发现火灾和控制火灾，把火灾消灭于初期阶段，消灭在起火点。一旦室内火灾经过诱发发展，达到轰燃，则该室内未逃离人员的生命将受到严重威胁。

B 充分发展阶段

建筑室内火灾持续一定时间后，如果燃料充足、通风良好，燃烧会继续发展，范围不断扩大，室内温度不断升高，当未燃烧的可燃物表面达到其热解温度后，开始分解释放出可燃气体；当室内温度继续上升到一定温度时，会出现燃烧面积和燃烧速率瞬间迅速增大、室内温度突增的现象，即轰燃，这是室内火灾由初期增长阶段转变为充分发展阶段最显著的特征之一。

轰燃发生后，室内可燃物猛烈燃烧，热释放速率很快，室内温度急剧上升，并出现持续高温，温度可达800~1000℃。由于此阶段大量可燃物同时燃烧，燃烧的速率受控于通风口的大小和通风的速率，因此，该阶段属于通风控制型火灾。此阶段，高温火焰会从房间的门窗等开口部位向外喷出，沿走廊、吊顶迅速向水平方向蔓延扩散，也会通过竖井、共享空间等纵向方向蔓延扩散，使邻近区域受到火势的威胁，这是室内火灾最危险的阶段。

为了减少该阶段的损失，可以在建筑防火设计中采取以下措施：

(1) 在建筑物内设置具有一定耐火性能的防火分隔物，把火灾控制在一定的范围内，防止火灾大面积蔓延。

(2) 选用耐火程度较高的建筑结构作为建筑物的承重体系，确保建筑物发生火灾时不倒塌破坏，为火灾中人员疏散、消防队员扑救火灾、防止火灾向相邻建筑蔓延以及火灾后建筑物修复及继续使用创造条件。

C 衰减阶段

在火灾全面发展阶段的后期，随着室内可燃物数量的减少，燃烧速度减慢，燃烧强度减弱，温度逐渐下降。一般认为，当室内平均温度下降到其峰值的 80% 时，火灾进入衰减阶段。随着可燃物进一步减少，室内温度大大降低，直至燃烧完全熄灭。

在这一阶段，应特别注意建筑物构建因高温、水冷却而发生破裂、下沉、倾斜和倒塌，以确保消防队员的安全。

在充分发展阶段和衰减阶段，如果可燃物数量充足、通风良好，室内火灾将自然发展。实际上，一旦室内发生火灾，常常伴有人为的灭火行动或者自动灭火设施的动作，因此会改变火灾的发展进程。不少火灾尚未发展就被扑灭，这样室内就不会出现破坏性的高温。如果灭火过程中可燃材料挥发分并未完全析出，由于可燃物周围的温度在短时间内仍然较高，容易造成可燃挥发分继续析出，一旦条件合适，可能会出现死灰复燃的情况，因此这种情况是不容忽视的。

2.3.2.2　建筑火灾蔓延

建筑火灾的蔓延，其实质是火灾中燃烧火焰和烟气携带热量的向外传递，导致火灾的扩大。热量的传递按其方式可分为热传导、热对流和热辐射三种。对于建筑火灾而言，尤其是高层建筑，烟气对火灾蔓延起着主要作用。发生火灾后，烟雾流动的方向通常是火势蔓延的一个主要方向，建筑物发生火灾，烟气会出现水平扩散和垂直扩散的现象。

A　垂直蔓延

建筑物内发生火灾，由于热对流的存在，火灾烟气往往通过门洞等各种开口、孔洞蔓延，导致灾情扩大。火灾烟气通过楼梯间、电梯井、管井等垂直通道时，在烟囱效应下以 2~4m/s 或更高的速度迅速上升，很快到达建筑物的顶层，使顶层上部充满烟气，再通过外窗扩散到室外。建筑物内各种垂直通道是火灾蔓延的主要途径，发生在建筑物底层或下部的火灾，烟气通过竖井在数十秒内可窜至几十层高度，使人员几乎没有足够的时间可供疏散，因此，掌握烟气流动规律，对建设可靠有效的防排烟系统十分重要。

B　水平蔓延

建筑内起火后，烟火从起火房间的内门窜出，首先进入室内走道，如果与起火房间依次相邻的房间门没有关闭，就会进入这些房间，将室内物品引燃；如果这些房间的门没有开启，则烟火要待房间的门被烧穿以后才能进入。即使在走道和楼梯间没有任何可燃物的情况下，高温热对流仍可从一个房间经过走道传到另一房间，从而逐步实现水平方向火势扩大。造成水平蔓延的主要途径和原因有：未设适当的水平防火分区，火灾在未受限制的条件下蔓延；洞口处的分隔处理不完善，火灾穿越防火分隔区域蔓延；防火隔墙和房间隔墙未砌至顶板，火灾在吊顶内部空间蔓延；采用可燃构件与装饰物，火灾通过可燃的隔墙、吊顶、地毯等蔓延。

据实验测量，火灾初起时，烟气在水平方向扩散的速度为0.1~0.3m/s；燃烧猛烈时，烟气扩散的速度可达0.5~3.0m/s；烟气顺楼梯间或其他竖向孔道扩散的速度可达3.0~4.0m/s。而人在平地行走的速度约为1.5~2.0m/s，上楼梯时的速度约为0.5m/s，人上楼的速度大大低于烟气的垂直方向流动速度。因此，当楼房着火时，如果人往楼上跑是有危险的，对着火层以上的被困人员来说，迅速逃生自救尤为重要。

2.4 爆炸基础知识

2.4.1 爆炸的概念及分类

2.4.1.1 爆炸的定义

爆炸是指物质从一种状态，经过物理变化或化学变化，突然变成另一种状态，并在瞬间释放出大量能量的现象，通常伴有发光和声响。雷电、火山爆发属于自然界中的一种爆炸现象；造福人类的爆炸是人为受控的爆炸，如工程建设中利用爆炸产生的能量；在人们生产活动中，发生了违背人们意愿的爆炸，是事故性爆炸，如矿井瓦斯爆炸，锅炉、压力容器爆炸，粉尘爆炸等。

我国最早发明火药，对促进人类物质文明建设做出了重大贡献，但是，爆炸一旦失去控制，就会酿成事故，造成人身和财产的巨大损失，使生产受到严重影响。

2.4.1.2 爆炸的分类

A 按照爆炸的能量来源分类

按照爆炸的能量来源，通常将爆炸分为物理爆炸、化学爆炸和核爆炸三种，物理爆炸和化学爆炸最为常见。

(1) 物理爆炸。物质因温度、压力或体积发生突变，使得物理能量迅速释放并转化为机械功，这是一种物理变化过程，只发生物态变化，不发生化学反应。如蒸汽锅炉因水快速汽化，容器压力急剧增加，压力超过设备所能承受的强度而发生的爆炸；轮胎爆炸、压缩气体或液化气钢瓶、油桶受热爆炸等。物理爆炸本身虽没有进行燃烧反应，但它产生的冲击力可直接或间接地造成火灾。

(2) 化学爆炸。物质在极短的时间内发生剧烈的化学反应，物质的化学能瞬间转化为大量热量，并产生高温、高压而引起的爆炸，是一种化学变化的过程。如炸药的爆炸，可燃气体、粉尘与空气混合后形成的爆炸都属于化学爆炸。

(3) 核爆炸。物质的原子核发生裂变反应或聚变反应时，瞬间放出巨大能量而形成的爆炸现象，如原子弹、氢弹、中子弹的爆炸。

B 按照爆炸反应相态

按照爆炸反应相的不同，爆炸可分为气相爆炸、液相爆炸和固相爆炸三类。

(1) 气相爆炸。气相爆炸包括可燃性气体和助燃性气体混合物的爆炸、气体的分解爆炸、液体被喷成雾状物在剧烈燃烧时引起的喷雾爆炸、飞扬悬浮于空气中的可燃粉尘引起的爆炸等。气相爆炸类别见表 2-8。

表 2-8 气相爆炸类别

类别	爆炸原理	举 例
混合气体爆炸	可燃性气体和助燃气体以适当的浓度混合，由于燃烧波或爆炸波的传播而引起的爆炸	空气和氢气、丙烷、乙醚等混合气体的爆炸
气体的分解爆炸	单一气体由于分解反应产生大量的反应热引起的爆炸	乙炔、乙烯、氯乙烯等在分解时引起的爆炸
粉尘爆炸	空气中飞散的易燃性粉尘，由于剧烈燃烧引起的爆炸	空气中飞散的铝粉、镁粉等引起的爆炸
喷雾爆炸	空气中易燃液体被喷成雾状物，在剧烈的燃烧时引起的爆炸	油压机喷出的油珠、喷漆作业引起的爆炸

(2) 液相爆炸。液相爆炸包括聚合爆炸、蒸发爆炸以及由不同液体混合所引起的爆炸，例如硝酸和油脂、液氧和煤粉等混合时引起的爆炸，熔融的矿渣与水接触或钢水与水接触时，由于过热发生快速蒸发引起的蒸汽爆炸等，见表 2-9。

表 2-9 液相和固相爆炸类别

类别	爆炸原理	举 例
混合危险物质的爆炸	氧化性物质与还原性物质或其他物质混合引起爆炸	硝酸和油脂、液氧和煤粉、高锰酸钾和浓酸等爆炸
易爆化合物的爆炸	有机过氧化物、硝基化合物、硝酸酯等燃烧引起爆炸和某些化合物的分解反应引起爆炸	丁酮过氧化物、三硝基甲苯、硝基甘油等的爆炸，偶氮化铅、乙炔铜等的爆炸
导线爆炸	在有过载电流流过时，使导线过热，金属迅速气化而引起爆炸	导线因电流过载而引起的爆炸
蒸气爆炸	固相相互转化时放出热量，造成空气急速膨胀而引起爆炸	无定形锑转化成结晶形锑时，由于放热而造成爆炸
固相转化时造成爆炸	由于过热，发生快速蒸发而引起的爆炸	熔融的矿渣与水接触，钢水与水混合爆炸

(3) 固相爆炸。固相爆炸包括爆炸性化合物及其他爆炸性物质的爆炸（如乙炔铜的爆炸），导线因电流过载产生过热，金属迅速气化而引起的爆炸等。

C 按照爆炸速度分类

在化学爆炸中，根据爆炸传播速度，又可分为爆燃、爆炸和爆轰。

(1) 爆燃。物质爆炸时的燃烧速度为每秒数米，爆炸时无多大破坏力，声响也不大。如无烟火药在空气中的快速燃烧，可燃气体混合物在接近爆炸浓度上限或下限时的爆炸即属于此类。

(2) 爆炸。物质爆炸时的燃烧速度为每秒十几米至数百米，爆炸时能在爆炸点引起压力急增，有较大的破坏力，有震耳的声响。可燃气体混合物在多数情况下的爆炸，以及火药遇火源引起的爆炸即属于此类。

(3) 爆轰。物质爆炸的燃烧速度为每秒数千米，爆轰时的特点是突然引起极高压力，并产生超音速的“冲击波”。例如，梯恩梯（TNT）炸药的爆轰速度为6800m/s。

2.4.2 爆炸极限

2.4.2.1 爆炸极限的定义

可燃气体（液体、粉尘）与空气的混合物并不是在任何浓度下遇到火源都能爆炸，而是必须在一定的浓度范围内遇火源才能发生爆炸。可燃气体、液体蒸气和粉尘与空气在一定范围内均匀混合，遇火源发生爆炸的浓度范围，称为爆炸浓度极限，简称爆炸极限。能引起爆炸的最高浓度称为爆炸上限，能引起爆炸的最低浓度称为爆炸下限，上限和下限之间的间隔称为爆炸范围。爆炸极限是表征可燃气体、蒸气和可燃粉尘危险性的主要参数。爆炸极限一般用可燃气体在混合物中的体积百分比来表示。

2.4.2.2 爆炸极限的影响因素

爆炸极限不是一个物理常数，它随条件的变化而变化，会受到温度、压力、氧含量、惰性气体、容器直径等因素的影响。

A 温度影响

可燃混合气体的初始温度越高，其爆炸下限越低，爆炸上限越高，爆炸极限的范围扩大，爆炸的危险性也相应增加。这是因为，温度上升使活化分子增加，分子和原子的动能也增加，活化分子具有了更大的冲击能量，爆炸反应更容易进行，使原来含有过量空气（低于爆炸下限）或可燃物（高于爆炸上限）而不能使火焰蔓延的混合物浓度变成可以使火焰蔓延的浓度，从而扩大了爆炸极限范围。丙酮的爆炸极限受温度影响的情况见表2-10。

B 初始压力的影响

混气初始压力增加，爆炸范围增大，爆炸危险性增加。值得注意的是，干燥的一氧化碳和空气的混合气体，压力上升，其爆炸极限范围缩小。甲烷混合气初始压力对爆炸极限的影响见表 2-11。

表 2-10 丙酮爆炸极限受温度的影响

混合物温度/℃	爆炸下限/%	爆炸上限/%
0	4.2	8.0
50	4.0	9.8
100	3.2	10.0

表 2-11 甲烷混合气初始压力对爆炸极限的影响

初始压力/MPa	爆炸下限/%	爆炸上限/%
0.1	5.6	14.3
1	5.9	17.2
5	5.4	29.4
12.5	5.7	45.7

当混合物的初始压力降低时，爆炸极限范围缩小，当压力降低到某一数值时则会出现下限与上限重合，这就意味着初始压力再降低时，混合气体不会发生爆炸。把这一爆炸极限范围缩小为零的压力称为爆炸的临界压力。因此，密闭设备进行减压操作甚至负压操作对安全生产是有利的。

C 惰性介质的影响

如果在混合气体中掺入不燃烧的惰性气体，混合物的爆炸极限会随着惰性气体的浓度变大而缩小，当惰性气体的浓度增加到某一数值时，爆炸上下限趋于一致，混合气体就会失去爆炸性。

混合气体中惰性气体浓度的增加，会使空气的浓度相对减少，在爆炸上限时，可燃气体浓度大，空气浓度小，混合气体中氧浓度相对减少，故惰性气体更容易把氧分子和可燃气体分子隔开，对爆炸上限产生较大的影响，使爆炸上限迅速下降。同理，混合气体中氧含量的增加，爆炸极限扩大，尤其对爆炸上限提高更多。

D 容器的影响

爆炸容器的大小、材质等特性对混合物的爆炸均有或大或小的影响。实验证明，容器的直径越小，混合物的爆炸极限范围越小。对同一可燃物质来说，容器直径越小，其火焰蔓延速度就越小，当容器的直径小到一定程度时，火焰就不能够通过，这一间距被称为最大间距，也叫临界间距。当容器的直径小于临界间距时，火焰因不能通过而熄灭。如甲烷的临界直径为 0.4~0.5mm，氢和乙炔为 0.1~0.2mm。

E 氧含量影响

混合物中氧含量增大会使爆炸极限的范围扩大，尤其是爆炸上限会提高很多。几种可燃气体在空气、纯氧气中的爆炸极限的比较见表2-12。

表2-12 部分可燃气体和蒸气的爆炸极限

物质名称	在空气中/%		在氧气中/%	
	下限	上限	下限	上限
氢气	4.0	75.0	4.7	94.0
乙炔	2.5	82.0	2.8	93.0
甲烷	5.0	15.0	5.4	60.0
乙烷	3.0	12.45	3.0	66.0
丙烷	2.1	9.5	2.3	55.0
乙烯	2.75	34.0	3.0	80.0
丙烯	2.0	11.0	2.1	53.0
氨	15.0	28.0	13.5	79.0
环丙烷	2.4	10.4	2.5	63.0
一氧化碳	12.5	74.0	15.5	94.0
乙醚	1.9	40.0	2.1	82.0
丁烷	1.5	8.5	1.8	49.0

F 点火源的影响

点火源的活化能量越大、加热面积越大、作用时间越长，爆炸极限范围也越大，爆炸危险性也就越大。

2.4.3 爆炸极限的应用

物质的爆炸极限是评价生产、储存过程的火灾危险程度的主要参数，是建筑、电气和其他防火安全技术的重要依据。控制可燃性物质在空间的浓度低于爆炸下限或高于爆炸上限，是保证安全生产、储存、运输、使用的基本措施之一。具体应用有以下几方面：

（1）爆炸极限是评定可燃气体火灾危险性大小的依据，爆炸范围越大、下限越低，火灾危险性就越大。

（2）爆炸极限是评定气体生产、储存场所火险类别的依据，也是选择电气防爆形式的依据。生产、储存爆炸下限<10%的可燃气体的工业场所，应选用隔爆型防爆电气设备；生产、储存爆炸下限≥10%的可燃气体的工业场所，可选用任一防爆型电气设备。

（3）根据爆炸极限可以确定建筑物耐火等级、层数、面积、防火间距、建筑消防设施以及灭火救援力量的配备等。

(4) 根据爆炸极限，确定安全操作规程，例如，采用可燃气体或蒸气氧化法生产时，应使可燃气体或蒸气与氧化剂的配比处于爆炸极限范围以外，若处于或接近爆炸极限范围进行生产时，可以用惰性气体稀释和保护。

2.5 爆炸危险源

发生爆炸必须具备两个基本要素：一是爆炸介质，二是引爆能源，两者缺一不可。在生产中，爆炸危险源可从潜在的爆炸危险性、存在条件及触发因素等几方面来确定，具体包括能量与危险物质、物的不安全状态、人的不安全行为以及管理缺陷等。

2.5.1 引起爆炸的直接原因

引起爆炸事故的直接原因可归纳为以下几方面。

2.5.1.1 物料原因

生产中使用的原料、中间体和产品大多是有火灾、爆炸危险性的可燃物。工作场所过量堆放物品，对易燃易爆危险品没有安全防护措施，产品下机后不待冷却便入库堆积，不按规定掌握投料数量、投料比、投料先后顺序，控制失误或设备造成故障造成物料外溢，生产粉尘或可燃气体达到爆炸极限等原因，均会酿成爆炸事故。

2.5.1.2 作业行为原因

作业行为导致爆炸的原因有：违反操作规程、违章作业、随意改变操作控制条件，生产和生活用火不慎，乱用炉火、灯火，乱丢未熄灭的火柴杆、烟蒂，判断失误、操作不当，对生产出现超温、超压等异常现象束手无策，不按科学态度指挥生产、盲目施工、超负荷运转等。

2.5.1.3 生产设备原因

由于设备缺陷导致生产火灾的原因有：选材不当或材料质量有问题，而致设备存在先天性缺陷；由于结构设计不合理，零部件选配不当，而致设备不能满足工艺操作的要求；由于腐蚀、超温、超压等而致出现破损、失灵、机械强度下降、运转摩擦部件过热等。

2.5.1.4 生产工艺原因

生产工艺原因主要表现为物料的加热方式方法不当，致使引燃引爆物料；对工艺性火花控制不力而致形成点火源；对化学反应型工艺控制不当，致使反应失控；对工艺参数的控制失灵，而致出现超温、超压现象。

此外，还因为人的故意破坏，如放火、停水停电、毁坏设备及地震、台风、雷击等自然灾害也同样可能会引发爆炸。

2.5.2 常见爆炸点火源

根据前文所述，点火源是发生爆炸的必要条件之一，常见引起爆炸的点火源主要有机械火源、热火源、电火源及化学火源，见表 2-13。

表 2-13 常见引发爆炸的点火源

火源类别	火源举例
机械火源	撞击、摩擦
热火源	高温热表面、日光照射并聚焦
电火源	电火花、静电火花、雷电
化学火源	明火、化学反应热、发热自燃

2.5.2.1 机械火源

撞击、摩擦产生火花，如机器上转动部分的摩擦，铁器的互相撞击或铁制工具打击混凝土地面，带压管道或铁制容器的开裂等，都可能产生高温或火花，成为爆炸的起因。

2.5.2.2 热火源

(1) 高温表面。生产工艺的加热装置，高温物料的传送管线、高压蒸汽管线及高温反应塔、器等设备表面温度都比较高，可燃物料与这些高温表面接触时间过长，就有可能引发爆炸事故。

(2) 日光照射。直射的太阳光，通过凸透镜、凹面镜、圆形玻璃瓶、有气泡的平板玻璃等，会聚焦形成高温焦点，可能点燃可燃性物质。

2.5.2.3 电火源

(1) 电火花。电气方面形成的火源，一般指电气开关合闸、断开时产生的火花电弧，或由于电气设备短路、过载、接触不良或其他原因产生的电火花、电弧或危险温度。

(2) 静电火花。静电指的是相对静止的电荷，是一种常见的带电现象。在一定条件下两种不同物质（其中至少有一种为电介质）相互接触、摩擦，就可能产生静电并积聚起来产生高电压。若静电能量以火花形式发出，则可能成为火源，引起爆炸事故。物质能否产生静电并积聚起来，主要取决于物质的电阻率和相对介电常数。在工业生产过程中，撕裂、剥离、拉伸、撞击、粉碎、筛分、滚压、搅拌、输送、喷涂和过滤物料，还有气、液体的流动、溅泼、喷射等各种操作，都可能产生静电。

（3）雷电。雷电产生的火花温度之高可熔化金属，也是引起爆炸事故的祸根之一。

2.5.2.4　明火

生产过程中的明火主要是指加热用火、维修用火以及其他火源。此外，烟头、火柴、烟囱飞火、机动车辆排气管喷火都可能引起可燃物料的燃爆。

2.5.3　最小点火能量

所谓最小点火能量，是指每一种气体爆炸混合物，都有起爆的最小点火能量，低于该能量，混合物就不爆炸，目前都采用 mJ 作为最小点火能量的单位。表 2-14 中列出部分可燃气体和蒸气在空气中的最小点火能量。

表 2-14　部分可燃气体和蒸气在空气中的最小点火能量

物质名称	最小点火能量/mJ	物质名称	最小点火能量/mJ
乙烷	0.285	丁酮	0.68
丙烷	0.305	丙酮	1.15
甲烷	0.47	乙酸乙酯	1.42
庚烷	0.70	甲醚	0.33
乙炔	0.02	乙醚	0.49
乙烯	0.096	异丙醚	1.14
丙炔	0.152	三乙胺	0.75
丙烯	0.282	乙胺	2.4
丁二烯	0.175	呋喃	0.225
氯丙烷	1.08	苯	0.55
甲醇	0.215	环氧乙烷	0.087
异丙醇	0.65	二硫化碳	0.015
乙醛	0.325	氢	0.02

易燃易爆危险品及其危险特性

第 3 章　课件

3.1　危险品概述

3.1.1　危险品的分类

危险品系指有爆炸、易燃、毒害、腐蚀、放射性等危险特性，在运输、储存、生产、经营、使用和处置中，容易造成人身伤亡、财产损失或环境污染而需要特别防护的物质和物品。

我国关于危险化学品分类的安全标准主要有：《危险货物分类和品名编号》（GB 6944—2012）、《危险货物品名表》（GB 12268—2012）和《化学品分类和危险性公示通则》。

《危险货物分类和品名编号》中规定了危险货物分类、危险货物危险性的先后顺序和危险货物编号。适用于危险货物运输、储存、经销及相关活动。标准中按危险货物具有的危险性或最主要的危险性分为 9 个类别，其中第 1 类、第 2 类、第 4 类、第 5 类和第 6 类再分成项别。类别和项别分列如下：

第 1 类：爆炸品。

第 1.1 项：有整体爆炸危险的物质和物品。

第 1.2 项：有迸射危险，但无整体爆炸危险的物质和物品。

第 1.3 项：有燃烧危险并有局部爆炸危险或局部迸射危险或这两种危险都有，但无整体爆炸危险的物质和物品。

第 1.4 项：不呈现重大危险的物质和物品。

第 1.5 项：有整体爆炸危险的非常不敏感物质。

第 1.6 项：无整体爆炸危险的极端不敏感物品。

第 2 类：气体。

第 2.1 项：易燃气体。

第 2.2 项：非易燃无毒气体。

第 2.3 项：毒性气体。

第 3 类：易燃液体。

第 4 类：易燃固体、易于自燃的物质、遇水放出易燃气体的物质。

第4.1项：易燃固体、自反应物质和固态退敏爆炸品。

第4.2项：易于自燃的物质。

第4.3项：遇水放出易燃气体的物质。

第5类：氧化性物质和有机过氧化物。

第5.1项：氧化性物质。

第5.2项：有机过氧化物。

第6类：毒性物质和感染性物质。

第6.1项：毒性物质。

第6.2项：感染性物质。

第7类：放射性物质。

第8类：腐蚀性物质。

第9类：杂项危险物质和物品，包括危害环境物质。

我国《化学品分类和危险性公示通则》中规定了有关技术内容与《化学品分类及标记全球协调制度》（GHS）中的一致，我国《化学品分类和危险性公示通则》适用于化学品分类及其危险公示，也适用于化学品生产场所和消费品的标志。《化学品分类和危险性公示通则》中将危险共分3大类，包括理化危险、健康危险和环境危险。

（1）按照理化危险共分为16类：爆炸物、易燃气体、易燃气溶胶、氧化性气体、压力下气体、易燃液体、易燃固体、自反应物质或混合物、自燃液体、自燃固体、自热物质和混合物、遇水放出易燃气体的物质或混合物、氧化性液体、氧化性固体、有机过氧化物、金属腐蚀剂。

（2）按照健康危险共分为10类：急性毒性，皮肤腐蚀、刺激，严重眼损伤、眼刺激，呼吸或皮肤过敏，生殖细胞致突变性，致癌性，生殖毒性，特异性靶器官系统毒性（一次接触），特异性靶器官系统毒性（反复接触），吸入危害。

（3）按照环境危险共分为1类：危害水生环境。

容易发生燃烧和爆炸的危险品即为易燃易爆危险品。具体指九个类别中的爆炸品、易燃气体、易燃液体、易燃固体、易于自燃的物质和遇水放出易燃气体的物质、氧化性物质和有机过氧化物。这些物品不论是作为原料还是作为产品，一般都要经过加工、储存、运输等方式的输转才能供给使用。从最初生产到最终使用者的整个过程中，物品受到摩擦、震动、挤压、温度和湿度变化、混触等诸多因素影响较大，因而造成燃烧、爆炸的隐患也多。为了加强对危险物品的安全管理，确保生命、财产安全，对危险物品进行科学的分类，特别是研究各类易燃易爆危险物品的危险特性是十分重要的。

3.1.2 危险品的品名编号

3.1.2.1 UN 编号

为便于使用和查找危险品，应对危险品进行统一编号。通常每一种危险品对应一个编号，但对性质基本相同，运输、储存条件和灭火、急救、处置方法相同的危险品，也可使用同一编号。联合国编号（UN Number）是由联合国危险货物运输专家委员会编制的4位阿拉伯数字编号，用以识别一种物质或一类特定物质或物品。每一危险货物对应一个编号，但对基本性质相同，运输、储存条件和灭火、急救、处置方法相同的危险货物，也可以使用同一编号。

现行国家标准《危险货物品名表》中每个条目都对应一个编号。条目包括以下四类：

（1）“单一”条目。适用于意义明确的物质或物品，例如，UN1090 丙酮、1114 苯。

（2）“类属”条目。适用于意义明确的一组物质或物品，例如，UN1133 黏合剂、含易燃液体、UN 1266 香料制品、含有易燃溶剂。

（3）“未另作规定的”特定条目。适用于一组具有某一特定化学性质或特定技术性质的物质或物品，例如，UN1477 无机硝酸盐，未另作规定的；UN 1987 醇类，未另作规定的。

（4）“未另作规定的”一般条目。适用于一组符合一个或多个类别或项别标准的物质或物品，例如，UN 1325 有机易燃固体，未另作规定的；UN 1993 易燃液体，未另作规定的。

3.1.2.2 化学文摘检索号（CAS 号）

美国化学会下设的化学文摘服务社（Chemical Abstracts Service，CAS）为每一种出现在文献中的物质分配一个检索服务号，是某种物质（化合物、高分子材料、生物序列、混合物或合金）的唯一的数字识别号码。其目的是为了避免化学物质有多种名称的麻烦，使数据库的检索更为方便。

CAS 号格式：一个 CAS 号以连字符“-”分为三部分，第一部分有2~6位数字，第二部分有2位数字，第三部分有1位数字作为校验码。CAS 号以升序排列且没有任何内在含义。如一氧化碳为 630-08-0，氧气为 7782-44-7。

3.2 爆 炸 品

3.2.1 爆炸物的定义与分类

3.2.1.1 相关定义

（1）爆炸物质（或混合物）是指能通过化学反应在内部产生一定速度、一定温度与压力的气体且对周围环境具有破坏作用的一种固体或液体物质（或其混合物）。烟火物质或混合物无论其是否产生气体都属于爆炸物质。

（2）烟火物质（或混合物）是指能发生非爆轰且自供氧放热化学反应的物质或混合物，并产生热、光、声、气、烟或几种效果的组合。

（3）爆炸品是指包括一种或多种爆炸物质或其混合物的物品。

（4）烟火制品是指包括一种或多种烟火物质或其混合物的物品。

爆炸物包含以下三类：

（1）爆炸物质和混合物。

（2）爆炸品，不包括那些含有一定数量的爆炸物或其混合物的装置，在这些装置内的爆炸物当不小心或无意中被点燃或引爆时产生迸射、着火、冒烟、放热或巨响等效果，不会在装置外产生任何效应。

（3）上面两项均未提及的，而实际上又是以产生爆炸或焰火效果而制造的物质、混合物和物品，如烟火制品。

3.2.1.2　爆炸品的分类

爆炸品实际上是火药、炸药和爆炸性药品及其制品的总称。爆炸品按其爆炸危险性的大小分为以下六项：

（1）1.1项。具有整体爆炸危险的物质和物品（整体爆炸，是指瞬间能影响到几乎所有内装物爆炸）。如爆破用的电雷管、非电雷管、弹药用雷管、雷汞等起爆药，梯恩梯、硝铵炸药、无烟火药、硝化棉、硝化淀粉、硝化甘油、黑火药及其制品等。

（2）1.2项。具有迸射危险，但无整体爆炸危险的物质和物品。如带有炸药的火箭、火箭弹头，装有炸药的炸弹、弹丸、穿甲弹，以及摄影闪光弹、闪光粉、地面或空中照明弹，不带雷管的民用炸药装药、民用火箭等。

（3）1.3项。具有燃烧危险并有局部爆炸危险或局部迸射危险或两者兼有，但无整体爆炸危险的物质和物品。

（4）1.4项。不呈现重大危险的爆炸物质和物品。该项爆炸品的危险性较小，即使被点燃或引爆，其危险作用大部分局限在包装件内部，并预计射出的碎片不大，射程也不远，外部火烧不会引起包装件几乎全部内装物的瞬间爆炸，并对包装件外部无重大危险。如导火索、信号火炬等。

（5）1.5项。有整体爆炸危险的非常不敏感物质。包括具有整体爆炸危险，但本身又很不敏感，以致在正常运输条件下引发或由燃烧转为爆炸的可能性极小的物质。该项爆炸品性质比较稳定，在燃烧实验中不会爆炸。如铵油炸药、铵沥蜡炸药等。

（6）1.6项。极不敏感且无整体爆炸危险的物品。包括仅含有不敏感爆炸物质，并且其意外引发爆炸或传播的概率可忽略不计的物品。

3.2.2 爆炸品的特性

爆炸品的特性主要表现为其受到摩擦、撞击、震动、高热或其他能量激发后，就能产生剧烈的化学反应，并在极短时间内释放大量热量和气体而发生爆炸性燃烧。其主要危险性包括爆炸性和敏感度。

(1) 爆炸性。爆炸物品都具有化学不稳定性，在一定的作用下，能以极快的速度发生猛烈的化学反应，产生的大量气体和热量在短时间内无法逸散开去，致使周围的温度迅速上升和产生巨大的压力而引起爆炸。

(2) 敏感度。爆炸物的敏感性用敏感度来表示。炸药在外界能量激发下，发生爆炸反应的难易程度称为炸药的敏感度。敏感度的高低以引起炸药爆炸反应所需要的最小能量表示，这个外界能量称为起爆能。起爆能越小，炸药的敏感度越高。常遇到的起爆能有热能、机械能、电能等。炸药的敏感度随起爆能的形式不同有不同的表示方法，如热感度、机械感度、爆轰感度和静电感度等。

影响爆炸品敏感度的因素很多，而爆炸品的化学组成和结构是决定敏感度的内在因素。另外，影响炸药敏感度的外在因素有温度、杂质、水分、结晶、密度等。

(3) 殉爆。殉爆是指炸药主爆药爆炸后，能够引起与其相距一定距离的炸药从爆药爆炸，这种现象叫做炸药的殉爆。

3.3 易燃气体

3.3.1 易燃气体的定义与分类

(1) 易燃气体的定义。易燃气体是指温度在20℃和标准大气压101.3kPa时与空气混合有一定易燃范围的气体。

(2) 易燃气体的分类。易燃气体分为以下2类：

1) 爆炸下限小于10%；或不论爆炸下限如何，爆炸极限范围不小于12%。

2) 爆炸下限不小于10%且不大于13%，且爆炸极限范围小于12%。

3.3.2 易燃气体的火灾危险性

3.3.2.1 易燃易爆性

易燃气体的主要危险性是易燃易爆性，对于易燃气体，除了爆炸极限，引燃温度、最小点火能和爆炸指数也是衡量其火灾危险性的重要参数。在规定条件下能引起易燃气体和空气混合物着火并传播的最小点火能量称为该易燃气体的最小点火能量，它除取决于易燃气体的化学组成和结构外，还和浓度、温度、压力等条件有关。

综合易燃气体的燃烧现象，其易燃易爆性具有以下 3 个特点：

（1）比液体、固体易燃，且燃速快。

（2）一般来说，由简单成分组成的气体［如氢气（H_2）］比复杂成分组成的气体［如甲烷（CH_4）、一氧化碳（CO）等］易燃，燃烧速度快，火焰温度高，着火爆炸危险性大。简单成分组成的气体和复杂成分组成的气体的火灾危险性比较见表 3-1。

表 3-1 简单成分组成的气体和复杂成分组成的气体的火灾危险性比较

气体名称	化学组成	最大直线燃烧速度 /cm·s^{-1}	最高火焰温度 /℃	爆炸浓度范围（体积分数）/%
氢气	H_2	210	2130	4~75
一氧化碳	CO	39	1680	12.5~74
甲烷	CH_4	33.8	1800	5~15

（3）价键不饱和的易燃气体比价键饱和的易燃气体的火灾危险性大。这是因为不饱和气体的分子结构中有双键或三键存在，化学活性强，在通常条件下就能与氯、氧等氧化性气体起反应而发生着火或爆炸，所以火灾危险性大。

3.3.2.2 扩散性

处于气体状态的任何物质都没有固定的形状和体积，且能自发地充满任何容器。由于气体的分子间距大、相互作用力小，所以非常容易扩散。气体的扩散性可用扩散系数表示，由扩散系数的计算公式可知，气体的扩散速度与气体相对分子质量的平方根成反比，相对分子质量较小的可燃气体有较大的扩散速度。例如，甲烷与乙醇蒸气在空气中的扩散系数之比为 1.5，表明甲烷气体比乙醇蒸气的扩散要快 50%。扩散性越大的可燃气体在泄漏后越有可能在很短时间内分布于一个更大的范围，与空气形成爆炸性混合物，具有更大的危险性。气体的扩散特点主要体现在以下几方面：

（1）比空气轻的气体逸散在空气中可以无限制地扩散，并与空气形成爆炸性混合物，且能够顺风飘散，迅速蔓延和扩展。

（2）比空气重的气体泄漏出来时，往往飘浮于地表、沟渠、隧道、厂房死角等处，长时间聚集不散，易与空气在局部形成爆炸性混合气体，遇引火源发生着火或爆炸；同时，密度大的易燃气体一般都有较大的发热量，在火灾条件下易使火势扩大。掌握可燃性气体的相对密度及其扩散性，对评价其火灾危险性的大小、选择通风口的位置、确定防火间距以及采取防止火势蔓延的措施都有实际意义。常见可燃气体的相对密度与扩散系数的关系见表 3-2。

表 3-2 常见可燃气体的相对密度与扩散系数的关系

气体名称	扩散系数 /$cm^2 \cdot s^{-1}$	相对密度 /$kg \cdot m^{-3}$	气体名称	扩散系数 /$cm^2 \cdot s^{-1}$	相对密度 /$kg \cdot m^{-3}$
氢	0.634	0.07	乙烯	0.130	0.97
乙炔	0.194	0.91	甲醚	0.118	1.58
甲烷	0.196	0.55	液化石油气	0.121	1.56
氨	0.198	0.5962			

3.3.2.3 可缩性和膨胀性

任何物体都有热胀冷缩的性质，气体也不例外，其体积也会因温度的升降而胀缩，且胀缩的幅度比液体要大得多。气体的可缩性和膨胀性特点如下：

（1）当压力不变时，气体的温度与体积成正比，即温度越高，体积越大。通常，气体的相对密度随温度的升高而减小，体积随温度的升高而增大。

（2）当温度不变时，气体的体积与压力成反比，即压力越大，体积越小。如对 100L、质量一定的气体加压至 1013.25kPa 时，其体积可以缩小到 10L。这一特性说明，气体在一定压力下可以压缩，甚至可以压缩成液态。所以，气体通常都是经压缩后存于钢瓶中的。

（3）在体积不变时，气体的温度与压力成正比，即温度越高，压力越大。这就是说，当储存在固定容积容器内的气体被加热时，温度越高，其膨胀后形成的压力就越大。当盛装压缩或液化气体的容器（钢瓶）在储运过程中受到高温、暴晒等热源作用时，容器、钢瓶内的气体就会急剧膨胀，产生比原来更大的压力。当压力超过了容器的耐压强度时，就会引起容器的膨胀，甚至爆裂，造成伤亡事故。因此，在储存、运输和使用压缩气体和液化气体的过程中，一定要注意防火、防晒、隔热等措施；在向容器、气瓶内充装时，要注意极限温度和压力，严格控制充装量，防止超装、超温、超压。

3.3.2.4 带电性

从静电产生的原理可知，任何物体的摩擦都会产生静电，氢气、乙烯、乙炔、天然气、液化石油气等从管口或破损处高速喷出时也同样能产生静电。其主要原因是气体本身剧烈运动造成分子间的相互摩擦，气体中含有固体颗粒或液体杂质在压力下高速喷出时与喷嘴产生摩擦等。影响气体静电荷产生的主要因素有：

（1）杂质。气体中所含的液体或固体杂质越多，多数情况下产生的静电荷也越多。

（2）流速。气体的流速越快，产生的静电荷也越多。

据实验，液化石油气喷出时产生的静电电压可达 9000V，其放电火花足以引起燃烧。因此，压力容器内的可燃气体在容器、管道破损时或放空速度过快时，都易因静电引起着火或爆炸事故。带电性也是评定可燃气体火灾危险性的参数之一，掌握了可燃气体的带电性，就可采取设备接地、控制流速等相应的防范措施。

3.3.2.5 腐蚀性、毒害性

（1）腐蚀性。腐蚀性主要是指一些含氢、硫元素的气体具有腐蚀性。如硫化氢、氨、氢等都能腐蚀设备，削弱设备的耐压强度，严重时可导致设备系统产生裂隙、漏气，引起燃烧、爆炸或中毒事故。目前危险性最大的是氢，氢在高压下能渗透到炭素中，使金属容器发生“氢脆”。因此，对盛装这类气体的容器要采取一定的防腐措施。如采用含铬、钼等高压合金钢制造的材料，定期检验其耐压强度等。

（2）毒害性。大多数气体都具有一定的毒害性，其中有些气体不仅剧毒，而且易燃。一氧化碳、硫化氢、二甲胺、氨、溴甲烷、三氟氯乙烯等气体除具有易燃易爆性外，还有相当的毒害性，因此，在处理或扑救此类有毒气体火灾时应特别注意防止中毒。

（3）窒息性。除氧气和压缩空气外，气体都具有一定的窒息性。尤其是那些非易燃无毒气体，虽然它们本身无毒不燃，但都以一定的压力储存，如二氧化碳、氮气、氦、氖、氩等惰性气体气瓶的工作压力可达15MPa，设计压力有时可达20~30MPa，这些气体一旦泄漏于房间或大型设备、装置内，往往会使现场人员窒息死亡。另外，充装这些气体的气瓶在受到火场的热辐射作用下，气瓶压力升高超过其强度时，即发生物理性爆炸，现场人员也会被伤害。

3.3.2.6 氧化性

氧化性气体主要包括两类：一类是列为非易燃无毒气体的，如氧气、压缩空气、一氧化二氮、三氟化氮等；一类是列为毒性气体的，如氯气、氟气等。这些气体本身不可燃，但氧化性很强，与可燃气体混合时都能着火或爆炸。尤其是列为毒性气体管理的氯气和氟气，除了应注意毒害性外，还应注意其氧化性，在储存、运输和使用时应与其他可燃气体分开储存、运输和装卸。

3.4 易燃液体

3.4.1 物质类型

第3类危险品是易燃液体，包括易燃液体和液态退敏爆炸品两种类型。

3.4.1.1 易燃液体

易燃液体是指易燃的液体或液体混合物，或是在溶液或悬浮液中有固体的液体，其闭杯试验闪点不高于60℃，或开杯试验闪点不高于65℃。闭杯试验闪点是指在标准规定的试验条件下，闭杯中试样的蒸气与空气的混合气接触火焰时，能产生闪燃的最低温度。开杯试验闪点是指在标准试验条件下，可燃液体试样装入规定的敞开杯里，蒸气与空气自由接触火焰时发生闪燃的最低温度。

3.4.1.2 液态退敏爆炸品

液态退敏爆炸品是指为抑制爆炸性物质的爆炸性能，将爆炸性物质溶解或悬浮在水中或其他液态物质后形成的均匀液态混合物。

3.4.2 易燃液体的分类

根据《易燃易爆危险品 火灾危险性分级及试验方法第1部分：火灾危险性分级》（GA/T 536.1—2013），将易燃液体分为三类。

（1）Ⅰ类。初沸点小于或等于35℃，如汽油、正戊烷、环戊烷、环戊烯、乙醛、丙酮、乙醚、甲胺水溶液、二硫化碳等。

（2）Ⅱ类。闪点小于23℃且初沸点大于35℃，如石油醚、石油原油、石脑油、正庚烷及其异构体、辛烷及其异辛烷、苯、粗苯、甲醇、乙醇、噻吩、吡啶、香蕉水、显影液、镜头水、封口胶等。

（3）Ⅲ类。闪点大于或等于23℃并小于或等于60℃，且初沸点大于35℃，如煤油、磺化煤油、癸烷、樟脑油、乳香油、松节油、松香水、刹车油、影印油墨、照相用的清除液和涂底液、医用碘酒等。

以上分类中的闪点均为闭杯试验闪点。其中，初沸点是指一种液体的蒸气压力等于标准压力（101.3kPa）时，第一个气泡出现时的温度。

在不同的使用领域，易燃液体根据需要有不同的定义及分类方法。《建筑设计防火规范》（GB 50016—2018）中，以闭杯试验闪点为依据将易燃、可燃液体的火灾危险性分为以下三种。

（1）甲类：闪点<28℃。

（2）乙类：28℃≤闪点<60℃。

（3）丙类：闪点≥60℃。

3.4.3 易燃液体的火灾危险性

3.4.3.1 易燃性

易燃液体的沸点都很低，易挥发出易燃蒸气，易燃液体蒸气所需的点火能很小，一般只需要0.5mJ作用。例如，二硫化碳的闪点为−30℃，最小点火能量为0.015mJ；甲醇的闪点为11.11℃，最小点火能量为0.215mJ。易燃液体燃烧的难易程度，即火灾危险的大小，主要取决于它们分子结构和分子量的大小。

3.4.3.2 爆炸性

由于任何液体在任意温度下都能蒸发，所以，易燃液体也具有这种性质，当挥发出的易燃蒸气与空气混合，达到爆炸浓度范围时，遇明火就发生爆炸。易燃液体的挥发性越强，爆炸危险就越大。不同液体的蒸发速度随其所处状态的不同而变化，影响其蒸发速度的因素有温度、沸点、密度、压力、流速等。

3.4.3.3　受热膨胀性

储存于密闭容器中的易燃液体受热后，不仅自身体积膨胀，蒸气压力也相应增加，若超过了容器所能承受的压力限度，就会造成容器膨胀，以致爆裂。夏季盛装易燃液体的桶常出现鼓桶及玻璃容器爆裂现象，就是易燃液体受热膨胀所致。

3.4.3.4　流动性

流动性是液体的通性，易燃液体的流动性增加了火灾危险性。例如，易燃液体渗漏会很快向四周扩散，能扩大其表面积，加快挥发速度，提高空气中的蒸气浓度，易于起火蔓延。如火场中储罐（容器）一旦爆裂，液体会四处流散，造成火势蔓延，扩大着火面积，给救援工作带来一定困难。所以，为了防止液体泄漏、流散，在储存时应备事故槽（罐），构筑防火堤，设水封井等。液体着火时，应设法堵截流散的液体，防止其蔓延扩散。

3.4.3.5　带电性

一般来说，介电常数小于 10、电阻率大于 $10^6\Omega \cdot cm$ 的易燃液体都有较大的带电能力。液体产生静电的多少，还与输送管道的材质和流速有关。管道内表面越光滑，产生的静电荷越少；流速越快，产生的静电荷越多。多数易燃液体在灌注、输送、喷流等过程中能够产生静电，当静电荷聚集到一定程度，就会放电发火，有引起着火或爆炸的危险。

3.4.3.6　毒害性

易燃液体本身或其蒸气大都具有毒害性，有的还有刺激性和腐蚀性。毒性的大小与其化学结构、蒸发快慢有关。易燃液体对人体的毒害性主要表现在蒸发气体上，通过人体的呼吸道、消化道、皮肤三个途径进入人体内，造成人身中毒。中毒的程度与蒸气浓度、作用时间的长短有关。浓度低、时间短则中毒程度轻；反之则重。

3.5　易燃固体、易于自燃的物质、遇水放出易燃气体的物质

3.5.1　易燃固体

3.5.1.1　易燃固体的定义及分类

A　易燃固体的定义

易燃固体是指容易燃烧或通过摩擦可能引燃或助燃的固体。这种固体一般是

与点火源短暂接触能容易点燃且火焰迅速蔓延的粉状、颗粒状或糊状、块状物质。

B 易燃固体的分类

易燃固体可分为以下三类：

(1) 易燃烧的固体和通过摩擦可能起火的固体。这类物质主要包括湿发火粉末（用充分的水湿透，以抑制其发火性能的钛粉、锆粉等），铈、铁合金（打火机用的火石），三硫化二磷等硫化物，有机升华的固体（如冰片、萘、樟脑）等。

(2) 固态退敏爆炸品。固态退敏爆炸品是指为抑制爆炸性物质的爆炸性能，用水或酒精湿润爆炸性物质，或者用其他物质稀释爆炸性物质后形成的均匀固态混合物，有时也称湿爆炸品。

(3) 自反应物质。自反应物质是指即使没有氧气，也容易发生激烈放热分解的热不稳定物质。在无火焰分解情况下，某些自反应物质可能散发毒性蒸气或其他气体。

3.5.1.2 易燃固体的危险特性

(1) 燃点低、易点燃。易燃固体的着火点一般都在300℃以下，在常温下只要有能量很小的着火源与之作用即能引起燃烧。如镁粉、铝粉只要有20mJ的点火能即可点燃；硫黄、生松香则只需15mJ的点火能即可点燃；有些易燃固体受到摩擦、撞击等外力作用时也可能引发燃烧。

(2) 遇酸、氧化剂易燃易爆。绝大多数易燃固体与酸、氧化剂（尤其是强氧化剂）接触，能够立即引起着火或爆炸。如发孔剂与酸性物质接触能立即起火，红磷与氯酸钾、硫黄与过氧化钠或氯酸钾相遇，都会立即引起着火或爆炸。

(3) 燃烧产物有毒。很多易燃固体燃烧后能产生有毒的物质。如硝基化合物、硝基棉及其制品，重氮氨基苯等易燃固体，由于本身含有硝基（$—NO_2$）、亚硝基（—NO）、重氮基（—N ═N—）等不稳定的基团，在燃烧的条件下，都有可能爆炸，燃烧时还会产生大量的一氧化碳、氰化氢等有毒气体。部分易燃固体本身也具有毒性，吸入其粉尘后也能引起中毒。

3.5.2 易于自燃的物质

3.5.2.1 易于自燃物质的分类

易于自燃的物质主要指与空气接触容易自行燃烧的物质，包括以下两类：

(1) 发火物质。指即使只有少量物品与空气接触，在不到5min内便会燃烧的物质，包括混合物和溶液（液体和固体）。如黄磷、三氯化钛等。

(2) 自热物质。指发火物质以外的与空气接触不需要能源供应便能自己发热的物质，如赛璐珞碎屑，油纸，动、植物油，潮湿的棉花等。

3.5.2.2 易于自燃的物质的危险特性

(1) 遇空气自燃性。大部分自燃物质化学性质非常活泼，具有极强的还原性，接触空气后能迅速与空气中的氧化合，并产生大量的热，达到其自燃点而着火，接触氧化剂和其他氧化性物质反应更加强烈，甚至爆炸。

(2) 遇湿易燃性。硼、锌、锑、铝的烷基化合物类易自燃物品，化学性质非常活泼，具有极强的还原性，遇氧化剂、酸类反应剧烈，除在空气中能自燃外，遇水或受潮还能分解自燃或爆炸，故起火时不可用水或泡沫扑救。

(3) 积热自燃性。硝化纤维胶片、废影片、X 光片等，在常温下就能缓慢分解产生热量，自动升温，达到其自燃点而引起自燃。油纸、油布等经桐油浸涂处理后的制品，在积热不散的条件下，也容易发生自燃。

3.5.3 遇水放出易燃气体的物质

3.5.3.1 遇水放出易燃气体的物质的定义及分类

A 遇水放出易燃气体的物质的定义

遇水放出易燃气体的物质是指通过与水作用容易放出易燃气体，并且该气体与空气混合能够形成爆炸性混合物的物质。

B 遇水放出易燃气体的物质的分类

(1) 在环境温度下遇水剧烈反应并且所产生的气体通常显示自燃的倾向，或在环境温度下遇水容易发生反应，释放易燃气体的速率大于或等于每千克物质在任何 1min 内释放 10L 的任何物质或混合物。

(2) 在环境温度下遇水容易发生反应，释放易燃气体的最大速率大于或等于每小时释放 20L/kg，并且不符合类别 (1) 的标准的任何物质或混合物。

(3) 在环境温度下遇水容易发生反应，释放易燃气体的最大速率大于或等于每小时释放 1L/kg，并且不符合类别 (1) 和类别 (2) 的任何物质或混合物。

3.5.3.2 遇水放出易燃气体的物质的危险特性

(1) 遇水或遇酸燃烧性。遇水或遇酸燃烧性是此类物质的共同危险性，着火时，不能用水及泡沫灭火剂扑救，应用干砂、干粉灭火剂、二氧化碳灭火剂等进行扑救。其中的一些物质与酸或氧化剂反应时比遇水反应更剧烈，着火爆炸危险性更大。

(2) 自燃性。有些遇水放出易燃气体的物质，如碳金属、硼氢化合物，放置于空气中即具有自燃性，有的（如氢化钾）遇水能生成可燃气体放出热量而具有自燃性。因此，这类物质的储存必须与水及潮气隔离。

(3) 物质遇水爆炸的危险主要有下列两种情况：

1）遇水反应速度快，放出的可燃气体和热量多，可燃气体在空气中很快达到爆炸极限，接触明火或由于自燃而发生爆炸。

2）遇水放出易燃气体的物质在密闭容器内，与水（或吸收水蒸气）作用，放出的气体和热量不能逸散到外面。致使容器内气体越来越多，压力越来越大，产生气胀或者受热和外力的作用，造成容器胀裂以致爆炸，如电石桶的爆炸事故。

（4）毒害性和腐蚀性。有些物质遇水作用的生成物除具有易燃性外，还有毒性。硼氢类的毒性比氰化氢和光气的毒性还大，磷化物与水反应放出有毒的磷化氢气体。该类物质如碱金属及其氢化物、碳化物等，均有较强的吸水性，与水作用生成强碱而具有腐蚀性。

3.6 氧化性物质和有机过氧化物

3.6.1 氧化性物质

3.6.1.1 氧化性物质的定义及分类

（1）氧化性物质的定义。氧化性物质是指本身未必可燃，但常常因放出氧可能引起或促使其他物质燃烧的物质。

（2）氧化性物质的分类。氧化性物质按物质形态可分为固体氧化性物质和液体氧化性物质。按化学组成可分为无机氧化性物质和有机氧化性物质两大类。

3.6.1.2 氧化性物质的危险特性

多数氧化性物质的特点是氧化价态高，金属活泼性强，易分解，有极强的氧化性，本身不燃烧，但与可燃物作用能发生着火和爆炸。

（1）强烈的氧化性。氧化性物质多为碱金属、碱土金属的盐或过氧化基组成的化合物。其特点是氧化价态高，金属活泼性强，有极强的氧化性，与可燃物作用能够发生着火和爆炸。

（2）受热、被撞分解性。在现行列入氧化性物质管理的危险品中，除有机硝酸盐类外，都是不燃物质，但当受热、被撞击或摩擦时易分解出氧，若接触易燃物、有机物，特别是与木炭粉、硫黄粉、淀粉等混合时，能引起着火和爆炸。

（3）可燃性。绝大多数氧化性物质是不燃的，但有机硝酸盐类、过氧化氢尿素、高氯酸醋酐溶液、四硝基甲烷等有机物氧化性物质不仅具有很强的氧化性，而且本身也可燃，这些氧化性物质不需要外界的可燃物参与即可燃烧。因此，除应防止有机氧化性物质与可燃物质相混外，还应隔离所有火种和热源，防止阳光暴晒和高温的作用。储存时也应与无机氧化性物质和有机过氧化物分开堆放。

（4）与可燃液体作用自燃性。有些氧化性物质与可燃液体接触能引起燃烧。如高锰酸钾与甘油或乙二醇接触、过氧化钠与甲醇或醋酸接触、铬酸丙酮与香蕉水接触等，都能起火。

（5）与酸作用分解性。氧化性物质遇酸后，大多数能发生反应，而且反应常常是剧烈的，甚至引起爆炸。如过氧化钠、高锰酸钾与硫酸，氯酸钾与硝酸接触都十分危险，反应生成的过氧化氢、高锰酸、氯酸等都是一些性质很不稳定的氧化剂，极容易分解出氧而引起着火或爆炸。因此，氧化性物质不可与硫酸、硝酸等酸类物质混储混运，也不能用泡沫扑救火灾。

（6）与水作用的分解性。活泼金属的过氧化物，遇水或吸收空气中的水蒸气和二氧化碳能分解放出原子氧，致使可燃物质爆燃。漂白粉（主要成分是次氯酸钙）吸水后，不仅能放出氧，还能放出大量的氯。高锰酸钾吸水后形成的液体，接触纸张、棉布等有机物时，能立即引起燃烧，着火时禁用水扑救。

（7）强氧化性物质与弱氧化性物质作用的分解性。强氧化性物质与弱氧化性物质相互之间接触能发生复分解反应，产生高热而引起着火或爆炸。如漂白粉、亚硝酸盐、亚氯酸盐、次氯酸盐等氧化性物质，当遇到氯酸盐、硝酸盐等强氧化性物质时，会发生剧烈反应，引起着火或爆炸。因此，这类既有氧化性又有还原性的氧化性物质，不能与比它们氧化性强的氧化性物质一起储运。

（8）腐蚀毒害性。不少氧化性物质还具有一定的毒性和腐蚀性，能毒害人体、烧伤皮肤。如二氧化铬（铬酸）既有毒性，也有腐蚀性，储运这类物品时应注意安全防护。

3.6.2 有机过氧化物

3.6.2.1 有机过氧化物的类型

有机过氧化物是指含有两价过氧基（—O—O—）结构的有机物质，也可能是过氧化氢的衍生物。如过蚁酸（HCOOOH）、过乙酸（CH_3COOOH）等。

3.6.2.2 有机过氧化物的危险特性

（1）分解爆炸性。由于有机过氧化物都含有极不稳定的过氧基（—O—O—），对热、震动、冲击和摩擦都极为敏感，所以当受到轻微外力作用时即可分解。如过氧化二乙酚，纯品制成后存放24h就可能发生强烈的爆炸；过氧化二苯甲酚含水量在1%以下时，稍有摩擦即能引起爆炸；过氧化二碳酸二异丙酯在10℃以上时不稳定，达到17.22℃时即分解爆炸；过乙酸（过醋酸）纯品极不稳定，在零下20℃时也会爆炸，浓度大于45%的溶液，在存放过程中仍可分解出氧气，加热至110℃时即爆炸。因此，有机过氧化物对温度和外力作用是十分敏感的，其危险性和危害性比其他氧化剂更大。

（2）易燃性。有机过氧化物不仅极易分解爆炸，而且特别易燃。如过氧化叔丁醇的闪点为26.67℃，过氧化叔丁酯的闪点只有12℃。有机过氧化物因受热、与杂质接触或摩擦、碰撞而发热分解时，可能产生易燃气体或蒸气。当封闭受热时极易由迅速的爆燃转为爆轰。所以扑救有机过氧化物火灾时应特别注意爆炸的危险性。

（3）伤害性。有机过氧化物一般容易伤害眼睛，如过氧化环己酮、叔丁基过氧化氢、过氧化二乙酰等，都对眼睛有伤害作用。其中有些即使与眼睛短暂接触也会对角膜造成严重伤害。因此，应避免眼睛接触有机过氧化物。

综上所述，有机过氧化物的火灾危险性主要取决于物质本身的过氧基含量和分解温度。有机过氧化物的过氧含量越多，其热分解温度越低，则火灾危险性就越大。

建筑防火防爆

第 4 章　课件

4.1　建筑分类及高度、层数计算

建筑一词，既表示建筑工程的建造活动，同时又表示这种活动的成果——建筑物。建筑也是一个通称，通常我们将供人们生活、学习、工作、居住以及从事生产和各种文化、社会活动的房屋称为建筑物，如住宅、学校、影剧院等；而人们不在其中生产、生活的建筑则叫作“构筑物”，如水塔、烟囱、堤坝等。建筑物可以有多种分类，按其使用性质可分为民用建筑、工业建筑和农业建筑；按其结构形式可分为木结构、砖木结构、钢结构、钢筋混凝土结构建筑等。

4.1.1　建筑分类

4.1.1.1　按使用性质分类

按使用性质划分，建筑可分为民用建筑、工业建筑和农业建筑。

A　民用建筑

根据《建筑设计防火规范》（GB 50016—2018），民用建筑根据其建筑高度、功能、火灾危险性和扑救难易程度等进行分类。以该分类为基础，分别在耐火等级、防火间距、防火分区、安全疏散、灭火设施等方面对民用建筑的防火设计提出不同的要求，以实现保障建筑消防安全与保证工程建设和提高投资效益的统一。民用建筑又可按照功能、建筑高度和层数进行细分。

（1）住宅建筑和公共建筑。住宅建筑是指供单身或家庭成员短期或长期居住使用的建筑。公共建筑是指供人们进行各种公共活动的建筑，包括教育、科研、文化、医疗、交通、商业、服务、体育、园林、综合类建筑等。

（2）单、多层民用建筑和高层民用建筑。根据建筑高度、使用功能和楼层的建筑面积划分，高层民用建筑可分为一类和二类。民用建筑的分类应符合表 4-1 的规定。对于住宅建筑，以 27m 作为区分多层和高层住宅建筑的标准；对于高层住宅建筑，以 54m 作为区分一类和二类的标准。对于公共建筑，以 24m 作为区分多层和高层公共建筑的标准。在高层公共建筑中，将性质重要、火灾危险性大、疏散和扑救难度大的建筑定为一类。

表 4-1 民用建筑的分类

名称	高层民用建筑		单、多层民用建筑
	一类	二类	
住宅建筑	建筑高度大于 54m 的住宅建筑（包括设置商业服务网点的住宅建筑）	建筑高度大于 27m，但不大于 54m 的住宅建筑（包括设置商业服务网点的住宅建筑）	建筑高度不大于 27m 的住宅建筑（包括设置商业服务网点的住宅建筑）
公共建筑	1. 建筑高度大于 50m 的公共建筑； 2. 建筑高度 24m 以上部分，任一楼层建筑面积大于 $1000m^2$ 的商店、展览、电信、邮政、财贸金融建筑和其他多种功能组合的建筑； 3. 医疗建筑、重要公共建筑、独立建造的老年人照料设施； 4. 省级及以上的广播电视和防灾指挥调度建筑、网局级和省级电力调度； 5. 藏书超过 100 万册的图书馆、书库	除一类高层公共建筑外的其他高层公共建筑	1. 建筑高度大于 24m 的单层公共建筑； 2. 建筑高度不大于 24m 的其他公共建筑

注：1. 表中未列入的建筑，其类别应根据本表类比确定。
2. 除另有规定外，宿舍、公寓等非住宅类居住建筑的防火要求应符合有关公共建筑的规定。
3. 除另有规定外，裙房的防火要求应符合有关高层民用建筑的规定。

表 4-1 中，住宅建筑是指供单身或家庭成员短期或长期居住使用的建筑。公共建筑指供人们进行各种公共活动的建筑，包括教育、办公、科研、文化、商业、服务、体育、医疗、交通、纪念、园林、综合类建筑等。

B 工业建筑

工业建筑指工业生产性建筑，如主要生产厂房、辅助生产厂房等。工业建筑按照使用性质的不同，分为加工、生产类厂房和仓储类库房两大类，厂房和仓库又按其生产或储存物质的性质进行分类。

C 农业建筑

农业建筑指农副产业生产建筑，主要有暖棚、牲畜饲养场、蚕房、烤烟房、粮仓等。

4.1.1.2 按建筑结构分类

按建筑结构形式和建造材料构成可分为木结构、砖木结构、砖与钢筋混凝土混合结构（砖混结构）、钢筋混凝土结构、钢结构、钢与钢筋混凝土混合结构（钢混结构）等。

(1) 木结构。主要承重构件是木材。

（2）砖木结构。主要承重构件用砖石和木材做成。如砖（石）砌墙体、木楼板、木屋盖的建筑。

（3）砖混结构。竖向承重构件采用砖墙或砖柱，水平承重构件采用钢筋混凝土楼板、屋面板。

（4）钢筋混凝土结构。钢筋混凝土做柱、梁、楼板及屋顶等建筑的主要承重构件，砖或其他轻质材料做墙体等围护构件。如装配式大板、大模板、滑模等工业化方法建造的建筑，钢筋混凝土的高层、大跨、大空间结构的建筑。

（5）钢结构。主要承重构件全部采用钢材。如全部用钢柱、钢屋架建造的厂房。

（6）钢混结构。屋顶采用钢结构，其他主要承重构件采用钢筋混凝土结构。如钢筋混凝土梁、柱、钢屋架组成的骨架结构厂房。

（7）其他结构。如生土建筑、塑料建筑、充气塑料建筑等。

4.1.1.3　按建筑高度分类

按建筑高度可分为以下两类：

（1）单层、多层建筑。27m 以下的住宅建筑、建筑高度不超过 24m（或已超过 24m 但为单层）的公共建筑和工业建筑。

（2）高层建筑。建筑高度大于 27m 的住宅建筑和其他建筑高度大于 24m 的非单层建筑。我国对建筑高度超过 100m 的高层建筑，称超高层建筑。

4.1.2　建筑高度的计算

（1）建筑屋面为坡屋面时（坡屋面坡度应不小于 3%，否则按平屋面处理），建筑高度应为建筑室外设计地面至其檐口与屋脊的平均高度。

（2）建筑屋面为平屋面（包括有女儿墙的平屋面）时，建筑高度应为建筑室外设计地面至其屋面面层的高度。

（3）同一座建筑有多种形式的屋面时，建筑高度应按上述方法分别计算后，取其中最大值。

（4）局部突出屋顶的瞭望塔、冷却塔、水箱间、微波天线间或设施、电梯机房、排风和排烟机房以及楼梯出口小间等辅助用房占屋面面积不大于 1/4 者，可不计入建筑高度。

（5）对于住宅建筑，设置在底部且室内高度不大于 2.2m 的自行车库、储藏室、敞开空间，室内外高差或建筑的地下或半地下室的顶板面高出室外设计地面的高度不大于 1.5m 的部分，可不计入建筑高度。

（6）对于台阶式地坪，当位于不同高程地坪上的同一建筑之间有防火墙分隔，各自有符合规范规定的安全出口，且可沿建筑的两个长边设置贯通式或尽头式消防车道时，可分别计算各自的建筑高度。否则，应按其中建筑高度最大者确定该建筑的建筑高度。

4.1.3 建筑层数的计算

建筑层数应按建筑的自然层数计算，下列空间可不计入建筑层数：

(1) 室内顶板面高出室外设计地面的高度不大于 1.5m 的地下或半地下室。

(2) 设置在建筑底部且室内高度不大于 2.2m 的自行车库、储藏室、敞开空间。

(3) 建筑屋顶上凸出的局部设备用房、出屋面的楼梯间等。

4.2 燃烧性能及耐火等级

4.2.1 建筑材料燃烧性能分级

随着火灾科学和消防工程学科领域研究的不断深入和发展，材料及制品燃烧特性的内涵也从单纯的火焰传播和蔓延，扩展到材料的综合燃烧特性和火灾危险性，包括燃烧热释放速率、燃烧热释放量、燃烧烟密度以及燃烧生成物毒性等参数。燃烧性能的基本分级为 A、B_1、B_2、B_3，见表 4-2。

表 4-2 建筑材料及制品的燃烧性能等级

燃烧性能等级	名　称	燃烧性能等级	名　称
A	不燃材料（制品）	B_2	可燃材料（制品）
B_1	难燃材料（制品）	B_3	易燃材料（制品）

4.2.2 建筑构件的燃烧性能和耐火极限

任何建筑物都是由建筑构件组成的。建筑物的耐火能力取决于建筑构件抵抗火的能力，即建筑构件的耐火性能。建筑构件主要包括建筑内的墙、柱、梁、楼板、门、窗等，一般而言，建筑构件的耐火性能包括两部分内容，一是构件的燃烧性能，二是构件的耐火极限。耐火建筑构配件在火灾中起着阻止火势蔓延、延长支撑时间的作用。

4.2.2.1 建筑构件的燃烧性能

建筑构件的燃烧性能主要是指组成建筑构件材料的燃烧性能。我国把建筑构件按其燃烧性能分为三类，即不燃性、难燃性和可燃性。

(1) 不燃性。用不燃烧性材料做成的构件统称为不燃性构件。不燃烧材料是指在空气中受到火烧或高温作用时不起火、不微燃、不碳化的材料。如钢材、混凝土、砖、石、砌块、石膏板等。

（2）难燃性。凡用难燃烧性材料做成的构件或用燃烧性材料做成而用非燃烧性材料做保护层的构件统称为难燃性构件。难燃烧性材料是指在空气中受到火烧或高温作用时难起火、难微燃、难碳化，当火源移走后燃烧或微燃立即停止的材料。如沥青混凝土，经阻燃处理后的木材、塑料、水泥刨花板、板条抹灰墙等。

（3）可燃性。凡用燃烧性材料做成的构件统称为可燃性构件。燃烧性材料是指在空气中受到火烧或高温作用时立即起火或微燃，且火源移走后仍继续燃烧或微燃的材料。如木材、竹子、刨花板、保丽板、塑料等。

为确保建筑物在受到火灾危害时，一定时间内不垮塌，并阻止、延缓火灾的蔓延，建筑构件多采用不燃烧材料或难燃材料。这些材料在受火时不会被引燃或很难被引燃，从而降低了结构在短时间内破坏的可能性。这类材料包括混凝土、粉煤灰、炉渣、陶粒、钢材、珍珠岩、石膏，以及一些经过阻燃处理的有机材料等不燃或难燃材料。在建筑构件的选用上，总是尽可能不增加建筑物的火灾荷载。

4.2.2.2 建筑构件的耐火极限

在标准耐火试验条件下，建筑构件、配件或结构从受到火的作用时起，到失去承载能力、完整性或隔热性时止所用的时间，称为耐火极限，一般用小时（h）表示。

承载能力是指在标准耐火试验条件下，承重或非承重建筑构件在一定时间内抵抗垮塌的能力。

耐火完整性是指在标准耐火试验条件下，当建筑分隔构件某一面受火时，能在一定时间内防止火焰和热气穿透或在背火面出现火焰的能力。

耐火隔热性是指在标准耐火试验条件下，当建筑分隔构件当某一面受火时，能在一定时间内其背火面温度不超过规定值的能力。

4.2.3 建筑耐火等级

4.2.3.1 耐火等级的定义和作用

耐火等级是衡量建筑物耐火程度的分级标准。规定建筑物的耐火等级是建筑设计防火技术措施中的最基本的措施之一。为了保证建筑物、人身和财产的安全，必须对建筑物采取必要的防火措施，使之具有一定的耐火性，从被动防护角度讲，尽量降低火灾发生后可能造成的损失，通常用耐火等级来表示建筑物所具有的耐火性。一座建筑物的耐火等级不是由一两个构件的耐火性决定的，而是由组成建筑物的所有构件的耐火性共同决定的，即由组成建筑物的墙、柱、梁、楼板、屋顶承重构件和吊顶等主要构件的燃烧性能和耐火极限决定的。

建筑物具有较高的耐火等级，可以起到以下几方面作用：

（1）在建筑物发生火灾时，确保其在一定的时间内不破坏，不传播火灾，延缓和阻止火势的蔓延。

（2）为人们安全疏散提供必要的疏散时间，保证建筑物内的人员安全脱险。

（3）为消防人员扑救火灾创造条件。

（4）为建筑物火灾后修复重新使用提供可能。

4.2.3.2 建筑耐火等级的确定

在防火设计中，建筑整体的耐火性能是保证建筑结构在发生火灾时不发生较大破坏的根本，而单一建筑结构构件的燃烧性能和耐火极限是确定建筑整体耐火性能的基础。建筑耐火等级是由组成建筑物的墙、柱、楼板、屋顶承重构件和吊顶等主要构件的燃烧性能和耐火极限决定的，共分为四级。由于各类建筑使用性质、重要程度、规模大小、层数高低和火灾危险性存在差异，因此要求的耐火程度有所不同。

在具体分级中，建筑构件的耐火性能是以楼板的耐火极限为基准，再根据其他构件在建筑物中的重要性和耐火性能可能的目标值调整后确定的。从火灾的统计数据来看，88%的火灾可在1.50h之内扑灭，80%的火灾可在1.00h之内扑灭，因此将耐火等级为一级的建筑物楼板的耐火极限定为1.50h，二级建筑物楼板的耐火极限定为1.00h，以下级别的则相应降低要求。其他结构构件按照在结构中所起的作用以及耐火等级的要求而确定相应的耐火极限时间，如对于在建筑中起主要支撑作用的柱子，其耐火极限值要求相对较高，一级耐火等级的建筑要求3.00h，二级耐火等级建筑要求2.50h。对于这样的要求，大部分钢筋混凝土建筑都可以满足，但对于钢结构建筑，就必须采取相应的保护措施才能满足防火要求。

A 厂房和仓库的耐火等级

厂房、仓库主要指除炸药厂（库）、花炮厂（库）、炼油厂外的厂房及仓库。厂房和仓库的耐火等级分一、二、三、四级，相应建筑构件的燃烧性能和耐火极限，见表4-3。

表4-3 不同耐火等级厂房和仓库建筑构件的燃烧性能和耐火极限 （h）

<table>
<tr><th colspan="2" rowspan="2">构件名称</th><th colspan="4">耐火等级</th></tr>
<tr><th>一级</th><th>二级</th><th>三级</th><th>四级</th></tr>
<tr><td rowspan="5">墙</td><td>防火墙</td><td>不燃性
3.00</td><td>不燃性
3.00</td><td>不燃性
3.00</td><td>不燃性
3.00</td></tr>
<tr><td>承重墙</td><td>不燃性
3.00</td><td>不燃性
2.50</td><td>不燃性
2.00</td><td>难燃性
0.50</td></tr>
<tr><td>楼梯间、前室的墙，
电梯井的墙</td><td>不燃性
2.00</td><td>不燃性
2.00</td><td>不燃性
1.50</td><td>难燃性
0.50</td></tr>
<tr><td>疏散走道两侧的隔墙</td><td>不燃性
1.00</td><td>不燃性
1.00</td><td>不燃性
0.50</td><td>难燃性
0.25</td></tr>
<tr><td>非承重外墙
房间隔墙</td><td>不燃性
0.75</td><td>不燃性
0.50</td><td>难燃性
0.50</td><td>难燃性
0.25</td></tr>
</table>

续表 4-3

构件名称	耐火等级			
	一级	二级	三级	四级
柱	不燃性 3.00	不燃性 2.50	不燃性 2.00	难燃性 0.50
梁	不燃性 2.00	不燃性 1.50	不燃性 1.00	难燃性 0.50
楼板	不燃性 1.50	不燃性 1.00	不燃性 0.75	难燃性 0.50
屋顶承重构件	不燃性 1.50	不燃性 1.00	难燃性 0.50	可燃性
疏散楼梯	不燃性 1.50	不燃性 1.00	不燃性 0.75	可燃性
吊顶（包括吊顶搁栅）	不燃性 0.25	难燃性 0.25	难燃性 0.15	可燃性

注：二级耐火等级建筑采用不燃烧材料的吊顶，其耐火极限不限。

根据不同的火灾危险性类别，正确选择建筑物的耐火等级，并根据其层数及防火墙的最大允许占地面积，是防止发生火灾蔓延扩大的一项基本措施。

厂房和仓库的耐火等级应根据其火灾危险性、建筑高度、建筑面积、使用功能、重要性和火灾扑救难度等确定。《建筑设计防火规范》（GB 50016—2018）对厂房和仓库所选用的耐火等级做了如下规定：

（1）高层厂房，甲、乙类厂房的耐火等级不应低于二级，建筑面积不大于300m^2的独立甲、乙类单层厂房可采用三级耐火等级的建筑。

（2）单、多层丙类厂房和多层丁、戊类厂房的耐火等级不应低于三级。使用或产生丙类液体的厂房和有火花、赤热表面、明火的丁类厂房，其耐火等级均不应低于二级；建筑面积不大于500m^2的单层丙类厂房或建筑面积不大于1000m^2的单层丁、戊类厂房，可采用三级耐火等级的建筑。

（3）使用或储存特殊贵重的机器、仪表、仪器等设备或物品的建筑，其耐火等级不应低于二级。

（4）锅炉房的耐火等级不应低于二级，当为燃煤锅炉房且锅炉的总蒸发量不大于4t/h时，可采用三级耐火等级的建筑。

（5）油浸变压器室、高压配电装置室的耐火等级不应低于二级，其他防火设计应符合《火力发电厂与变电站设计防火规范》（GB 50229—2019）等标准的规定。

（6）高架仓库、高层仓库、甲类仓库、多层乙类仓库和储存可燃液体的多层丙类仓库，其耐火等级不应低于二级。

单层乙类仓库，单层丙类仓库，储存可燃固体的多层丙类仓库和多层丁、戊类仓库，其耐火等级不应低于三级。

（7）粮食筒仓的耐火等级不应低于二级；二级耐火等级的粮食筒仓可采用钢板仓。

粮食平房仓的耐火等级不应低于三级；二级耐火等级的散装粮食平房仓可采用无防火保护的金属承重构件。

（8）甲、乙类厂房和甲、乙、丙类仓库内的防火墙，其耐火极限不应低于4.00h。

（9）一、二级耐火等级的单层厂房（仓库）的柱，其耐火极限分别不应低于2.50h和2.00h。

（10）采用自动喷水灭火系统全保护的一级耐火等级单、多层厂房（仓库）的屋顶承重构件，其耐火极限不应低于1.00h。

（11）除甲、乙类仓库和高层仓库外，一、二级耐火等级建筑的非承重外墙，当采用不燃性墙体时，其耐火极限不应低于0.25h；当采用难燃性墙体时，不应低于0.50h。

（12）二级耐火等级厂房（仓库）中的房间隔墙，当采用难燃性墙体时，其耐火极限应提高0.25h。

（13）二级耐火等级多层厂房和多层仓库内采用预应力钢筋混凝土的楼板，其耐火极限不应低于0.75h。

（14）一、二级耐火等级厂房（仓库）的上人平屋顶，其屋面板的耐火极限分别不应低于1.50h和1.00h。

（15）一、二级耐火等级厂房（仓库）的屋面板应采用不燃材料。屋面防水层宜采用不燃、难燃材料，当采用可燃防水材料且铺设在可燃、难燃保温材料上时，防水材料或可燃、难燃保温材料应采用不燃材料做保护层。

（16）建筑中的非承重外墙、房间隔墙和屋面板，当确需采用金属夹芯板材时，其芯材应为不燃材料，且耐火极限应符合《建筑设计防火规范》的有关规定。

（17）除《建筑设计防火规范》另有规定外，以木柱承重且墙体采用不燃材料的厂房（仓库），其耐火等级可按四级确定。

（18）预制钢筋混凝土构件的节点外露部位，应采取防火保护措施，且节点的耐火极限不应低于相应构件的耐火极限。

B 民用建筑的耐火等级

民用建筑的耐火等级也分为一、二、三、四级。除另有规定外，不同耐火等级建筑相应构件的燃烧性能和耐火极限不应低于表4-4中的规定。

表 4-4 不同耐火等级建筑相应构件的燃烧性能和耐火极限 (h)

构件名称		耐火等级			
		一级	二级	三级	四级
墙	防火墙	不燃性 3.00	不燃性 3.00	不燃性 3.00	不燃性 3.00
	承重墙	不燃性 3.00	不燃性 2.50	不燃性 2.00	难燃性 0.50
	非承重外墙	不燃性 1.00	不燃性 1.00	不燃性 0.50	可燃性
	楼梯间、前室的墙，电梯井的墙，住宅建筑单元之间的墙和分户墙	不燃性 2.00	不燃性 2.00	不燃性 1.50	难燃性 0.50
	疏散走道两侧的隔墙	不燃性 1.00	不燃性 1.00	不燃性 0.50	难燃性 0.25
	房间隔墙	不燃性 0.75	不燃性 0.50	难燃性 0.50	难燃性 0.25
柱		不燃性 3.00	不燃性 2.50	不燃性 2.00	难燃性 0.50
梁		不燃性 2.00	不燃性 1.50	不燃性 1.00	难燃性 0.50
楼板		不燃性 1.50	不燃性 1.00	不燃性 0.50	可燃性
屋顶承重构件		不燃性 1.50	不燃性 1.00	可燃性 0.50	可燃性
疏散楼梯		不燃性 1.50	不燃性 1.00	不燃性 0.50	可燃性
吊顶（包括吊顶搁栅）		不燃性 0.25	难燃性 0.25	难燃性 0.15	可燃性

注：1. 除另有规定外，以木柱承重且墙体采用不燃材料的建筑，其耐火等级应按四级确定。
2. 住宅建筑构件的耐火极限和燃烧性能可按现行国家标准《住宅建筑规范》（GB 50368）的规定执行。

对于一些性质重要、火灾扑救难度大、火灾危险性大的民用建筑或局部区域，根据其建筑高度、使用功能等，在耐火等级方面有特殊要求。

（1）民用建筑的耐火等级应根据其建筑高度、使用功能、重要性和火灾扑救难度等确定，并应符合下列规定：

1）地下或半地下建筑（室）和一类高层建筑的耐火等级不应低于一级。

2）单、多层重要公共建筑和二类高层建筑的耐火等级不应低于二级。

（2）建筑高度大于 100m 的民用建筑，其楼板的耐火极限不应低于 2.00h。

一、二级耐火等级建筑的上人平屋顶，其屋面板的耐火极限分别不应低于 1.50h 和 1.00h。

（3）一、二级耐火等级建筑的屋面板应采用不燃材料，但屋面防水层可采用可燃材料。

（4）二级耐火等级建筑内采用难燃性墙体的房间隔墙，其耐火极限不应低于 0.75h；当房间的建筑面积不大于 $100m^2$时，房间的隔墙可采用耐火极限不低于 0.50h 的难燃性墙体或耐火极限不低于 0.30h 的不燃性墙体。二级耐火等级多层住宅建筑内采用预应力钢筋混凝土的楼板，其耐火极限不应低于 0.75h。

（5）二级耐火等级建筑内采用不燃材料的吊顶，其耐火极限不限。

（6）建筑内预制钢筋混凝土构件的节点外露部位，应采取防火保护措施，且节点的耐火极限不应低于相应构件的耐火极限。

4.3 生产和储存的火灾危险性分类

4.3.1 生产的火灾危险性分类

生产的火灾危险性是指生产过程中发生火灾、爆炸事故的原因、因素和条件，以及火灾扩大蔓延条件的总和。它取决于物料及产品的性质、生产设备的缺陷、生产作业行为、工艺参数的控制和生产环境等诸多因素的交互作用。厂房的火灾危险性类别是以生产过程中使用和产出物质的火灾危险性类别确定的，评定物质的火灾危险性是确定生产的火灾危险性类别的基础。

目前，国际上对生产厂房和储存物品仓库的火灾危险性尚无统一的分类方法。国内主要依据现行国家标准《建筑设计防火规范》（GB 50016—2018），根据生产中使用或产生的物质性质及其数量等因素划分为甲、乙、丙、丁、戊五类，其分类及举例见表 4-5。

同一座厂房或厂房的任一防火分区内有不同火灾危险性生产时，厂房或防火分区内的生产火灾危险性类别应按火灾危险性较大的部分确定。当生产过程中使用或产生易燃、可燃物的量较少，不足以构成爆炸或火灾危险时，可按实际情况确定；当符合下述条件之一时，可按火灾危险性较小的部分确定：

（1）火灾危险性较大的生产部分占本层或本防火分区面积的比例小于 5%或丁、戊类厂房内的油漆工段小于 10%，且发生火灾事故时不足以蔓延到其他部位或火灾危险性较大的生产部分采取了有效的防火措施。

（2）丁、戊类厂房内的油漆工段，当采用封闭喷漆工艺，封闭喷漆空间内保持负压、油漆工段设置可燃气体探测报警系统或自动抑爆系统，且油漆工段占其所在防火分区面积的比例不大于 20%。

表 4-5　生产的火灾危险性分类及举例

生产类别	使用或产生下列物质生产的火灾危险性特征	火灾危险性分类举例
甲	闪点<28℃的液体	闪点<28℃的油品和有机溶剂的提炼、回收或洗涤部位及其泵房，橡胶制品的涂胶和胶浆部位，二硫化碳的粗馏、精馏工段及其应用部位，青霉素提炼部位，原料药厂的非纳西汀车间的烃化、回收及电感精馏部位，皂素车间的抽提、结晶及过滤部位，冰片精制部位，农药厂乐果厂房，敌敌畏的合成厂房，磺化法糖精厂房，氯乙醇厂房，环氧乙烷、环氧丙烷工段，苯酚厂房的硫化、蒸馏部位，焦化厂吡啶工段，胶片厂片基厂房，汽油加铅室，甲醇、乙醇、丙酮、丁酮异丙醇、醋酸乙酯、苯等的合成或精制厂房，集成电路工厂的化学清洗间（使用闪点<28℃的液体），植物油加工厂的浸出厂房白酒液态法酿酒车间、酒精蒸馏塔，酒精度为 38 度及以上的勾兑车间、灌装车间、酒泵房；白兰地蒸馏车间、勾兑车间、灌装车间、酒泵房
	爆炸下限<10%的气体	乙炔站，氢气站，石油气体分馏（或分离）厂房，氯乙烯厂房，乙烯聚合厂房，天然气、石油伴生气、矿井气、水煤气或焦炉煤气的净化（如脱硫）厂房压缩机室及鼓风机室，液化石油气罐瓶间，丁二烯及其聚合厂房，醋酸乙烯厂房，电解水或电解食盐厂房，环己酮厂房，乙基苯和苯乙烯厂房，化肥厂的氢氮气压缩厂房，半导体材料厂使用氢气的拉晶间，硅烷热分解室
	常温下能自行分解或在空气中氧化即能导致迅速自燃或爆炸的物质	硝化棉厂房及其应用部位，赛璐珞厂房，黄磷制备厂房及其应用部位，三乙基铝厂房，染化厂某些能自行分解的重氮化合物生产，甲胺厂房，丙烯腈厂房
	常温下受到水或空气中水蒸气的作用，能产生可燃气体并引起燃烧或爆炸的物质	金属钠、钾加工房及其应用部位，聚乙烯厂房的一氯二乙基铝部位、三氯化磷厂房，多晶硅车间三氯氢硅部位，五氧化磷厂房
	遇酸、受热、撞击、摩擦、催化以及遇有机物或硫黄等易燃的无机物，极易引起燃烧或爆炸的强氧化剂	氯酸钠、氯酸钾厂房及其应用部位，过氧化氢厂房，过氧化钠、过氧化钾厂房，次氯酸钙厂房
	受撞击、摩擦或与氧化剂、有机物接触时能引起燃烧或爆炸的物质	赤磷制备厂房及其应用部位，五硫化二磷厂房及其应用部位
	在密闭设备内操作温度不小于物质本身自燃点的生产	洗涤剂厂房石蜡裂解部位，冰醋酸裂解厂房

续表 4-5

生产类别	使用或产生下列物质生产的火灾危险性特征	火灾危险性分类举例
乙	28℃≤闪点<60℃的液体	闪点不小于 28℃，但小于 60℃的油品和有机溶剂的提炼、回收、洗涤部位及其泵房，松节油或松香蒸馏厂房及其应用部位，醋酸酐精馏厂房，己内酰胺厂房，甲酚厂房，氯丙醇厂房，樟脑油提取部位，环氧氯丙烷厂房，松针油精制部位，煤油灌桶间
	爆炸下限≥10%的气体	一氧化碳压缩机室及净化部位，发生炉煤气或鼓风炉煤气净化部位，氨压缩机房
	不属于甲类的氧化剂	发烟硫酸或发烟硝酸浓缩部位，高锰酸钾厂房，重铬酸钠（红钒钠）厂房
	不属于甲类的易燃固体	樟脑或松香提炼厂房，硫黄回收厂房，焦化厂精萘厂房
	助燃气体	氧气站，空分厂房
	能与空气形成爆炸性混合物的浮游状态的粉尘、纤维、闪点≥60℃的液体雾滴	铝粉或镁粉厂房，金属制品抛光部位，镁粉厂房、面粉厂的碾磨部位、活性炭制造及再生厂房，谷物筒仓工作塔，亚麻厂的除尘器和过滤器室
丙	闪点≥60℃的液体	闪点≥60℃的油品和有机液体的提炼、回收工段及其抽送泵房，香料厂的松油醇部位和乙酸松油脂部位，苯甲酸厂房，苯乙酮厂房，焦化厂焦油厂房，甘油、桐油的制备厂房，油浸变压器室，机器油或变压油灌桶间，柴油灌桶间，润滑油再生部位，配电室（每台装油量>60kg 的设备），沥青加工厂房，植物油加工厂的精炼部位
	可燃固体	煤、焦炭、油母页岩的筛分、转运工段和栈桥或储仓，木工厂房，竹、藤加工厂房，橡胶制品的压延、成型和硫化厂房，针织品厂房，纺织、印染、化纤生产的干燥部位，服装加工厂房，棉花加工和打包厂房，造纸厂备料、干燥厂房，印染厂成品厂房，麻纺厂粗加工厂房，谷物加工房，卷烟厂的切丝、卷制、包装厂房，印刷厂的印刷厂房，毛涤厂选毛厂房，电视机、收音机装配厂房，显像管厂装配工段烧枪间，磁带装配厂房，集成电路工厂的氧化扩散间、光刻间，泡沫塑料厂的发泡、成型、印片压花部位，饲料加工厂房，畜（禽）屠宰、分割及加工车间、鱼加工车间

续表 4-5

生产类别	使用或产生下列物质生产的火灾危险性特征	火灾危险性分类举例
丁	对不燃烧物质进行加工，并在高温或熔化状态下经常产生强辐射热、火花或火焰的生产	金属冶炼、锻造、铆焊、热扎、铸造、热处理厂房
	利用气体、液体、固体作为燃料或将气体、液体进行燃烧作其他用的各种生产	锅炉房，玻璃原料熔化厂房，灯丝烧拉部位，保温瓶胆厂房，陶瓷制品的烘干、烧成厂房，蒸汽机车库，石灰焙烧厂房，电石炉部位，耐火材料烧成部位，转炉厂房，硫酸车间焙烧部位，电极煅烧工段配电室（每台装油量≤60kg的设备）
	常温下使用或加工难燃烧物质的生产	铝塑料材料的加工厂房，酚醛泡沫塑料的加工厂房，印染厂的漂炼部位，化纤厂后加工润湿部位
戊	常温下使用或加工不燃烧物质的生产	制砖车间，石棉加工车间，卷扬机室，不燃液体的泵房和阀门室，不燃液体的净化处理工段，金属（镁合金除外）冷加工车间，电动车库，钙镁磷肥车间（焙烧炉除外），造纸厂或化学纤维厂的浆粕蒸煮工段，仪表、器械或车辆装配车间，氟利昂厂房，水泥厂的轮窑厂房，加气混凝土厂的材料准备、构件制作厂房

4.3.2 储存物品的火灾危险性分类

生产和储存物品的火灾危险性有相同之处，也有不同之处。有些生产的原料、成品都不危险，但生产中的条件变了或经化学反应后产生了中间产物，也就增加了火灾危险性，例如，可燃粉尘静止时不危险，但生产时，粉尘悬浮在空中与空气形成爆炸性混合物，遇火源则能爆炸起火，而储存这类物品就不存在这种情况。与此相反，桐油织物及其制品，在储存中火灾危险性较大，因为这类物品堆放在通风不良地点，受到一定温度作用时能缓慢氧化，积热不散会导致自燃起火，而在生产过程中不存在此种情况，所以要分别对生产和储存物品的火灾危险性进行分类。

储存物品的分类方法，主要是根据物品本身的火灾危险性，吸收仓库储存管理经验，并参考《危险货物运输规则》相关内容划分。按《建筑设计防火规范》(GB 50016—2018)，储存物品的火灾危险性分为甲、乙、丙、丁、戊五类，其分类及举例见表 4-6。

在确定火灾危险性时应该注意：

(1) 同一座仓库或仓库的任一防火分区内储存不同火灾危险性物品时，仓库或防火分区的火灾危险性应按火灾危险性最大的物品确定。

表 4-6 储存物品的火灾危险性分类及举例

类别	火灾危险性特征	举 例
甲	闪点<28℃的液体	己烷、戊烷，石脑油，环戊烷，二硫化碳，苯、甲苯，甲醇、乙醇，乙醚，甲酸甲酯、醋酸甲酯、硝酸乙酯，汽油，丙酮，丙烯，乙醚，酒精度为38度以上的白酒
	爆炸下限<10%的气体，受到水或空气中水蒸气的作用能产生爆炸下限<10%气体的固体物质	乙炔，氢，甲烷，乙烯、丙烯，丁二烯，环氧乙烷，水煤气，硫化氢，氯乙烯，液化石油气，电石，碳化铝
	常温下能自行分解或在空气中氧化能导致迅速自燃或爆炸的物质	硝化棉，消化纤维胶片，喷漆棉，火胶棉，赛璐珞棉，黄磷
	常温下受到水或空气中水蒸气的作用能产生可燃气体并引起燃烧或爆炸的物质	金属钾、钠、锂、钙、锶，氢化锂，氢化钠，四氢化锂铝
	遇酸、受热、撞击、摩擦以及遇有机物或硫黄等易燃的无机物，极易引起燃烧或爆炸的强氧化剂	氯酸钾，氯酸钠，过氧化钾，过氧化钠，硝酸铵
	受撞击、摩擦或与氧化剂、有机物接触时能引起燃烧或爆炸的物质	赤磷，五硫化磷，三硫化磷
乙	18℃≤闪点<60℃的液体	煤油，松节油，丁烯醇、异戊醇，丁醚，醋酸丁酯、硝酸戊酯，乙酰丙酮，环己胺，溶剂油，冰醋酸，樟脑油，甲酸
	爆炸下限≥10%的气体	氨气，液氯
	不属于甲类的氧化剂	硝酸铜，铬酸，亚硝酸钾，重铬酸钠，铬酸钾，硝酸，硝酸汞，硝酸钴，发烟硫酸，漂白粉
	不属于甲类的易燃固体	硫黄，镁粉，铝粉，赛璐珞板（片），樟脑，萘，生松香，硝化纤维漆布，硝化纤维色片
	助燃气体	氧气，氟气，液氯
	常温下与空气接触能缓慢氧化，积热不散引起自燃的物品	漆布及其制品，油布及其制品，油纸及其制品，油绸及其制品
丙	闪点≥60℃的液体	动物油，植物油，沥青，蜡，润滑油，机油，重油，闪点不小于60℃的柴油，糖醛，白兰地成品库
	可燃固体	化学、人造纤维及其织物，纸张，棉、毛、丝、麻及其织物，谷物，面粉，天然橡胶及其制品，竹、木及其制品，中药材，电视机、收录机等电子产品，计算机房已录数据的磁盘储存间，冷库中的鱼、肉间
丁	难燃烧物品	自熄性塑料及其制品，酚醛泡沫塑料及其制品，水泥刨花板

续表 4-6

类别	火灾危险性特征	举　例
戊	不燃烧物品	钢材，铝材，玻璃及其制品，搪瓷制品，陶瓷制品，不燃气体，玻璃棉，岩棉，陶瓷棉，硅酸铝纤维，矿棉，石膏及其无纸制品，水泥，石，膨胀珍珠岩

（2）丁、戊类储存物品仓库的火灾危险性，当可燃包装重量大于物品本身重量 1/4 或可燃包装体积大于物品本身体积的 1/2 时，应按丙类确定。

4.4 建筑总平面布局

4.4.1 建筑消防安全布局

建筑的总平面布局应满足城市规划和消防安全的要求。一般要根据建筑物的使用性质、生产经营规模、建筑高度、体量及火灾危险性等，合理确定其建筑位置、防火间距、消防车道和消防水源等。

4.4.1.1 建筑选址

（1）周围环境要求。各类建筑在规划建设时，要考虑周围环境的相互影响。特别是工厂、仓库选址时，既要考虑本单位的安全，又要考虑邻近的企业和居民的安全。生产、储存和装卸易燃易爆危险物品的工厂、仓库和专用车站、码头，必须设置在城市的边缘或者相对独立的安全地带。易燃易爆气体和液体的充装站、供应站、调压站，应当设置在合理的位置，符合防火防爆要求。

（2）地势条件要求。建筑选址时，还要充分考虑和利用自然地形、地势条件。存放甲、乙、丙类液体的仓库宜布置在地势较低的地方，以免火灾对周围环境造成威胁；若布置在地势较高处，则应采取防止液体流散的措施。乙炔遇水产生可燃气体，容易发生火灾爆炸，所以乙炔站等企业严禁布置在可能被水淹没的地方。生产和储存爆炸物品的企业应利用地形，选择多面环山、附近没有建筑的地方。

（3）风向。散发可燃气体、可燃蒸气和可燃粉尘的车间、装置等，宜布置在明火或散发火花地点的常年最小频率风向的上风侧。液化石油气储罐区宜布置在本单位或本地区全年最小频率风向的上风侧，并选择通风良好的地点独立设置。易燃材料的露天堆场宜设置在天然水源充足的地方，并宜布置在本单位或本地区全年最小频率风向的上风侧。

4.4.1.2 建筑总平面布局

（1）合理布置建筑。应根据各建筑物的使用性质、规模、火灾危险性以及所处的环境、地形、风向等因素合理布置，建筑之间留有足够的防火间距，以消除或减少建筑物之间及周边环境相互影响和火灾危害。

（2）合理划分功能区域。规模较大的企业要根据实际需要，合理划分生产区、储存区（包括露天储存区）、生产辅助设施区、行政办公和生活福利区等。同一企业内，若有不同火灾危险的生产建筑，则应尽量将火灾危险性相同的或相近的建筑集中布置，以利于采取防火防爆措施，便于安全管理。易燃、易爆的工厂、仓库的生产区、储存区内不得修建办公楼、宿舍等民用建筑。

4.4.2 建筑防火间距

建筑物发生火灾时，火灾除了在建筑物内部蔓延扩大外，有时还会通过一定的途径蔓延到相邻的建筑物上。为了防止火灾在建筑物之间蔓延，十分有效的措施是在相邻建筑物之间留出一定的防火安全距离，即防火间距。换而言之，防火间距是一座建筑物着火后，火灾不致蔓延到相邻建筑物的空间间隔，它是针对相邻建筑间设置的。《建筑设计防火规范》（GB 50016—2018）定义的防火间距是防止着火建筑在一定时间内引燃相邻建筑，便于消防扑救的间隔距离。

4.4.2.1 *厂房的防火间距*

厂房之间及其与乙、丙、丁、戊类仓库、民用建筑等之间的防火间距不应小于表 4-7 的规定。

在执行表 4-7 时应注意以下几点：

（1）甲类厂房与重要公共建筑的防火间距不应小于 50m，与明火或散发火花地点的防火间距不应小于 30m。乙类厂房与重要公共建筑的防火间距不宜小于 50m；与明火或散发火花地点的防火间距不宜小于 30m。单、多层戊类厂房之间及与戊类仓库的防火间距可按表 4-7 的规定减少 2m，与民用建筑的防火间距可将戊类厂房等同民用建筑，按现行国家标准《建筑设计防火规范》（GB 50016—2018）的规定执行。为丙、丁、戊类厂房服务而单独设置的生活用房应按民用建筑确定，与所属厂房的防火间距不应小于 6m。

（2）两座厂房相邻较高一面外墙为防火墙时，或相邻两座高度相同的一、二级耐火等级建筑中相邻任一侧外墙为防火墙且屋顶的耐火极限不低于 1.00h 时，其防火间距不限，但甲类厂房之间不应小于 4m。两座丙、丁、戊类厂房相邻两面外墙均为不燃性墙体，当无外露的可燃性屋檐，每面外墙上的门、窗、洞口面积之和各不大于该外墙面积的 5%，且门、窗、洞口不正对开设时，其防火间距可按表 4-7 的规定减少 25%。甲、乙类厂房（仓库）不应与现行国家标准《建筑设计防火规范》（GB 50016—2018）规定外的其他建筑贴邻。

（3）两座一、二级耐火等级的厂房，当相邻较低一面外墙为防火墙且较低一座厂房的屋顶耐火极限不低于 1.00h，或相邻较高一面外墙的门、窗等开口部位

表 4-7 厂房之间及与乙、丙、丁、戊类仓库、民用建筑等的防火间距 （m）

名称			甲类厂房	乙类厂房（仓库）			丙、丁、戊类厂房（仓库）				民用建筑				
			单、多层	单、多层		高层	单、多层			高层	裙房，单、多层			高层	
			一、二级	一、二级	三级	一、二级	一、二级	三级	四级	一、二级	一、二级	三级	四级	一类	二类
甲类厂房	单、多层	一、二级	12	12	14	13	12	14	16	13	25			50	
乙类厂房	单、多层	一、二级	12	10	12	13	10	12	14	13					
		三级	14	12	14	15	12	14	16	15					
	高层	一、二级	13	13	15	13	13	15	17	13					
丙类厂房	单、多层	一、二级	12	10	12	13	10	12	14	13	10	12	14	20	15
		三级	14	12	14	15	12	14	16	15	12	14	16	25	20
		四级	16	14	16	17	14	16	18	17	14	16	18		
	高层	一、二级	13	13	15	13	13	15	17	13	13	15	17	20	15
丁、戊类厂房	单、多层	一、二级	12	10	12	13	10	12	14	13	10	12	14	15	13
		三级	14	12	14	15	12	14	16	15	12	14	16	18	15
		四级	16	14	16	17	14	16	18	17	14	16	18		
	高层	一、二级	13	13	15	13	13	15	17	13	13	15	17	15	13
室外变、配电站	变压器冲油量（t）	≥5，≤10	25	25	25	25	12	15	20	12	15	20	25	20	
		>10，≤50					15	20	25	15	20	25	30	25	
		>50					20	25	30	20	25	30	35	30	

设置甲级防火门、窗或防火分隔水幕或按《建筑设计防火规范》（GB 50016—2018）第6.5.3条的规定设置防火卷帘时，甲、乙类厂房之间的防火间距不应小于6m；丙、丁、戊类厂房之间的防火间距不应小于4m。

(4) 发电厂内的主变压器，其油量可按单台确定。

(5) 耐火等级低于四级的既有厂房，其耐火等级可按四级确定。

(6) 当丙、丁、戊类厂房与丙、丁、戊类仓库相邻时，应符合以上第 (2)、(3) 条的规定。

(7) 散发可燃气体、可燃蒸气的甲类厂房与铁路、道路等的防火间距不应小于表4-8的规定，但当甲类厂房所属厂内铁路装卸线有安全措施时，防火间距不受表4-8规定的限制。

表4-8 散发可燃气体、可燃蒸气的甲类厂房与铁路、道路的防火间距

名称	厂外铁路线中心线	厂内铁路线中心线	厂外道路路边	厂内道路路边	
				主要	次要
甲类厂房	30	20	15	10	5

4.4.2.2 仓库的防火间距

A 甲类仓库

甲类仓库之间及与其他建筑、明火或散发火花地点、铁路、道路等的防火间距不应小于表4-9的规定。甲类仓库之间的防火间距，当第3、4项物品储量不大于2t，第1、2、5、6项物品储量不大于5t时，不应小于12m，甲类仓库与高层仓库的防火间距不应小于13m。

表4-9 甲类仓库之间及与其他建筑、明火或散发火花地点、铁路、道路等的防火间距 (m)

名 称		甲类仓库（储量/t）			
		甲类储存物品第3、4项		甲类储存物品第1、2、5、6项	
		≤5	>5	≤10	>10
高层民用建筑、重要公共建筑		50			
裙房、其他民用建筑、明火或散发火花地点		30	40	25	30
甲类仓库		20	20	20	20
厂房和乙、丙、丁、戊类仓库	一、二级	15	20	12	15
	三级	20	25	15	20
	四级	25	30	20	25
电力系统电压为35~500kV且每台变压器容量不小于10MV·A的室外变、配电站，工业企业的变压器总油量大于5t的室外降压变电站		30	40	25	30

续表 4-9

名称		甲类仓库（储量/t）			
		甲类储存物品第 3、4 项		甲类储存物品第 1、2、5、6 项	
		≤5	>5	≤10	>10
厂外铁路线中心线		40			
厂内铁路线中心线		30			
厂外道路路边		20			
厂内道路路边	主要	10			
	次要	5			

B 乙、丙、丁、戊类仓库之间及其与民用建筑之间的防火间距

乙、丙、丁、戊类仓库之间及其与民用建筑之间的防火间距不应小于表 4-10 的规定。

表 4-10 乙、丙、丁、戊类仓库之间及其与民用建筑的防火间距 （m）

名称			乙类仓库			丙类仓库				丁、戊类仓库			
			单、多层		高层	单、多层			高层	单、多层			高层
			一、二级	三级	一、二级	一、二级	三级	四级	一、二级	一、二级	三级	四级	一、二级
乙、丙、丁、戊类仓库	单、多层	一、二级	10	12	13	10	12	14	13	10	12	14	13
		三级	12	14	15	12	14	16	15	12	14	16	15
		四级	14	16	17	14	16	18	17	14	16	18	17
	高层	一、二级	13	15	13	13	15	17	13	13	15	17	13
民用建筑	裙房，单、多层	一、二级	25			10	12	14	13	10	12	14	13
		三 级	25			12	14	16	15	12	14	16	15
		四级	25			14	16	18	17	14	16	18	17
	高层	一类	50			20	25	25	20	15	18	18	15
		二类	50			15	20	20	15	13	15	15	13

执行表 4-10 时应注意以下几点：

（1）单层、多层戊类仓库之间的防火间距，可按表 4-10 减少 2m。

（2）两座仓库的相邻外墙均为防火墙时，防火间距可以减小，但丙类不应小于 6m；丁、戊类不应小于 4m。两座仓库相邻较高一面外墙为防火墙，或相邻两座高度相同的一、二级耐火等级建筑中相邻任一侧外墙为防火墙且屋顶的耐火极限不低于 1.00h，且总占地面积不大于《建筑设计防火规范》（GB 50016—2018）有关一座仓库的最大允许占地面积规定时，其防火间距不限。

（3）除乙类第6项物品外的乙类仓库，与民用建筑之间的防火间距不宜小于25m，与重要公共建筑的防火间距不应小于50m，与铁路、道路等的防火间距不宜小于表4-9中甲类仓库与铁路、道路等的防火间距。

4.4.2.3 民用建筑的防火间距

民用建筑之间的防火间距不应小于表4-11的规定，与其他建筑的防火间距除应符合本节的规定外，尚应符合《建筑设计防火规范》（GB 50016—2018）的相关规定。

表4-11 民用建筑之间的防火间距 （m）

建筑类别		高层民用建筑	裙房和其他民用建筑		
		一、二级	一、二级	三级	四级
高层民用建筑	一、二级	13	9	11	14
裙房和其他民用建筑	一、二级	9	6	7	9
	三级	11	7	8	10
	四级	14	9	10	12

在执行表4-11的规定时，应注意以下几点：

（1）相邻两座单、多层建筑，当相邻外墙为不燃性墙体且无外露的可燃性屋檐，每面外墙上无防火保护的门、窗、洞口不正对开设且面积之和不大于该外墙面积的5%时，其防火间距可按表4-11规定减少25%。

（2）两座建筑相邻较高一面外墙为防火墙，或高出相邻较低一座一、二级耐火等级建筑的屋面15m及以下范围内的外墙为防火墙时，屋顶耐火极限不低于1.00h时，其防火间距可不限。

（3）相邻两座高度相同的一、二级耐火等级建筑中相邻任一侧外墙为防火墙时，其防火间距可不限。

（4）相邻两座建筑中较低一座建筑的耐火等级不低于二级，屋面板的耐火极限不低于1.00h，屋顶无天窗且相邻较低一面外墙为防火墙时，其防火间距不应小于3.5m；对于高层建筑，不应小于4m。

（5）相邻两座建筑中较低一座建筑的耐火等级不低于二级且屋顶无天窗，相邻较高一面外墙高出较低一座建筑的屋面15m及以下范围内的开口部位设置甲级防火门、窗，或设置符合现行国家标准《自动喷水灭火系统设计规范》（GB 50084—2017）规定的防火分隔水幕或规范规定的防火卷帘时，其防火间距不应小于3.5m；对于高层建筑，不应小于4m。

（6）相邻建筑通过底部的建筑物、连廊或天桥等连接时，其间距不应小于表4-11的规定。

（7）耐火等级低于四级的既有建筑，其耐火等级可按四级确定。

(8) 建筑高度大于100m的民用建筑与相邻建筑的防火间距，当符合规范允许减小的条件时，仍不应减小。

4.4.3 防火间距不足时的消防技术措施

防火间距由于场地等原因，难于满足国家有关消防技术规范的要求时，可根据建筑物的实际情况，采取以下措施补救：

(1) 改变建筑物的生产和使用性质，尽量降低建筑物的火灾危险性，改变房屋部分结构的耐火性能，提高建筑物的耐火等级。

(2) 调整生产厂房的部分工艺流程，限制库房内储存物品的数量，提高部分构件的耐火极限和燃烧性能。

(3) 将建筑物的普通外墙改造为防火墙或减少相邻建筑的开口面积，如开设门窗，应采用防火门窗或加防火水幕保护。

(4) 拆除部分耐火等级低、占地面积小，使用价值低且与新建筑物相邻的原有陈旧建筑物。

(5) 设置独立的室外防火墙。在设置防火墙时，应兼顾通风排烟和破拆扑救，切忌盲目设置，顾此失彼。

4.5 防火防烟分区与分隔

4.5.1 防火分区的定义

建筑物的某空间内发生火灾后，火势便会因热气体对流、辐射作用，或者是从楼板、墙壁的烧损处和门窗洞口向其他空间蔓延扩散，最后发展成为整座建筑的火灾。因此，对于一定规模、面积大或多层、高层的建筑而言，在一定时间内把火势控制在着火的一定区域内，是非常重要的，而在建筑物内划分防火分区是最有效的防火措施之一。

防火分区是指在建筑内部采用防火墙、楼板及其他防火分隔设施分割而成，能在一定时间防止火灾向同一建筑的其余部分蔓延的局部空间。防火分区的面积大小应根据建筑物的使用性质、高度、火灾危险性、消防扑救能力等因素确定，不同类别的建筑其防火分区的划分有不同的标准。

按照防止火灾向防火分区以外扩大蔓延的功能，防火分区可分为两类：一类是竖向防火分区，可把火灾控制在一定的楼层范围内，防止火灾向其他楼层垂直蔓延，主要采用具有一定耐火极限的楼板做分隔构件；另一类是水平防火分区，即采用一定耐火极限的墙、楼板、门窗等防火分隔物进行分隔的空间。每个楼层可根据面积要求划分成多个防火分区，高层建筑在垂直方向应以每个楼层为单元划分防火分区，所有建筑物的地下室在垂直方向尽量应以每个楼层为单元划分防火分区。

4.5.2 防火分隔设施

火场上火势发展的规律表明，浓烟流窜的方向往往就是火势蔓延的途径，防火分隔物应针对建筑物的不同部位和火势蔓延的途径设置。为了保证建筑物的防火安全，防止火势由外部向内部、由内部向外部或内部之间蔓延，应用防火分隔构件把整个建筑空间划分成若干较小防火空间，以限制燃烧面积，阻止火势发展蔓延。防火分隔构件可分为固定式和可开启关闭式两种。固定式包括普通砖墙、楼板、防火墙等，可开启关闭式包括防火门、防火窗、防火卷帘、防火水幕等。

4.5.2.1 防火墙

防火墙是具有不少于3.00h耐火极限的不燃性实体墙。防火墙是分隔水平防火分区或防止建筑间火灾蔓延的重要分隔构件，对于减少火灾损失具有重要作用。防火墙能在火灾初期和灭火过程中将火灾有效地限制在一定空间内，阻断火灾在防火墙一侧而不蔓延到另一侧。防火墙应满足下列防火要求：

(1) 防火墙应直接设置在建筑物的基础、钢筋混凝土框架或梁等承重结构上。框架、梁等承重结构的耐火极限不应低于防火墙的耐火极限。

(2) 防火墙应从楼地面基层隔断至梁、楼板或屋面板的底面基层。当高层厂房（仓库）屋顶承重结构和屋面板的耐火极限低于1.00h，其他建筑屋顶承重结构和屋面板的耐火极限低于0.50h时，防火墙应高出屋面0.5m以上。

(3) 防火墙横截面中心线水平距离天窗端面小于4.0m，且天窗端面为可燃性墙体时，应采取防止火势蔓延的措施。

(4) 建筑外墙为难燃性或可燃性墙体时，防火墙应凸出墙的外表面0.4m以上，且防火墙两侧的外墙均应为宽度不小于2.0m的不燃性墙体，其耐火极限不应低于外墙的耐火极限。

(5) 建筑外墙为不燃性墙体时，防火墙可不凸出墙的外表面，紧靠防火墙两侧的门、窗、洞口之间的最近边缘的水平距离不应小于2.0m；采取设置乙级防火窗等防止火灾水平蔓延的措施时，该距离不限。

(6) 建筑内的防火墙不宜设置在转角处，确需设置时，内转角两侧墙上的门、窗、洞口之间最近边缘的水平距离不应小于4.0m；采取设置乙级防火窗等防止火灾水平蔓延的措施时，该距离不限。

(7) 防火墙上不应开设门、窗、洞口，确需开设时，应设置不可开启或火灾时能自动关闭的甲级防火门、窗。

(8) 防火墙内不应设置排气道。

(9) 可燃气体和甲、乙、丙类液体的管道严禁穿过防火墙，其他管道不宜穿过防火墙，确需穿过时，应采用防火封堵材料将墙与管道之间的空隙紧密填实，穿过防火墙处的管道保温材料应采用不燃材料。当管道为难燃及可燃材料时，应在防火墙两侧的管道上采用防火措施。

（10）防火墙的构造应能在防火墙任意一侧的屋架、梁、楼板等受到火灾的影响而被破坏时，不会导致防火墙倒塌。

4.5.2.2 防火门

防火门是指具有一定耐火极限，且在发生火灾时能自行关闭的门。建筑中设置的防火门，应保证门的防火和防烟性能符合现行国家标准《防火门》（GB 12955—2008）的有关规定，并经消防产品质量检测中心检测试验认证才能使用。

A 防火门分类

（1）按耐火极限防火门分为甲、乙、丙三级，耐火极限分别不低于1.50h、1.00h和0.50h，对应的分别应用于防火墙、疏散楼梯门和竖井检查门。

（2）按材料可分为木质、钢质、复合材料防火门。

（3）按门扇结构可分为带亮子、不带亮子，单扇、多扇。

（4）按照耐火性能不同可分为隔热防火门、部分隔热防火门和非隔热防火门，见表4-12。

表4-12 按耐火性能分类 （h）

<table>
<tr><th>名称</th><th colspan="2">耐火性能</th><th>代号</th></tr>
<tr><td rowspan="5">隔热防火门
（A类）</td><td colspan="2">耐火隔热性≥0 50
耐火完整性≥0.50</td><td>A0.50（丙级）</td></tr>
<tr><td colspan="2">耐火隔热性≥1.00
耐火完整性≥1.00</td><td>A1.00（乙级）</td></tr>
<tr><td colspan="2">耐火隔热性≥1.50
耐火完整性≥1.50</td><td>A1.50（甲级）</td></tr>
<tr><td colspan="2">耐火隔热性≥2.00
耐火完整性≥2.00</td><td>A2.00</td></tr>
<tr><td colspan="2">耐火隔热性≥3.00
耐火完整性≥3.00</td><td>A3.00</td></tr>
<tr><td rowspan="4">部分隔热防火门
（B类）</td><td rowspan="4">耐火隔热性≥0.50</td><td>耐火完整性≥1.00</td><td>B1.00</td></tr>
<tr><td>耐火完整性≥1.50</td><td>B1.50</td></tr>
<tr><td>耐火完整性≥2.00</td><td>B2.00</td></tr>
<tr><td>耐火完整性≥3.00</td><td>B3.00</td></tr>
</table>

续表 4-12

名称	耐火性能	代号
非隔热防火门（C类）	耐火完整性≥1.00	C1.00
	耐火完整性≥1.50	C1.50
	耐火完整性≥2.00	C2.00
	耐火完整性≥3.00	C3.00

B 防火门的设置要求

(1) 疏散通道上的防火门应向疏散方向开启，并在关闭后应能从任一侧手动开启。

(2) 设置防火门的部位一般为房间的疏散门或建筑某一区域的安全出口。建筑内设置的防火门既要能保持建筑防火分隔的完整性，又要能方便人员疏散和开启。因此，防火门的开启方式、开启方向等均要保证在紧急情况下人员能快捷开启，不会导致阻塞。

(3) 除管井检修门和住宅的户门外，防火门应能自动关闭；双扇防火门应具有按顺序关闭的功能。

(4) 除允许设置常开防火门的位置外，其他位置的防火门均应采用常闭防火门。常闭防火门应在门扇的明显位置设置“保持防火门关闭”等提示标志。常开防火门（建筑内经常有人通行处的防火门），在发生火灾时应具有自动关闭和信号反馈功能，如设置与报警系统联动的控制装置和闭门器等。

(5) 为保证分区间的相互独立，设在变形缝附近的防火门，应设在楼层较多的一侧，并保证防火门开启时门扇不跨越变形缝，防止烟火通过变形缝蔓延。

(6) 防火门关闭后应具有防烟性能。

(7) 甲、乙、丙级防火门应符合现行国家标准《防火门》（GB 12955—2015）的规定。

4.5.2.3 防火窗

防火窗是采用钢窗框、钢窗扇及防火玻璃制成的，能起到隔离和阻止火势蔓延的窗，一般设置在防火间距不足部位的建筑外墙上的开口或天窗，建筑内的防火墙或防火隔墙上需要观察等部位以及需要防止火灾竖向蔓延的外墙开口部位。

防火窗按照安装方法可分固定窗扇与活动窗扇两种。固定窗扇防火窗不能开启，平时可以采光，遮挡风雨，发生火灾时可以阻止火势蔓延。活动窗扇防火窗能够开启和关闭，起火时可以自动关闭，阻止火势蔓延；开启后可以排除烟气，平时还可以采光和通风。为了使防火窗的窗扇能够开启和关闭，需要安装自动和手动开关装置。

防火窗的耐火极限与防火门相同。设置在防火墙、防火隔墙上的防火窗应采用不可开启的窗扇或具有火灾时能自行关闭的功能。

防火窗应符合现行国家标准《防火窗》（GB 16809—2008）的有关规定。

4.5.2.4 防火卷帘

防火卷帘是在一定时间内连同框架能满足耐火稳定性和完整性要求的卷帘，由帘板、卷轴、电机、导轨、支架、防护罩和控制机构等组成。

防火卷帘主要用于需要进行防火分隔的墙体，特别是防火墙、防火隔墙上因生产、使用等需要开设较大开口而又无法设置防火门时的防火分隔。

A 防火卷帘设置要求

防火分隔部位设置防火卷帘时，应符合下列规定：

（1）为保证安全，除中庭外，当防火分隔部位的宽度不大于30m时，防火卷帘的宽度不应大于10m；当防火分隔部位的宽度大于30m时，防火卷帘的宽度不应大于该防火分隔部位宽度的1/3，且不应大于20m。

（2）防火卷帘应具有火灾时靠自重自动关闭的功能，不应采用水平、侧向防火卷帘。

（3）除另有规定外，防火卷帘的耐火极限不应低于《建筑设计防火规范》（GB 50016—2018）对所设置部位墙体的耐火极限要求。根据《门和卷帘的耐火实验方法》（GB/T 7633—2008）的相关要求，当防火卷帘的耐火极限符合现行国家标准有关耐火完整性和耐火隔热性的判定条件时，可不设置自动喷水灭火系统保护。

当防火卷帘的耐火极限仅符合现行国家标准有关耐火完整性的判定条件时，应设置自动喷水灭火系统保护。

（4）防火卷帘应具有防烟性能，与楼板、梁、墙、柱之间的空隙应采用防火封堵材料封堵。

（5）需在火灾时自动降落的防火卷帘，应具有信号反馈的功能。

（6）其他要求，应符合现行国家标准《防火卷帘》（GB 14102—2005）的规定。

B 防火卷帘设置部位

一般设置在电梯厅、自动扶梯周围，中庭与楼层走道、过厅相通的开口部位，生产车间中大面积工艺洞口以及设置防火墙有困难的部位等。

4.5.2.5　防火阀

防火阀是在一定时间内能满足耐火稳定性和耐火完整性要求，用于管道内阻火的活动式封闭装置。空调、通风管道一旦窜入烟火，就会导致火灾在大范围蔓延。因此，在风道贯通防火分区的部位（防火墙），必需设置防火阀。防火阀平时处于开启状态，发生火灾时，当管道内烟气温度达到70℃时，易熔合金片熔断断开而自动关闭。

A　防火阀的设置要求

防火阀的设置应符合下列规定：

（1）防火阀宜靠近防火分隔处设置。

（2）防火阀暗装时，应在安装部位设置方便维护的检修口。

（3）在防火阀两侧各2.0m范围内的风管及其绝热材料应采用不燃材料。

（4）防火阀应符合现行国家标准《建筑通风和排烟系统用防火阀门》（GB 15930—2007）的规定。

B　防火阀的设置部位

（1）穿越防火分区处。

（2）穿越通风、空气调节机房的房间隔墙和楼板处。

（3）穿越重要或火灾危险性大的房间隔墙和楼板处。

（4）穿越防火分隔处的变形缝两侧。

（5）竖向风管与每层水平风管交接处的水平管段上，但当建筑内每个防火分区的通风、空气调节系统均独立设置时，水平风管与竖向总管的交接处可不设置防火阀。

（6）公共建筑的浴室、卫生间和厨房的竖向排风管，应采取防止回流措施或在支管上设置公称动作温度为70℃的防火阀。公共建筑内厨房的排油烟管道宜按防火分区设置，且在与竖向排风管连接的支管处应设置公称动作温度为150℃的防火阀。

4.5.3　建筑的防火分区

4.5.3.1　厂房的防火分区

根据不同的生产火灾危险性类别，合理确定厂房的层数和建筑面积，可以有效防止火灾蔓延扩大，减少损失。为适应生产需要建设大面积厂房和布置连续生产线工艺时，防火分区采用防火墙分隔比较困难。对此，除甲类厂房外，规范允许采用防火分隔水幕或防火卷帘等进行分隔。厂房的防火分区面积应根据其生产的火灾危险性类别、厂房的层数和厂房的耐火等级等因素确定。各类厂房的防火分区面积应符合表4-13的要求。

表 4-13 厂房的层数和每个防火分区的最大允许建筑面积

生产的火灾危险性类别	厂房的耐火等级	最多允许层数	每个防火分区的最大允许建筑面积/m²			
			单层厂房	多层厂房	高层厂房	地下或半地下厂房（包括地下或半地下室）
甲	一级	宜采用单层	4000	3000	—	—
	二级		3000	2000	—	—
乙	一级	不限	5000	4000	2000	—
	二级	6	4000	3000	1500	—
丙	一级	不限	不限	6000	3000	500
	二级	不限	8000	4000	2000	500
	三级	2	3000	2000	—	—
丁	一、二级	不限	不限	不限	4000	1000
	三级	3	4000	2000	—	—
	四级	1	1000	—	—	—
戊	一、二级	不限	不限	不限	6000	1000
	三级	3	5000	3000	—	—
	四级	1	1500	—	—	—

甲类生产具有易燃、易爆的特性，容易发生火灾和爆炸，疏散和救援困难，如层数多则更难扑救，严重者对结构有严重破坏。因此，甲类厂房除因生产工艺需要外，应尽量采用单层建筑。

对于一些特殊的工业建筑，防火分区的面积可适当扩大，但必须满足规范规定的相关要求。厂房内的操作平台、检修平台，当使用人数少于 10 人时，平台的面积可不计入所在防火分区的建筑面积内。

厂房内设置自动灭火系统时，其防火分区的最大允许建筑面积可按表 4-13 的规定增加 1.0 倍。当丁、戊类的地上厂房内设置自动灭火系统时，每个防火分区的最大允许建筑面积不限。厂房内局部设置自动灭火系统时，其防火分区的增加面积可按该局部面积的 1.0 倍计算。

4.5.3.2 仓库的防火分区

仓库物资储存比较集中，可燃物数量多，一旦发生火灾，灭火救援难度大，常造成严重经济损失。因此，除了对仓库总的占地面积进行限制外，库房防火分区之间的水平分隔必须采用防火墙分隔，不能采用其他分隔方式替代。

仓库的层数和每个防火分区的最大允许建筑面积应符合表 4-14 的规定。

表 4-14 仓库的层数和面积

储存物品的火灾危险性类别		仓库的耐火等级	最多允许层数	每座仓库的最大允许占地面积和每个防火分区的最大允许建筑面积/m^2						
				单层仓库		多层仓库		高层仓库		地下或半地下仓库（包括地下或半地下室）
				每座仓库	防火分区	每座仓库	防火分区	每座仓库	防火分区	防火分区
甲	3、4项	一级	1	180	60	—	—	—	—	—
	1、2、5、6项	一、二级	1	750	250	—	—	—	—	—
乙	1、3、4项	一、二级	3	2000	500	900	300	—	—	—
		三级	1	500	250	—	—	—	—	—
	2、5、6项	一、二级	5	2800	700	1500	500	—	—	—
		三级	1	900	300	—	—	—	—	—
丙	1项	一、二级	5	4000	1000	2800	700	—	—	150
		三级	1	1200	400	—	—	—	—	—
	2项	一、二级	不限	6000	1500	4800	1200	4000	1000	300
		三级	3	2100	700	1200	400	—	—	—
丁		一、二级	不限	不限	3000	不限	1500	4800	1200	500
		三级	3	3000	1000	1500	500	—	—	—
		四级	1	2100	700	—	—	—	—	—
戊		一、二级	不限	不限	不限	不限	2000	6000	1500	1000
		三级	3	3000	1000	2100	700	—	—	—
		四级	1	2100	700	—	—	—	—	—

甲、乙类仓库内的防火分区之间应采用不开设门窗洞口的防火墙分隔，且甲类仓库应采用单层结构。对于丙、丁、戊类仓库，在实际使用中确因物流等用途需要开口的部位，需采用与防火墙等效的措施，如甲级防火门、防火卷帘分隔，开口部位的宽度一般控制在不大于 6.0m，高度宜控制在 4.0m 以下，以保证该部位分隔的有效性。

设置在地下、半地下的仓库，火灾时室内气温高，烟气浓度比较高，热分解产物成分复杂、毒性大，而且威胁上部仓库的安全，因此甲、乙类仓库不应附设在建筑物的地下室和半地下室内。

仓库内设置自动灭火系统时，除冷库的防火分区外，每座仓库的最大允许占地面积和每个防火分区的最大允许建筑面积可按表 4-14 的规定增加 1.0 倍。冷库的防火分区面积应符合现行国家标准《冷库设计规范》（GB 50072—2010）的规定。

4.5.3.3 民用建筑的防火分区

不同耐火等级民用建筑防火分区的最大允许建筑面积见表4-15。

表4-15 不同耐火等级民用建筑防火分区最大允许建筑面积

名称	耐火等级	防火分区的最大允许建筑面积/m^2	备注
高层民用建筑	一、二级	1500	对于体育馆、剧场的观众厅，防火分区的最大允许建筑面积可适当放宽
单、多层民用建筑	一、二级	2500	托儿所、幼儿园的儿童用房及儿童游乐厅等儿童活动场所不应超过3层或设置在4层及4层以上或地下、半地下建筑（室）内；
	三级	1200	1. 托儿所、幼儿园的儿童用房及儿童游乐厅等儿童活动场所和医院、疗养院的住院部分不应超过2层或设在3层及3层以上或地下、半地下建筑（室）内； 2. 商店、学校、电影院、剧场、礼堂、食堂、菜市场不应超过2层或设置在3层及3层以上的楼层
	四级	500	学校、食堂、菜市场、托儿所、幼儿园、医院等不应设置在2层
地下或半地下建筑（室）	一级	500	设备用房的防火分区最大允许建筑面积不应大于1000m^2

在划分防火分区时应注意以下几点：

（1）当建筑内设置自动灭火系统时，防火分区最大允许建筑面积可按表4-15的规定增加1.0倍；局部设置时，防火分区的增加面积可按该局部面积的1.0倍计算。裙房与高层建筑主体之间设置防火墙时，裙房的防火分区可按单、多层建筑的要求确定。

（2）当多层建筑物内设置自动扶梯、敞开楼梯等上下层连通的开口时，其防火分区面积应按上下层相连通的面积叠加计算；当建筑面积之和大于表4-15的规定时，应划分防火分区。

（3）一、二级耐火等级建筑内的营业厅、展览厅，当设置自动灭火系统和火灾自动报警系统并采用不燃或难燃装修材料时，每个防火分区的最大允许建筑面积可适当增加，并应符合下列规定：

1）设置在高层建筑内时，不应大于4000m^2。

2）设置在单层建筑内或仅设置在多层建筑的首层内时，不应大于10000m^2。

3）设置在地下或半地下时，不应大于2000m^2。

总建筑面积大于20000m^2的地下或半地下商业营业厅，应采用无门、窗、洞口的防火墙、耐火极限不低于 2.00h 的楼板分隔为多个建筑面积不大于 20000m^2 的区域。相邻区域确需局部水平或竖向连通时，应采用符合规定的下沉式广场等室外开敞空间、防火隔间、避难走道、防烟楼梯间等方式进行连通。

(4) 当高层建筑物内设有自动扶梯、敞开楼梯、上下层相连通的走廊、传送带等开口时，应按上下连通层作为一个防火分区。其最大允许建筑面积之和不应超过表 4-15 的规定。

(5) 建筑物内设置中庭时，防火分区的建筑面积应按上下层相连通的建筑面积叠加计算。当中庭相连通的建筑面积之和大于一个防火分区的最大允许建筑面积时，应符合下列规定：

1) 中庭应与周围相连通空间进行防火分隔。采用防火隔墙时，其耐火极限不应低于 1.00h；采用防火玻璃时，防火玻璃与其固定部件整体的耐火极限不应低于 1.00h，但采用 C 类防火玻璃时，应设置闭式自动喷水灭火系统保护；采用防火卷帘时，其耐火极限不应低于 3.00h，并应符合规范的相关规定；与中庭相连通的门、窗，应采用火灾时能自行关闭的甲级防火门、窗。

2) 高层建筑内的中庭回廊应设置自动喷水灭火系统和火灾自动报警系统。

3) 中庭应设置排烟设施。

4) 中庭内不应布置可燃物。

4.5.4 防烟分区

防烟分区是在建筑内部屋顶或顶板、吊顶下采用具有挡烟功能的构配件进行分隔，形成的具有一定蓄烟能力的空间。

在火灾燃烧猛烈阶段，一座 100m 高的建筑，在没有任何防火材料阻挡的情况下，烟气顺管井扩散至顶层只需 30s。火灾的危害主要表现为火灾烟气的危害，火灾烟气的危害性主要有毒害性、减光性和恐怖性。火灾烟气的危害性可概括为对人们生理上的危害和心理上的危害两方面，烟气的毒害性和减光性是生理上的危害，而恐怖性则是心理上的危害，火灾发生后因缺氧和烟气侵害而造成的人员伤亡可达到火灾死亡人数的 50%～80%，而防烟分区可以在一定时间内使火场上产生的高温烟气不致随意扩散，并进而加以排除，因此建筑防烟分区对于建筑防火有着重要的意义。

4.5.4.1 防烟分区的设置原则

设置防烟分区的目的是为了有利于建筑物内人员安全疏散与有组织排烟，使烟气积聚于设定空间，通过排烟设施将烟气排至室外。防烟分区范围是指以屋顶挡烟隔板、挡烟垂壁或从顶棚向下突出不小于 500mm 的梁为界，从地板到屋顶或吊顶之间的规定空间。

防烟分区较防火分区而言，在建筑消防设计中往往容易忽视，事实上，防烟分区是烟气控制的基础手段，是为有利于建筑物内人员安全疏散和有组织排烟而采取的技术措施，主要依靠采用挡烟垂壁（帘）、挡烟梁（墙）等形式来实现。

设置排烟系统的场所或部位应划分防烟分区。设置防烟分区应满足以下几个要求：

（1）防烟分区应采用挡烟垂壁、隔墙、结构梁等划分。

（2）防烟分区不应跨越防火分区。

（3）每个防烟分区的建筑面积不宜超过规范要求。

（4）采用隔墙等形成封闭的分隔空间时，该空间宜作为一个防烟分区。

（5）当采用自然排烟方式时，储烟仓的厚度不应小于空间净高的20%，且不应小于500mm；当采用机械排烟方式时，储烟仓的厚度不应小于空间净高的10%，且不应小于500mm。同时储烟仓底部距地面的高度应大于安全疏散所需的最小清晰高度；最小清晰高度应由计算确定。火灾时的最小清晰高度是为了保证室内人员安全疏散和方便消防人员的扑救而提出的最低要求，也是排烟系统设计时必须达到的最低要求。

走道、室内空间净高度不大于3m的区域，其最小清晰高度不应小于其净高的1/2，其他区域最小清晰高度应按以下公式计算：

$$H_q = 1.6 + 0.1 \times H \tag{4-1}$$

式中 H_q——最小清晰高度，m；

H——对于单层空间，取排烟空间的建筑净高度，m；对于多层空间，取最高疏散楼层的层高，m。

（6）设置排烟设施的建筑内，敞开楼梯和自动扶梯穿越楼板的开口部位应设置挡烟垂壁等设施。

（7）有特殊用途的场所应单独划分防烟分区。

4.5.4.2 防烟分区面积划分

根据《建筑防烟排烟系统技术标准》（GB 51251—2017）的规定：公共建筑、工业建筑防烟分区的最大允许面积及其长边最大允许长度应符合表4-16的规定，当工业建筑采用自然排烟系统时，其防烟分区的长边长度尚不应大于建筑内空间净高度的8倍。

表4-16 公共建筑、工业建筑防烟分区的最大允许面积及其长边最大允许长度

空间净高 H/m	最大允许面积/m^2	长边最大允许长度/m
$H \leqslant 3$	500	24
$3<H \leqslant 6$	1000	36
$6<H \leqslant 9$	2000	60m，具有自然对流条件时，不应大于75m

注：1. 公共建筑、工业建筑中的走道宽度不大于2.5m时，其防烟分区的长度不应大于60m。

2. 当空间净高度大于9m时，防烟分区之间可不设置挡烟设施。

4.5.4.3 防烟分区分隔措施

划分防烟分区的构件主要有挡烟垂壁、隔墙、防火卷帘、建筑横梁等。下面对挡烟垂壁和建筑横梁做简要介绍。

(1) 挡烟垂壁。挡烟垂壁是用不燃材料制成，如钢板、防火玻璃、无机纤维织物等，垂直安装在建筑顶棚、横梁或吊顶下，为了阻止烟气沿水平方向流动而垂直向下吊装在顶棚上的挡烟构件，其有效高度不小于500mm。挡烟垂壁分固定式和活动式两种。固定式挡烟垂壁是指固定安装的、能满足设定挡烟高度的挡烟垂壁，当建筑物净空较高时可采用固定式的。活动式挡烟垂壁应由感烟探测器控制，或与排烟口联动，或受消防控制中心控制，但同时应能就地手动控制，并满足设定的挡烟高度。

(2) 建筑横梁。当建筑横梁的高度超过 50cm 时，该横梁可作为挡烟设施使用。

4.6 安全疏散

安全疏散是指人通过专门的设施和路线，安全地撤离着火建筑或在一安全的部位被暂时保护起来。安全疏散是建筑防火设计的一个重要组成部分。在设计建筑物时，为了避免建筑物发生火灾时，建筑内部人员因火烧、烟气中毒及建筑构件倒塌破坏而造成伤害，保证内部人员尽快疏散撤离，使消防人员能尽快进入火场进行扑救，尽量减少火灾发生后的人员伤亡，需要考虑安全疏散问题。安全疏散设计应根据建筑物的高度、规模、使用性质、耐火等级、面积大小和人们在火灾事故时的心理状态与行为特点，确定安全疏散基本参数，合理设置安全疏散和避难设施，为人员的安全疏散提供有利条件。

4.6.1 安全疏散的原则

(1) 合理、安全的疏散路线，即火灾时紧急疏散的路线越安全越好。安全疏散应做到人们从着火房间或部位，疏散到公共走道，再由公共走道到达疏散楼梯间，然后由疏散楼梯间到室外或其他安全区域。要求必须步步走向安全，并保证不出现“逆流”，疏散路线的尽端必须是安全区域。因此，布置疏散路线要简捷，便于寻找、辨别，并设置明显的疏散指示标志。

(2) 疏散路线设计要符合人们的习惯要求。人们在紧急情况下，习惯走平常熟悉的路线，因此在布置疏散楼梯的位置时，应将其靠近经常使用的电梯间布置，使经常使用的路线与火灾时紧急使用的路线有机地结合起来，更有利于迅速而安全地疏散人员。

(3) 尽量不使疏散路线和扑救路线相交叉，避免相互干扰。疏散楼梯不宜与消防电梯共用一个前室，因为两者共用前室时，会造成疏散人员和扑救人员相撞，妨碍安全疏散和消防扑救。

（4）疏散走道不应布置成不甚畅通的“S”形或“U”形，也不要布置成有变化宽度的平面，走道上方不能有妨碍安全疏散的凸出物，下面不能有突然改变地面标高的踏步。

（5）在建筑物内任何部位最好同时有两个或两个以上的疏散方向。应避免把疏散走道布置成袋形，由于袋形走道只有一个疏散方向，火灾时一旦出口被烟火堵住，其走道内的人员就很难安全脱险。

（6）合理设置各种安全疏散设施，做好其构造等设计。如疏散楼梯，要确定好其数量、布置位置、形式等，其防护分隔、楼梯宽度以及其他构造都要满足相关规范的有关要求，确保其在建筑物发生火灾时充分发挥作用，保证人员安全疏散。

4.6.2 允许疏散时间

建筑物发生火灾时，人员能够疏散到安全场所的时间叫允许疏散时间。由于建筑物的疏散设施不同，对普通建筑物（包括大型公共建筑）来说，允许疏散时间是指人员离开建筑物，到达室外安全场所的时间；而对于高层建筑来说，是指到达封闭楼梯间、防烟楼梯间、避难层的时间。

影响允许疏散时间的因素很多，主要可从两个方面来分析。一方面是火灾产生的烟气对人的威胁，另一方面是建筑物的耐火性能及其疏散设计情况、疏散设施可否正常运行。

根据国内外火灾统计，火灾时人员的伤亡，大多数是因烟气中毒、高温和缺氧所致。而建筑物中烟气大量扩散与流动以及出现高温和缺氧，是在轰燃之后才加剧的。火灾试验表明，建筑物从着火到出现轰燃的时间大多在5~8min。

一、二级耐火等级的建筑，一般来说是比较耐火的。但其内部大量使用可燃、难燃装修材料，如房间、走廊、门厅的吊顶、墙面等采用可燃材料，并铺设可燃地毯等，火灾时不仅着火快，而且还会产生大量有毒气体，影响人员的安全疏散。如某大楼的走廊和门厅采用可燃材料吊顶，火灾时很快烧毁，掉落在走廊地面上，未疏散出的人员不敢通过走廊进行疏散，耽误了疏散时间，以致造成伤亡事故。我国建筑物吊顶的耐火极限一般为15min，它限定了允许疏散时间不能超过这一极限。

但是，由于建筑构件，特别是吊顶的耐火极限，一般都比出现一氧化碳等有毒烟气、高温或严重缺氧的时间晚。所以，在确定允许疏散时间时，首先要考虑火场上烟气中毒问题。产生大量有毒气体和出现高温、缺氧等情况，一般是在轰燃之后，故允许疏散时间应控制在轰燃之前，并适当考虑安全系数。一、二级耐火等级的公共建筑与高层建筑，其允许疏散时间为5~7min，三、四级耐火等级建筑的允许疏散时间为2~4min。

影剧院、礼堂的观众厅，容纳人员密度大，安全疏散比较重要，所以允许疏散时间要从严控制。一、二级耐火等级的影剧院允许疏散时间为2min，三级耐火等级的允许疏散时间为1.5min。由于体育馆的规模一般比较大，观众厅容纳人数往往是影剧院的几倍到几十倍，火灾时的烟尘下降速度、温度上升速度、可燃装修材料、疏散条件等，也不同于影剧院，疏散时间一般比较长，所以对一、二级耐火等级的体育馆，其允许疏散时间为3~4min。

工业厂房的疏散时间，依生产的火灾危险性不同而异。考虑到甲类生产的火灾危险性大，燃烧速度快，允许疏散时间应控制在30s内；而乙类生产的火灾危险性较甲类生产火灾危险性小，燃烧速度比甲类慢，故乙类的允许疏散时间可控制在1min左右。

4.6.3 安全疏散距离

4.6.3.1 安全疏散距离的定义

安全疏散距离包括两个含义：一是要考虑房间内最远点到房门的疏散距离，二是从房门到疏散楼梯间或外部出口的距离。

（1）房间内最远点到房门的距离。当房间面积过大时，可能集中人员过多，要把较多的人群集中在一个宽度很大的安全出口来疏散，实践证明，这是不安全的。因为疏散距离大，疏散时间就长，若超过允许的疏散时间，就是不安全的。

对于人员密集的影剧院、体育馆等，室内最远点到疏散门口距离是通过限制走道之间的座位数和排数来控制的。在布置疏散走道时，横走道之间的座位排数不超过20排；纵走道之间的座位数，影剧院、礼堂等每排不超过26个，这样就可有效地控制室内最远点到安全出口的距离。

（2）从房门到安全出口疏散距离。根据建筑物使用性质、耐火等级情况的不同，对房门到安全出口的疏散距离应提出不同要求，以便各类建筑在发生火灾时，人员疏散有相应的保障。例如，对托儿所、幼儿园、医院等建筑，其内部大部分是孩子和病人，无独立疏散能力，而且疏散速度很慢，所以，这类建筑的疏散距离应尽量短捷。学校的教学楼等，由于房间内的人数较多，疏散时间比较长，所以到安全出口的距离不宜过大。对居住建筑，火灾多发生在夜间，一般发现比较晚，而且建筑内部的人员身体条件不等，老少兼有，疏散比较困难，所以疏散距离也不能太大。此外，对于有大量非固定人员居住、利用的公共建筑，如旅馆等，由于顾客对疏散路线不熟悉，发生火灾时容易引起惊慌，找不到安全出口，往往耽误疏散时间，故从疏散距离上也要区别对待。

4.6.3.2 厂房的安全疏散距离

确定厂房的安全疏散距离，需要考虑楼层的实际情况（如单层、多层，高层)、生产的火灾危险性类别及建筑物的耐火等级等。厂房内任一点至最近的安全出口的距离不应大于表4-17的规定。从表中可以看出，火灾危险性越大，安全疏散距离要求越严，厂房的耐火等级越低，安全疏散距离要求越严。而对于丁、戊类生产，当采用一、二级耐火等级的厂房时，其疏散距离可以不受限制。

表4-17 厂房内的任一点至最近安全出口的直线距离 (m)

生产类别	耐火等级	单层厂房	多层厂房	高层厂房	地下、半地下厂房或厂房的地下室、半地下室
甲	一、二级	30	25	—	—
乙	一、二级	75	50	30	—
丙	一、二级	80	60	40	30
	三级	60	40	—	—
丁	一、二级	不限	不限	50	45
	三级	60	50	—	—
	四级	50	—	—	—
戊	一、二级	不限	不限	75	60
	三级	100	75	—	—
	四级	60	—	—	—

4.6.3.3 公共建筑的安全疏散距离

直通疏散走道的房间疏散门至最近安全出口的距离应符合表4-18的规定。

表4-18 直通疏散走道的房间疏散门至最近安全出口的直线距离 (m)

名称		位于两个安全出口之间的疏散门			位于袋形走道两侧或尽端的疏散门		
		耐火等级			耐火等级		
		一、二级	三级	四级	一、二级	三级	四级
托儿所、幼儿园		25	20	15	20	15	12
单层或多层医院、疗养院		35	30	25	20	15	12
高层医院、疗养院	病房部分	24	—	—	12	—	—
	其他部分	30	—	—	15	—	—
单层或多层教学建筑		35	30	—	22	20	—
高层旅馆、展览建筑、教学建筑		30	—	—	15	—	—
其他建筑	单层或多层	40	35	25	22	20	15
	高层	40	—	—	20	—	—

（1）建筑中开向敞开式外廊的房间疏散门至最近安全出口的直线距离可按表4-18的规定增加5m。

（2）当建筑物内全部设置自动喷水灭火系统时，其安全疏散距离可按表4-18增加25%。

（3）直通疏散走道的房间疏散门至最近敞开楼梯间的直线距离，当房间位于两个楼梯间之间时，应按表4-18的规定减少5m；当房间位于袋形走道两侧或尽端时，应按表4-18的规定减少2m。

（4）楼梯间应在首层直通室外，确有困难时，可在首层采用扩大的封闭楼梯间或防烟楼梯间前室。当层数不超过4层且未采用扩大的封闭楼梯间或防烟楼梯间前室时，可将直通室外的门设置在离楼梯间不大于15m处。

（5）房间内任一点到该房间直通疏散走道的疏散门的距离，不应大于表4-18中规定的袋形走道两侧或尽端的疏散门至最近安全出口的直线距离。

（6）一、二级耐火等级建筑内疏散门或安全出口不少于2个的观众厅、展览厅、多功能厅、餐厅、营业厅等，其室内任一点至最近疏散门或安全出口的直线距离不应大于30m；当该疏散门不能直通室外地面或疏散楼梯间时，应采用长度不大于10m的疏散走道通至最近的安全出口。当该场所设置自动喷水灭火系统时，室内任一点至最近安全出口的安全疏散距离可增加25%。

4.6.3.4 住宅建筑的安全疏散距离

住宅建筑直通疏散走道的户门至最近安全出口的距离应符合表4-19的规定。

表4-19 住宅建筑直通疏散走道的户门至最近安全出口的距离 （m）

名称	位于两个安全出口之间的户门			位于袋形走道两侧或尽端的户门		
	耐火等级			耐火等级		
	一、二级	三级	四级	一、二级	三级	四级
单层或多层	40	35	25	22	20	15
高层	40	—	—	20	—	—

（1）设置敞开式外廊的建筑，开向该外廊的房间疏散门至安全出口的最大直线距离可按表4-19的规定增加5m。

（2）住宅建筑内全部设置自动喷水灭火系统时，其安全疏散距离可按表4-19的规定增加25%。

（3）直通疏散走道的户门至最近未封闭的楼梯间的距离，当房间位于两个楼梯间之间时，应按表4-19的规定减少5m；当房间位于袋形走道两侧或尽端时，应按表4-19的规定减少2m。

4.6.4 安全出口

4.6.4.1 安全出口的宽度

为了满足安全疏散的要求，除了对安全疏散的时间、距离提出要求之外，还对安全出口的宽度提出要求。如果安全出口宽度不足，会在出口前出现滞留，延长疏散时间，影响安全疏散。

安全出口的宽度是由疏散宽度指标计算出来的。宽度指标是在对允许疏散时间、人体宽度、人流在各种疏散条件下的通行能力等进行调查、实测、统计、研究的基础上建立起来的，它既利于工程技术人员进行工程设计，又利于消防安全部门检查监督。

A 百人宽度指标

百人宽度指标可按下式计算：

$$B = \frac{N}{A \cdot t}b \tag{4-2}$$

式中 B——百人宽度指标，即每100人安全疏散需要的最小宽度，m；

N——疏散总人数，人；

t——允许疏散时间，min；

A——单股人流通行能力，平坡时取43人/min；阶梯地时取37人/min；

b——单股人流的宽度，人流不携带行李时，取0.55m。

B 疏散宽度

(1) 厂房的疏散宽度。厂房门的最小净宽度不宜小于0.9m，疏散走道的净宽度不宜小于1.4m，疏散楼梯最小净宽度不宜小于1.1m。厂房内的疏散楼梯、走道和门的总净宽度应根据疏散人数，按表4-20的规定计算确定。首层外门的总净宽度应按该层及以上疏散人数最多一层的疏散人数计算，且该门的最小净宽度不应小于1.2m。

表4-20 厂房内疏散楼梯、走道和门的每百人净宽度指标 (m/百人)

厂房层数	一、二层	三层	四层及以上
宽度指标	0.6	0.8	1.0

(2) 公共建筑的疏散宽度。公共建筑内安全出口和疏散门的净宽度不应小于0.90m，疏散走道和疏散楼梯的净宽度不应小于1.10m，应按1m/百人计算确定。高层公共建筑首层疏散门、首层疏散外门、疏散楼梯和疏散走道的最小净宽度应符合表4-21的要求。

表 4-21 高层公共建筑首层疏散门、首层疏散外门、疏散楼梯和疏散走道的最小净宽度 (m)

建筑类别	楼梯间的首层疏散门、首层疏散外门	走道		疏散楼梯
		单面布房	双面布房	
高层医疗建筑	1.30	1.40	1.50	1.30
其他高层公共建筑	1.20	1.30	1.40	1.20

(3) 其他公共建筑。除剧场、电影院、礼堂和体育馆以外的其他公共建筑的房间疏散门、安全出口、疏散走道和疏散楼梯的各自总宽度，应按表 4-22 的要求计算确定。每层疏散人数不等时，疏散楼梯总净宽度应按该层及以上各楼层人数最多的一层人数计算，地下建筑内上层楼梯的总净宽度应按该层及以下人数最多一层的人数计算。

表 4-22 其他公共建筑中疏散楼梯、安全出口和疏散走道的每百人所需最小疏散净宽度 (m)

建筑层数		耐火等级		
		一、二级	三级	四级
地上楼层	1~2 层	0.65	0.75	1.00
	3 层	0.75	1.00	—
	≥4 层	1.00	1.25	—
地下楼层	与地面出入口地面的高差 $\Delta H \leqslant 10m$	0.75	—	—
	与地面出入口地面的高差 $\Delta H > 10m$	1.00	—	—

地下或半地下人员密集的厅、室和歌舞娱乐放映游艺场所，其房间疏散门、疏散走道、安全出口和疏散楼梯的各自总宽度，应按每百人不小于 1m 计算确定。当建筑物使用人数不多，其安全出口的宽度经计算数值又很小时，为便于人员疏散，首层疏散外门、楼梯和走道应满足以下最小宽度的要求：

1) 公共建筑内疏散走道和楼梯的净宽度不应小于 1.1m，安全出口和疏散出口的净宽度不应小于 0.9m。建筑高度不大于 18m 的住宅中一侧设有栏杆的疏散楼梯，其净宽度不应小于 1m。

2) 人员密集的公共场所，如营业厅、礼堂，电影院、剧场和体育馆的观众厅，公共娱乐场所中的出入大厅、舞厅，候机（车、船）厅及医院的门诊大厅等面积较大，同一时间聚集人数较多的场所，疏散门的净宽度不应小于 1.4m，室外疏散小巷的净宽度不应小于 3.0m。

4.6.4.2 安全出口的设置

A 基本要求

为了保证公共场所的安全，应该有足够数量的安全出口。在正常使用的条件下疏散是比较有秩序进行的；而紧急疏散时，由于人们处于惊慌的心理状态，必然会出现拥挤等许多意想不到的现象，所以平时使用的各种内门、外门、楼梯等，在发生事故时，不一定都能满足安全疏散的要求，这就要求在建筑物中应设置较多的安全出口，保证起火时能够安全疏散。

为了在发生火灾时能够迅速安全地疏散人员，在建筑防火设计时必须设置足够数量的安全出口。每座建筑或每个防火分区的安全出口数目不应少于两个，每个防火分区相邻 2 个安全出口或每个房间疏散出口最近边缘之间的水平距离不应小于 5.0m。安全出口应分散布置，并应有明显标志。

一、二级耐火等级的建筑，当一个防火分区的安全出口全部直通室外确有困难时，符合下列规定的防火分区可利用设置在相邻防火分区之间向疏散方向开启的甲级防火门作为安全出口：

(1) 该防火分区的建筑面积大于 1000m^2 时，直通室外的安全出口数量不应少于 2 个；该防火分区的建筑面积小于等于 1000m^2 时，直通室外的安全出口数量不应少于 1 个。

(2) 该防火分区直通室外或避难走道的安全出口总净宽度，不应小于计算所需总净宽度的 70%。

B 公共建筑安全出口设置要求

公共建筑符合下列条件之一时，可设置一个安全出口：

(1) 除托儿所、幼儿园外，建筑面积不大于 200m^2 且人数不超过 50 人的单层建筑或多层建筑的首层。

(2) 除医疗建筑、老年人照料设施，托儿所、幼儿园的儿童用房、儿童游乐厅等儿童活动场所和歌舞娱乐放映游艺场所等外，符合表 4-23 规定的 2、3 层建筑。

表 4-23 公共建筑可设置一个安全出口的条件

耐火等级	最多层数	每层最大建筑面积/m^2	人 数
一、二级	3 层	200	第二层和第三层的人数之和不超过 50 人
三级	3 层	200	第二层和第三层的人数之和不超过 25 人
四级	2 层	200	第二层人数不超过 15 人

(3) 一、二级耐火等级公共建筑，当设置不少于 2 部疏散楼梯且顶层局部升高层数不超过 2 层、人数之和不超过 50 人、每层建筑面积不大于 200m^2 时，该

局部高出部位可设置一部与下部主体建筑楼梯间直接连通的疏散楼梯，但至少应另设置一个直通主体建筑上人平屋面的安全出口，该上人屋面应符合人员安全疏散要求。

C 住宅建筑安全出口设置要求

(1) 建筑高度不大于 27m 的建筑，当每个单元任一层的建筑面积大于 650m^2，或任一户门至最近安全出口的距离大于 15m 时，每个单元每层的安全出口不应少于 2 个。

(2) 建筑高度大于 27m 且不大于 54m 的建筑，当每个单元任一层的建筑面积大于 650m^2，或任一户门至最近安全出口的距离大于 10m 时，每个单元每层的安全出口不应少于 2 个。

(3) 建筑高度大于 54m 的建筑，每个单元每层的安全出口不应少于 2 个。

(4) 建筑高度大于 27m，但不大于 54m 的住宅建筑，每个单元设置一部疏散楼梯时，疏散楼梯应通至屋面，且相邻单元之间的疏散楼梯通过屋面连通，户门采用乙级防火门。当不能通至屋面或不能通过屋面连通时，应设置 2 个安全出口。

D 厂房、仓库安全出口设置要求

厂房、仓库的安全出口应分散布置。每个防火分区、一个防火分区的每个楼层，相邻 2 个安全出口最近边缘之间的水平距离不应小于 5m。厂房、仓库符合下列条件时，可设置一个安全出口：

(1) 甲类厂房，每层建筑面积不超过 100m^2，且同一时间的生产人数不超过 5 人。

(2) 乙类厂房，每层建筑面积不超过 150m^2，且同一时间的生产人数不超过 10 人。

(3) 丙类厂房，每层建筑面积不超过 250m^2，且同一时间的生产人数不超过 20 人。

(4) 丁、戊类厂房，每层建筑面积不超过 400m^2，且同一时间内的生产人数不超过 30 人。

(5) 地下、半地下厂房或厂房的地下室、半地下室，其建筑面积不大于 50m^2 且经常停留人数不超过 15 人。

(6) 一座仓库的占地面积不大于 300m^2 或防火分区的建筑面积不大于 100m^2。

(7) 地下、半地下仓库或仓库的地下室、半地下室，建筑面积不大于 100m^2。

需要特别提出的是，地下、半地下建筑每个防火分区的安全出口数目不应少于 2 个。但由于地下建筑设置较多的地上出口有困难，因此当有 2 个或 2 个以上防火分区相邻布置时，每个防火分区可利用防火墙上一个通向相邻分区的甲级防火门作为第二安全出口，但每个防火分区必须有一个直通室外的安全出口。

4.6.5 疏散门

疏散门是供人员安全疏散的主要出口，其设置应满足下列要求：

(1) 疏散门应向疏散方向开启，但人数不超过 60 人的房间且每樘门的平均疏散人数不超过 30 人时，其门的开启方向不限（除甲、乙类生产车间外）。

(2) 民用建筑及厂房的疏散门应采用向疏散方向开启的平开门，不应采用推拉门、卷帘门、吊门、转门和折叠门。但丙、丁、戊类仓库首层靠墙的外侧可采用推拉门或卷帘门。

(3) 当开向疏散楼梯或疏散楼梯间的门完全开启时，不应减小楼梯平台的有效宽度。

(4) 人员密集的公共场所、观众厅的入场门、疏散出口不应设置门槛，且紧靠门口内外各 1.4m 范围内不应设置台阶，疏散门应为推闩式外开门。

(5) 高层建筑直通室外的安全出口上方，应设置挑出宽度不小于 1.0m 的防护挑檐。

4.6.6 疏散出口

4.6.6.1 基本概念

疏散出口包括安全出口和疏散门。疏散门是直接通向疏散走道的房间门、直接开向疏散楼梯间的门（如住宅的户门）或室外的门，不包括套间内的隔间门或住宅套内的房间门。安全出口是疏散出口的一个特例。

4.6.6.2 疏散出口设置基本要求

民用建筑应根据建筑的高度、规模、使用功能和耐火等级等因素合理设置安全疏散设施。安全出口、疏散门的位置、数量和宽度应满足人员安全疏散的要求。

(1) 建筑内的安全出口和疏散门应分散布置，并应符合双向疏散的要求。

(2) 公共建筑内各房间疏散门的数量应经计算确定且不应少于 2 个，每个房间相邻 2 个疏散门最近边缘之间的水平距离不应小于 5m。

(3) 除托儿所、幼儿园、老年人建筑、医疗建筑、教学建筑内位于走道尽端的房间外，符合下列条件之一的房间可设置 1 个疏散门。

1) 位于 2 个安全出口之间或袋形走道两侧的房间，对于托儿所、幼儿园、老年人照料设施，建筑面积不大于 $50m^2$；对于医疗建筑、教学建筑，建筑面积不大于 $75m^2$；对于其他建筑或场所，建筑面积不大于 $120m^2$。

2) 位于走道尽端的房间，建筑面积小于 $50m^2$ 且疏散门的净宽度不小于

0.9m，或由房间内任一点至疏散门的直线距离不大于15m、建筑面积不大于200m^{2}且疏散门的净宽度不小于1.40m。

3）歌舞娱乐放映游艺场所内建筑面积不大于50m^{2}且经常停留人数不超过15人的厅、室或房间。

4）建筑面积不大于200m^{2}的地下或半地下设备间，建筑面积不大于50m^{2}且经常停留人数不超过15人的其他地下或半地下房间。

对于一些人员密集场所，如剧院、电影院和礼堂的观众厅，其疏散出口数量应经计算确定，且不应少于2个。为保证安全疏散，应控制通过每个安全出口的人数，即每个疏散出口的平均疏散人数不应超过250人；当容纳人数超过2000人时，其超过2000人的部分，每个疏散出口的平均疏散人数不应超过400人。

体育馆的观众厅，其疏散出口数目应经计算确定，且不应少于2个，每个疏散出口的平均疏散人数不宜超过400~700人。

4.6.7 疏散楼梯与楼梯间

当建筑物发生火灾时，普通电梯没有采取有效的防火防烟措施，且供电中断，一般会停止运行，上部楼层的人员只有通过楼梯才能疏散到建筑物的外边，因此楼梯成为最主要的垂直疏散设施。

疏散楼梯间和疏散楼梯是供人员在火灾紧急情况下安全疏散所用的楼梯，其形式按防烟、防火作用分为防烟楼梯间、封闭楼梯间、室外疏散楼梯、敞开楼梯，其中防烟楼梯间的防烟、防火功能最好、最安全，而敞开楼梯间最差。

4.6.7.1 疏散楼梯间设置要求

（1）楼梯间应能天然采光和自然通风，并宜靠外墙设置。靠外墙设置时，楼梯间及合用前室的窗口与两侧门、窗洞口最近边缘之间的水平距离不应小于1.0m。

（2）楼梯间内不应设置烧水间、可燃材料储藏室、垃圾道。

（3）楼梯间内不应有影响疏散的凸出物或其他障碍物。

（4）封闭楼梯间、防烟楼梯及其前室不应设置卷帘。

（5）楼梯间内不应设置或穿越甲、乙、丙类液体的管道。封闭楼梯间、防烟楼梯间及其前室内禁止穿过或设置可燃气体管道。敞开楼梯间内不应设置可燃气体管道，当住宅敞开楼间内确需设置可燃气体的管道和可燃气体计量表时，应采用金属管和设置切断气源的阀门。

（6）除通向避难层错位的疏散楼梯外，建筑中的疏散楼梯间在各层的平面位置不应改变。

（7）用作丁、戊类厂房内第二安全出口的楼梯可采用金属梯，但净宽度不应小于0.90m，倾斜角度不应大于45°。

丁、戊类高层厂房，当每层工作平台上的人数不超过2人且各层工作平台上同时工作的人数总和不超过10人时，其疏散楼梯可采用敞开楼梯或利用净宽度不小于0.90m、倾斜角度不大于60°的金属梯。

（8）疏散用楼梯和疏散通道上的阶梯不宜采用螺旋楼梯和扇形踏步。确需采用时，踏步上、下两级所形成的平面角度不应大于10°，且每级离扶手250mm处的踏步深度不应小于220mm。

（9）高度大于10m的三级耐火等级建筑应设置通至屋顶的室外消防梯。室外消防梯不应面对老虎窗，宽度不应小于0.6m，且宜从离地面3.0m高处设置。

（10）除住宅建筑套内的自用楼梯外，地下、半地下室与地上层不应共用楼梯间，必须共用楼梯间时，在首层应采用耐火极限不低于2.00h的防火隔墙和乙级防火门将地下、半地下部分与地上部分的连通部位完全分隔，并应有明显标志。

4.6.7.2 封闭楼梯间

封闭楼梯间指设有能阻挡烟气的双向弹簧门或乙级防火门的楼梯间，如图4-1所示，以防止火灾烟气和热气进入。封闭楼梯间有墙和门与走道分隔，比敞开楼梯间安全。但因其只设有一道门，在火灾情况下人员进行疏散时难以保证不使烟气进入楼梯间，所以，对封闭楼梯间的使用范围应加以限制。

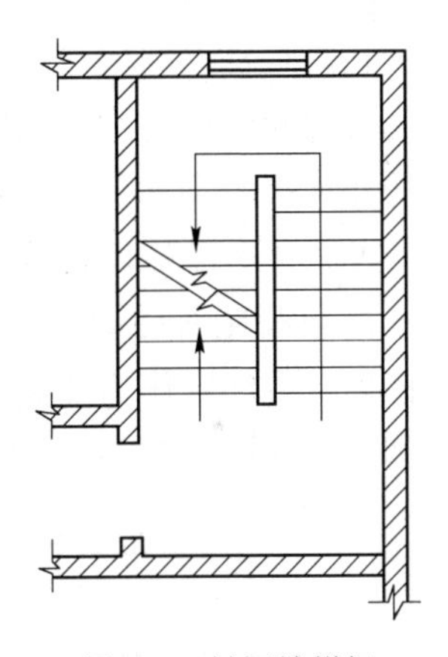

图4-1 封闭楼梯间

A 封闭楼梯间的适用范围

多层公共建筑的疏散楼梯，除与敞开式外廊直接相连的楼梯间外，均应采用封闭楼梯间。具体如下：

（1）医疗建筑、旅馆及类似使用功能的建筑。

（2）设置歌舞娱乐放映游艺场所的建筑。

（3）商店、图书馆、展览建筑、会议中心及类似使用功能的建筑。

（4）6层及以上的其他建筑。

（5）老年人照料设施的室内疏散楼梯不能与敞开式外廊直接连通的应采用封闭楼梯间。

高层建筑的裙房、建筑高度不超过32m的二类高层建筑、建筑高度大于21m且不大于33m的住宅建筑，其疏散楼梯间应采用封闭楼梯间。当住宅建筑的户门为乙级防火门时，可不设置封闭楼梯间。

高层厂房和甲、乙、丙类多层厂房的疏散楼梯应采用封闭楼梯间或室外楼梯。

B　封闭楼梯间的设置要求

(1) 封闭楼梯间应靠外墙设置，并设可开启的外窗排烟，不能自然通风或自然通风不能满足要求时，应设置机械加压送风系统或采用防烟楼梯间。

(2) 除楼梯间的出入口和外窗外，楼梯间的墙上不应开设其他门、窗、洞口。

(3) 建筑设计时，为了丰富门厅的空间艺术处理，并使交通流线清晰流畅，常把首层的楼梯间敞开在大厅中。此时楼梯间的首层可将走道和门厅等包括在楼梯间内，形成扩大的封闭楼梯间，但应采用乙级防火门等措施与其他走道和房间隔开。

(4) 高层建筑，人员密集的公共建筑，人员密集的多层丙类厂房，甲、乙类厂房，其封闭楼梯间的门应采用乙级防火门，并应向疏散方向开启；其他建筑，可采用双向弹簧门。

4.6.7.3　防烟楼梯间

在防烟楼梯间入口处设置防烟的前室、开敞式阳台、凹廊等设施，且通向前室和楼梯间的门均为防火门。由于防烟楼梯间设有两道防火门和防排烟设施，可以防止火灾时烟和热气进入楼梯间。

A　防烟楼梯间的类型

(1) 带阳台或凹廊的防烟楼梯间。带开敞阳台或凹廊的防烟楼梯间的特点是以阳台或凹廊作为前室，疏散人员须通过开敞的前室和两道防火门才能进入楼梯间内。如图4-2、图4-3所示。

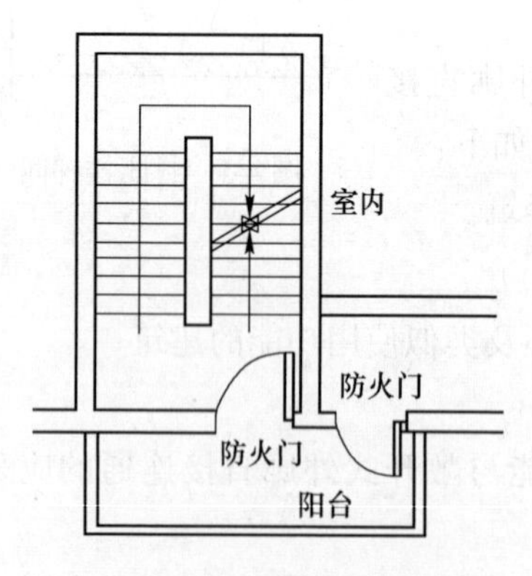

图4-2　带阳台的防烟楼梯间

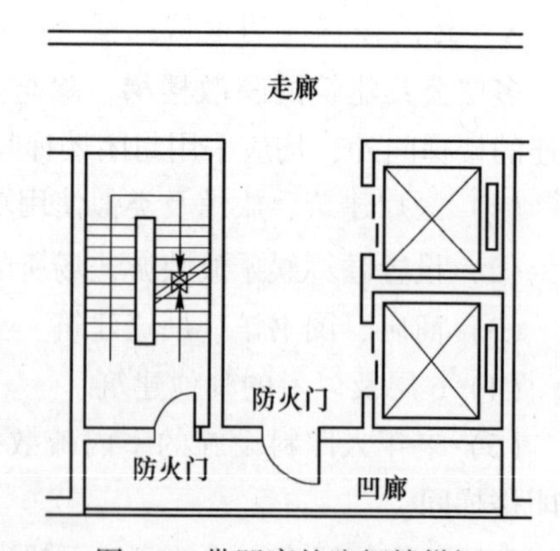

图4-3　带凹廊的防烟楼梯间

(2) 带前室的防烟楼梯间。防烟楼梯间前室不仅起防烟、防火的作用，还能使不能同时进入楼梯间的人在前室内短暂等待，以减缓楼梯间的拥挤程度。

1) 利用自然排烟的防烟楼梯间。在平面布置时，设置靠外墙的前室，并在外墙上设有开启面积不小于 $2m^2$ 的窗户，平时可以是关闭状态，但发生火灾时窗户应全部开启。由走道进入前室和由前室进入楼梯间的门必须是乙级防火门，平时及火灾时乙级防火门处于关闭状态。如图 4-4 所示。

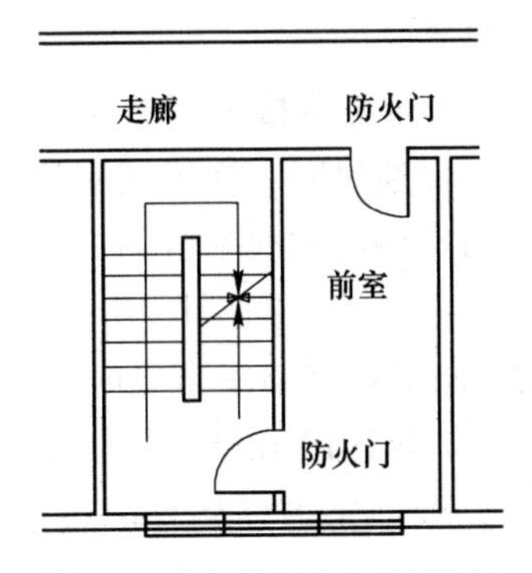

图 4-4　靠外墙的防烟楼梯间

2）采用机械防烟的楼梯间。楼梯间位于建筑物的内部，为防止火灾时烟气侵入，采用机械加压方式进行防烟，如图 4-5 所示。加压方式有分别对楼梯间和前室加压（图 4-5（a））、仅给楼梯间加压（图 4-5（b））以及仅对前室或合用前室加压（图 4-5（c））等不同方式。

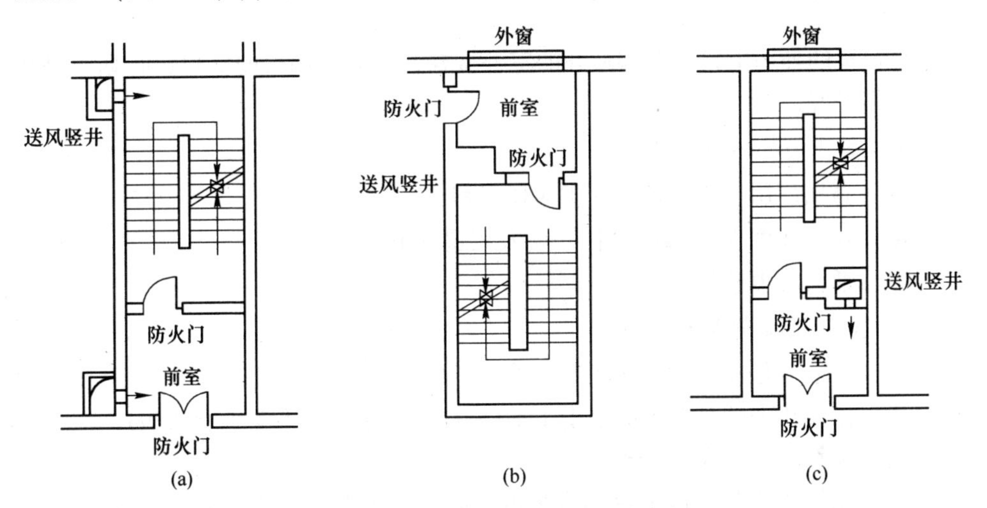

图 4-5　采用机械防烟的楼梯间

（a）分别对楼梯间和前室加压；（b）仅对楼梯间加压；（c）仅对前室或合用前室加压

B　防烟楼梯间的适用范围

（1）一类高层公共建筑及建筑高度大于 32m 的二类高层公共建筑。

（2）建筑高度大于 33m 的住宅建筑。

（3）建筑高度大于 32m 且任一层人数超过 10 人的高层厂房。

（4）当地下层数为 3 层及 3 层以上，以及地下室内地面与室外出入口地坪高差大于10m时。

(5) 建筑高度大于24m的老年人照料设施。

C 防烟楼梯间的设置要求

防烟楼梯间在设置时除应符合疏散楼梯间的规定外，尚应符合下列规定：

(1) 当不能天然采光和自然通风时，楼梯间应按规定设置防烟设施。

(2) 楼梯间前室可与消防电梯间的前室合用。

(3) 前室的使用面积：公共建筑、高层厂房（仓库），不应小于6.0m^2；居住建筑不应小于4.5m^2。与消防电梯间前室合用时，合用前室的使用面积：公共建筑、高层厂房（仓库），不应小于10.0m^2；居住建筑不应小于6.0m^2。

(4) 疏散走道通向前室以及前室通向楼梯间的门应采用乙级防火门，并应向疏散方向开启。

(5) 除住宅建筑的楼梯间前室外，防烟楼梯间及前室内的墙上不应开设除疏散门和送风口外的其他门、窗、洞口。

(6) 楼梯间的首层可将走道和门厅等包括在楼梯间前室内形成扩大的前室，但应采用乙级防火门等与其他走道和房间分隔。

4.6.7.4 室外疏散楼梯

在建筑的外墙上设置全部敞开的室外楼梯，不易受烟火的威胁，防烟效果和经济性都较好。

A 室外楼梯的适用范围

(1) 高层厂房，甲、乙、丙类多层厂房。

(2) 建筑高度大于32m且任一层人数超过10人的厂房。

(3) 辅助防烟楼梯。

B 室外楼梯的构造要求

室外楼梯作为疏散楼梯应符合下列规定：

(1) 栏杆扶手的高度不应小于1.1m，楼梯的净宽度不应小于0.9m。

(2) 倾斜度不应大于45°。

(3) 楼梯和疏散出口平台均应采取不燃材料制作。平台的耐火极限不应低于1.00h，楼梯段的耐火极限不应低于0.25h。

(4) 通向室外楼梯的门宜采用乙级防火门，并应向室外开启；门开启时，不得减少楼梯平台的有效宽度。

(5) 除疏散门外，楼梯周围2.0m内的墙面上不应设置其他门、窗、洞口，疏散门不应正对楼梯段。

4.6.7.5 敞开楼梯间

敞开楼梯是指建筑物内由墙体等围护构件构成的无封闭防烟功能，且与其他使用空间相通的楼梯间，隔烟阻火作用最差，在建筑中作疏散楼梯要限制其使用范围。因此，敞开楼梯间在低、多层建筑中较常用。

4.7 建筑防爆

4.7.1 建筑防爆的基本原则和措施

在不同生产经营条件下，有爆炸危险性的建筑有不同的防爆方法，在大量实践经验的基础上，人们对建筑防爆基本原则和措施进行了总结归纳。

4.7.1.1 防爆原则

根据物质燃烧、爆炸原理，防止发生火灾爆炸事故的基本原则是：控制可燃物和助燃物浓度、温度、压力及混触条件，避免物料处于燃爆的危险状态；消除一切足以引起起火爆炸的点火源；采取各种阻隔手段，阻止火灾爆炸事故的扩大。

4.7.1.2 防爆措施

建筑防爆的基本技术措施分为预防性技术措施和减轻性技术措施。

A 预防性技术措施

(1) 排除能引起爆炸的各类可燃物质。

1) 在生产过程中尽量不用或少用具有爆炸危险的各类可燃物质。

2) 生产设备应尽可能保持密闭状态，防止“跑、冒、滴、漏”。

3) 加强通风除尘。

4) 预防可燃气体或易挥发性液体泄漏，设置可燃气体浓度报警装置。

5) 利用惰性介质进行保护。

6) 防止可燃粉尘、可燃气体积聚。

(2) 消除或控制能引起爆炸的各种火源。

1) 防止撞击、摩擦产生火花。

2) 防止高温表面成为点火源。

3) 防止日光照射。

4) 防止电气故障。

5) 消除静电火花。

6) 防雷电火花。

7) 防止明火。

B 减轻性技术措施

(1) 采取泄压措施。在建筑围护构件设计时设置一些泄压口或泄压面。当爆炸发生时，这些泄压口或泄压面首先被破坏，使高温高压气体得以泄放，从而降低爆炸压力，使主要承重或受力结构不发生破坏。

（2）采用抗爆性能良好的建筑结构。提高建筑结构主体的强度和刚度，使其在爆炸中足以抵抗爆炸冲击而不倒塌。

（3）采取合理的建筑布置。在建筑设计时，根据建筑生产、储存的爆炸危险性，在总平面布局和平面布置上合理设计，尽量减小爆炸的影响范围，减少爆炸产生的危害。

4.7.2　爆炸危险性厂房、库房的布置

4.7.2.1　总平面布局

（1）有爆炸危险的甲、乙类厂房、库房宜独立设置，并宜采用敞开或半敞开式，其承重结构宜采用钢筋混凝土或钢框架、排架结构。

（2）有爆炸危险的厂房、库房与周围建筑物、构筑物应保持一定的防火间距。

（3）有爆炸危险的厂房平面布置最好采用矩形，与主导风向垂直或夹角不小于45°，以有效利用穿堂风吹散爆炸性气体，在山区宜布置在迎风山坡一面且通风良好的地方。

（4）有爆炸危险性的厂房必须与无爆炸危险性的厂房贴邻时，只能一面贴邻，并在两者之间用防火墙或防爆墙隔开。相邻两个厂房之间不应直接有门相通，以避免爆炸冲击波的影响。

4.7.2.2　平面和空间布置

（1）地下、半地下室。

1）甲、乙类生产场所不应设置在地下或半地下。地下、半地下空间采光差，其出入口的楼梯既是疏散口又是排烟口，同时还是消防救援人员的入口，不仅会造成疏散和扑救困难，而且威胁地上厂房的安全，而甲、乙类厂房由于其所使用或生产的物品的性质，如果发生火灾将会造成重大的损失。

2）甲、乙类仓库也不应设置在地下或半地下。仓库若设置在地下、半地下，火灾时室内气温高，烟气浓度比较高，热分解产物成分复杂、毒性大，不利于消防救援。

（2）中间仓库。为满足厂房的日常生产需要，往往需要从仓库或上道工序的厂房（或车间）取得一定数量的原材料、半成品、辅助材料存放在厂房内。存放上述物品的场所叫做中间仓库。

1）厂房内设置甲、乙类中间仓库时，其储量不宜超过一昼夜的需要量。对于易燃、易爆的甲、乙类物品，如不隔开单独存放，在发生火灾时，则会相互影响，造成不必要的损失，故储量不宜超过一昼夜的需用量。但由于生产规模、产

品不同，一昼夜需用量的绝对值有大有小，难以规定一个具体的限量数据。对易燃、易爆的甲、乙类物品需用量较少的厂房，如有的手表厂用于清洗的汽油每昼夜需用量只有20kg，则可适当放宽为存放1~2昼夜的用量；如一昼夜需用量较大，则应严格控制为一昼夜用量。

2）甲、乙类中间仓库应靠外墙布置，并应采用防火墙或防爆墙和耐火极限不低于1.50h的不燃性楼板与其他部位分隔，中间仓库最好设置直通室外的出口。

（3）办公室、休息室。甲、乙类厂房内不应设置办公室、休息室。当办公室、休息室必须与本厂房贴邻建造时，其耐火等级不应低于二级，并应采用耐火极限不低于3.00h的防爆墙隔开并设置独立的安全出口。甲、乙类仓库内严禁设置办公室、休息室等，并不应贴邻建造。

有爆炸危险的甲、乙类生产厂房发生爆炸事故时，其冲击波有很大的摧毁力，普通的砖墙很难抗御，即使原来墙体耐火极限高，也会因墙体破坏失去防火性能，故要采用有一定抗爆强度的防爆墙。防爆墙为在墙体任意一侧受到爆炸冲击波作用并达到设计的压力作用时，能够保持设计所要求的防护性能的墙体。有爆炸危险的厂房若发生爆炸，在泄压墙面或其他泄压设施还未来得及泄压以前，其他各墙在数毫秒内已承受了内部超压。因此，防爆墙的具体设计应根据生产部位可能产生的爆炸超压值、泄压面积大小、爆炸的概率，结合生产工艺和建筑中采取的其他防爆措施与建造成本等情况综合考虑。防爆墙通常有钢筋混凝土墙、配筋砖墙、夹砂钢木板等几种。

（4）变、配电站。

1）甲、乙类厂房属易燃、易爆场所，运行中的变压器存在燃烧或爆裂的可能，不应将变电所、配电站设在有爆炸危险的甲、乙类厂房内或贴邻建造，且不应设置在具有爆炸性气体、粉尘环境的危险区域内，以提高厂房的安全程度。如果生产上确有需要，允许在厂房的一面外墙贴邻建造专为甲类或乙类厂房服务的10kV及以下的变电站、配电站，但应用无门、窗、洞口的防火墙隔开。

2）对乙类厂房的配电所，如氨压缩机房的配电站，为观察设备、仪表运转情况，需要设观察窗，允许在配电站的防火墙上设置不燃材料制作且不能开启的甲级防火窗。

（5）总控制室与分控制室。总控制室设备仪表较多、价值高，是工厂在生产过程的重要指挥、调度与数据交换储存的场所。为了保障人员、设备仪表的安全和生产的连续性，有爆炸危险的甲、乙类厂房的总控制室，应在爆炸危险区外独立设置。同时，考虑有些分控制室常常和其厂房贴邻，甚至设在其中，有的要求能直接观察厂房中的设备，如分开设则要增加控制系统，增加建筑用地和造价，还会给使用带来不便。因此，有爆炸危险的甲、乙类厂房的分控制室在受条件限制时可与厂房贴邻建造，但必须靠外墙设置，并采用耐火极限不低于3.00h的防火隔墙与其他部分隔开，在面向爆炸危险区域一侧应采用防爆墙。对于不同生产工艺或不同生产车间，甲、乙类厂房内各部位的实际火灾危险性可能存在较大差异，对于贴邻建造且可能受到爆炸作用的分控制室，除对分隔墙体有耐火性能要求外，还需要考虑控制室的抗爆要求，即墙体还需采用防爆墙。

（6）有爆炸危险的部位。

1）有爆炸危险的甲、乙类生产部位，宜设置在单层厂房靠外墙的泄压设施或多层厂房顶层靠外墙的泄压设施附近。有爆炸危险的设备宜避开厂房的梁、柱等主要承重构件布置。有爆炸危险的设备应尽量放在靠外墙靠窗的位置或设置在露天，以减弱其破坏力。

2）单层厂房中如某一部分用于有爆炸危险的甲、乙类生产，为防止或减少爆炸事故对其他生产部分的破坏、减少人员伤亡，要求甲、乙类生产部位靠外墙设置。防爆房间尽量靠外墙布置，这样泄压面积容易解决，也便于灭火救援。

3）多层厂房中某一部分或某一层为有爆炸危险的甲、乙类生产时，为避免因该类生产设置在底层及其中间各层爆炸时结构破坏严重而影响上层建筑结构的安全，故将其设置在最上一层靠外墙的部位。

4）在厂房中，有爆炸危险性的车间和其他危险性小的车间之间，应用防火墙隔开。为了车间之间的联系，宜在外墙上开门，利用外廊或阳台联系；或在防火墙上设置双门斗，尽量使两个门错开，用门斗来减弱爆炸冲击波的威力，缩小爆炸影响范围。考虑到对疏散楼梯的保护，设置在有爆炸危险场所内的疏散楼梯也要设置门斗，以此减弱爆炸冲击波的作用，降低爆炸对疏散楼梯间的影响。此外，门斗还可以限制爆炸性可燃气体、可燃蒸气混合物的扩散。

5）生产、使用或储存相同爆炸物品的房间应尽量集中在一个区域，以便对防火墙等防爆建筑结构进行处理。性质不同的危险物品的生产应分开。

（7）厂房内不宜设置地沟，必须设置时，其盖板应严密，地沟应采取防止可燃气体、可燃蒸气及粉尘、纤维在地沟积聚的有效措施，地沟与相邻厂房连通处应采用防火材料严密封堵。

（8）使用和生产甲、乙、丙类液体厂房的管、沟不应和相邻厂房的管、沟相通，该厂房的下水道应设置隔油设施。但是，对于水溶性可燃、易燃液体，采用常规的隔油设施不能有效防止可燃液体蔓延与流散，而应根据具体生产情况采取相应的排放处理措施。

（9）甲、乙、丙类液体仓库应设置防止液体流散的设施。遇湿会发生燃烧、爆炸的物品仓库应设置防止水浸渍的措施。

防止液体流散的基本做法有两种：一是在桶装仓库门洞处修筑漫坡，一般高为150~300mm；二是在仓库门口砌筑高度为150~300mm的门坎，再在门坎两边填沙土形成漫坡，便于装卸。

金属钾、钠、锂、钙、锶、氢化锂等遇水容易发生燃烧爆炸的物品的仓库，要求设置防止水浸渍的设施，如使室内地面高出室外地面、仓库屋面严密遮盖，防止渗漏雨水，装卸这类物品的仓库栈台应有防雨水的遮挡等措施。

4.7.3 爆炸危险性建筑的防爆

4.7.3.1 泄压面积

爆炸能够在瞬间释放出大量气体和热量，使室内形成很高的压力，为了防止建筑物的承重构件因强大的爆炸力遭到破坏，将一定面积的建筑构、配件做成薄弱泄压设施，其面积称为泄压面积。根据《建筑设计防火规范》（GB 50016），有爆炸危险的甲、乙类厂房，其泄压面积宜按下式计算，但当厂房的长径比大于3时，宜将该建筑划分为长径比小于等于3的多个计算段，各计算段中的公共截面不得作为泄压面积：

$$A = 10CV^{2/3} \tag{4-3}$$

式中 A——泄压面积，m^2；

C——厂房容积为1000m^3时的泄压比，m^2/m^3，可按表4-24选取；

V——厂房的容积，m^3。

表4-24 厂房内爆炸性危险物质的类别与泄压比值

厂房内爆炸性危险物质的类别	泄压比 $C/m^2 \cdot m^{-3}$
氨以及粮食、纸、皮革、铅、铬、铜等 $K_{尘}<10MPa \cdot m/s$ 的粉尘	≥0.030
木屑、炭屑、煤粉、锑、锡等 $10MPa \cdot m/s \le K_{尘} \le 30MPa \cdot m/s$ 的粉尘	≥0.055
丙酮、汽油、甲醇、液化石油气、甲烷、喷漆间或干燥室以及苯酚树脂、铝、镁、锆等 $K_{尘}>30MPa \cdot m/s$ 的粉尘	≥0.110
乙烯	≥0.16
乙炔	≥0.20
氢	≥0.25

注：1. 长径比为建筑平面几何外形尺寸中的最长尺寸与其横截面周长的积和4.0倍的该建筑横截面积之比。

2. $K_{尘}$ 为粉尘的爆炸指数。

长径比过大的空间在泄压过程中会产生较高的压力。以粉尘为例，空间过长，在爆炸后期，未燃烧的粉尘-空气混合物受到压缩，初始压力上升，燃气泄放流动会产生紊流，使燃速增大，产生较高的爆炸压力。因此，有可燃气或可燃粉尘爆炸危险性的建筑物的长径比要避免过大，以防止爆炸时产生较大超压，保证所设计的泄压面积能有效作用。

4.7.3.2 泄压设施

A 设置要求

当厂房、仓库存在点火源且爆炸性混合物的浓度合适时，则可能发生爆炸。为尽量减少事故的破坏程度，必须在建筑物或装置上预先开设面积足够大的、用低强度材料做成的压力泄放口。在爆炸事故发生时，及时打开这些泄压口，使建筑物或装置内由于可燃气体、蒸气或粉尘在密闭空间中燃烧而产生的压力泄放出去，以保持建筑物或装置的完好，减轻事故危害。

一般情况下，同样等量的爆炸介质在密闭的小空间里和在开敞的空地上爆炸，其爆炸威力不一样，破坏强度也不一样。在密闭的空间里爆炸破坏力大得多，因此易发生爆炸的建筑物应设置必要的泄压设施。对有爆炸危险的建筑物，设有足够的泄压面积，一旦发生爆炸时，就可大大减轻爆炸时的破坏强度，不致因主体结构遭受破坏而造成人员重大伤亡。

B 泄压设施的选择

当发生爆炸时，作为泄压面的建筑构、配件首先遭到破坏，将爆炸气体及时泄出，使室内的爆炸压力骤然下降，从而保护建筑物的主体结构，并减轻人员伤亡和设备破坏。泄压是减轻爆炸事故危害的一项主要技术措施，属于“抗爆”的一种措施。泄压设施可为轻质屋面板、轻质墙体和易于泄压的门窗，但宜优先采用轻质屋面板，不应采用非安全玻璃。对泄压构件和泄压面及其设置的要求如下：

(1) 泄压轻质屋面板。根据需要可分别由石棉水泥波形瓦和加气混凝土等材料制成，并有保温层或防水层、无保温层或无防水层之分。

(2) 泄压轻质外墙分为有保温层、无保温层两种形式。常采用石棉水泥瓦作为无保温层的泄压轻质外墙，而有保温层的轻质外墙则是在石棉水泥瓦外墙的内壁加装难燃木丝板作保温层，用于要求采暖保温或隔热降温的防爆厂房。

(3) 泄压窗可以有多种形式，如轴心偏上中悬泄压窗、抛物线形塑料板泄压窗等。窗户上宜采用安全玻璃。要求泄压窗在爆炸力递增稍大于室外风压时，能自动向外开启泄压。

(4) 泄压设施的泄压面积按式（4-3）和表4-24计算确定。

(5) 作为泄压设施的轻质屋面板和轻质墙体的质量每平米不宜超过60kg。

(6) 散发较空气轻的可燃气体、可燃蒸气的甲类厂房（库房）宜采用全部或局部轻质屋面板作为泄压设施。顶棚应尽量平整、避免死角，厂房上部空间应通风良好。

(7) 泄压面的设置应避开人员集中的场所和主要交通道路或贵重设备的正

面或附近，并宜靠近容易发生爆炸的部位。

（8）当采用活动板、窗户、门或其他铰链装置作为泄压设施时，必须注意防止打开的泄压孔由于在爆炸正压冲击波之后出现负压而关闭。

（9）爆炸泄压孔不能受到其他物体的阻碍，也不允许冰、雪妨碍泄压孔和泄压窗的开启，需要经常检查和维护。当起爆点能确定时，泄压孔应设在距起爆点尽可能近的地方。当采用管道把爆炸产物引导到安全地点时，管道必须尽可能短而直，且应朝向陈放物少的方向设置。因为任何管道泄压的有效性都随着管道长度的增加而按比例减小。

（10）泄压面在材料的选择上除了要求质量轻以外，最好具有在爆炸时易破碎成碎块的特点，以便于泄压和减少对人的危害。

（11）对于北方和西北寒冷地区，由于冰冻期长、常常积雪，易增加屋面上泄压面的单位面积荷载，使其产生较大重力惯性，从而使泄压受到影响，因而应采取适当措施防止积雪。

总之，应在设计中采取措施尽量减少泄压面的单位质量和连接强度。

5 火灾探测技术

第5章　课件

5.1　手动火灾报警按钮和火灾探测器

5.1.1　手动火灾报警按钮

手动火灾报警按钮是火灾自动报警系统中不可缺少的一种手动触发器件。手动火灾报警按钮（俗称手报）安装在公共场所，当人工确认火灾发生后按下按钮上的有机玻璃片，可向火灾报警控制器发出信号，火灾报警控制器接收到报警信号后，显示出报警按钮的编号或位置并发出报警声响。手动火灾报警按钮可直接接到控制器总线上。

正常情况下当手动火灾报警按钮报警时，火灾发生的几率比火灾探测器要大得多，几乎没有误报的可能。因为手动火灾报警按钮的报警发出条件是必须人工按下按钮启动。按下手动报警按钮的时候过3~5s手动报警按钮上的火警确认灯会点亮，这个状态灯表示火灾报警控制器已经收到火警信号，并且确认了现场位置。

手动火灾报警按钮按编码方式分为编码型报警按钮与非编码型报警按钮。

每个防火分区应至少设置一个手动火灾报警按钮。从一个防火分区内的任何位置到最邻近的手动火灾报警按钮的步行距离不应大于30m。

手动火灾报警按钮宜设置在疏散通道或出入口处。手动火灾报警按钮应设置在明显和便于操作的部位。当安装在墙上时，其底边距地高度宜为1.3~1.5m，且应有明显的标志。

5.1.2　火灾探测器

5.1.2.1　火灾探测器的分类

火灾探测器是响应火灾特征参数，自动产生火灾报警信号的器件，是火灾自动报警和自动灭火系统最基本和最关键的部分。火灾探测器是火灾自动报警系统的基本组成部分之一，它至少含有一个能够连续或以一定频率周期监视与火灾有关的适宜的物理、化学现象的传感器，并且至少能够向控制和指示设备提供一个合适的信号，是否报火警可由探测器或控制和指示设备做出判断。火灾探测器还能与消防设施自动联锁，以使火灾能够得到最快的扑救，把损失降到最低。火灾探测器可按探测火灾特征参数、监视范围、复位功能和防爆性能等进行分类。

A 按探测火灾特征参数分类

火灾探测器根据其探测火灾特征参数的不同，分为感温、感烟、感光、气体和复合五种基本类型。

(1) 感温火灾探测器。感温探测器是响应异常温度、温升速率和温差变化等参数的火灾探测器。其结构最简单、价格低廉，而且某些类型的感温探测器不配置电子电路也能工作。可靠性较感烟探测器高，且对环境要求低，但对初期火灾响应迟钝。感温火灾探测器主要有定温探测器、差温探测器和差定温探测器。

(2) 感烟火灾探测器。感烟探测器是响应燃烧或热解产生的固体或液体微粒，探测可见或不可见的燃烧产物及起火速度缓慢的初期火灾的火灾探测器。

火灾初始阶段的特点是温度低，产生大量烟雾，很少或没有火焰辐射，基本上未造成物质损失。感烟探测器主要探测火灾初期的烟雾，优点有响应速度快，能及早发现火情，有利于火灾早期补救的特点；其缺点是易受外界影响，例如风速、灰尘以及电路的噪声干扰等，容易引起误报警等现象。因此，各种类型的探测器为减少误报，正不断采用先进的技术以提高其准确率。烟雾探测室外围为人字形迷宫结构，这样不仅使烟雾更容易流入，也能使蒸汽或薄雾等水蒸气成分难以进入探测室内，只凝聚于外围结构的表面，同时能阻挡外部散射光进入探测室，防止假报警。

感烟探测器还可以再分为离子型、光电型、激光型和红外光束型四种。

(3) 感光火灾探测器。感光火灾探测器又称为火焰火灾探测器，是对物质燃烧火焰的光谱特性、光照强度和火焰的闪烁频率敏感响应的探测器。因为光波的传播速度极快，所以感光探测器对快速发生的火灾（尤其是可燃溶液和液体火灾）或爆炸能够及时响应，是对这类火灾早期通报火警的理想的探测器。感光探测器响应速度快，几微秒内就可发出信号，特别适用于突然起火而无烟的易燃易爆场所。由于感光探测器不受环境气流影响，故能在户外使用。此外，它还有性能稳定、可靠、探测方位准确等优点。

感光探测器与光电感烟探测器不同。光电感烟探测器是集烟器，它必须有烟雾吸入才起作用，器件的光源为内置式，是设备本身自带的；而感光探测器是由火灾发出的红外光或紫外光作用于探测器的光导电池或紫外光电子管，从而发出电信号实现火灾报警的。

(4) 气体火灾探测器。响应燃烧或热解产生的气体的火灾探测器。

(5) 复合火灾探测器。将多种探测原理集于一身的探测器，进一步可分为烟温复合、红外紫外复合等火灾探测器。

此外，还有一些特殊类型的火灾探测器，包括：使用摄像机、红外热成像器件等视频设备或它们的组合方式获取监控现场视频信息，进行火灾探测的图像型火灾探测器；探测泄漏电流大小的漏电流感应型火灾探测器；探测静电电位高低的静电感应型火灾探测器；在一些特殊场合使用的，要求探测极其灵敏、动作极为迅速，通过探测爆炸产生的参数变化（如压力的变化）信号来抑制、消灭爆炸事故发生的微压差型火灾探测器；利用超声原理探测火灾的超声波火灾探测器等。

B　根据监视范围分类

(1) 点型火灾探测器。响应一个小型传感器附近的火灾特征参数的探测器，其监视范围是一个以火灾探测器为圆心、一定长度为半径的圆形区域。

(2) 线型火灾探测器。响应某一连续路线附近的火灾特征参数的探测器，其监视范围是一个带状区域。

C　根据其是否具有复位（恢复）功能分类

(1) 可复位探测器。在响应后和在引起响应的条件终止时，不更换任何组件即可从报警状态恢复到监视状态的探测器。

(2) 不可复位探测器。在响应后不能恢复到正常监视状态的探测器。

D　按防爆性能不同分类

(1) 非防爆型火灾探测器。无防爆要求，目前民用建筑中使用的绝大部分火灾探测器属于这一类。

(2) 防爆型火灾探测器。具有防爆要求，用于有防爆要求的石油和化工等场所的工业型火灾探测器。

5.1.2.2　火灾探测器的选择

火灾探测器的选择和设置是一个关键问题，是决定火灾自动报警系统的效率、性能和经济性的重要因素之一，因此要掌握火灾探测器的选择方法。火灾探测器类型的选择主要依据火灾形成和发展、房间高度和环境条件来选择。

对火灾初期有阴燃阶段，产生大量的烟和少量的热，很少或没有火焰辐射的场所，应选择感烟火灾探测器。对火灾发展迅速，可产生大量热、烟和火焰辐射的场所，可选择感温火灾探测器、感烟火灾探测器、火焰探测器或其组合。对火灾发展迅速，有强烈的火焰辐射和少量的烟、热的场所，应选择火焰探测器。对火灾初期有阴燃阶段，且需要早期探测的场所，宜增设一氧化碳火灾探测器。对使用、生产可燃气体或可燃蒸气的场所，应选择可燃气体探测器。

应根据保护场所可能发生火灾的部位和燃烧材料，并根据火灾探测器的类型、灵敏度和响应时间等选择相应的火灾探测器。对火灾形成特征不可预料的场所，可根据模拟试验的结果选择火灾探测器。同一探测区域内设置多个火灾探测器时，可选择具有复合判断火灾功能的火灾探测器和火灾报警控制器。

A 点型火灾探测器的选择

(1) 对不同高度的房间，可按表 5-1 选择点型火灾探测器。

表 5-1 对不同高度的房间点型火灾探测器的选择

房间高度 h/m	点型感烟火灾探测器	点型感温火灾探测器			火焰探测器
		A_1、A_2	B	C、D、E、F、G	
$12<h\leqslant20$	×	×	×	×	√
$8<h\leqslant12$	√	×	×	×	√
$6<h\leqslant8$	√	√	×	×	√
$4<h\leqslant6$	√	√	√	×	√
$h\leqslant4$	√	√	√	√	√

注：表中 A_1、A_2、B、C、D、E、F、G 为点型感温探测器的不同类别，√表示适用，×表示不适用。

(2) 饭店、旅馆、教学楼、办公楼的厅堂、卧室、办公室、商场等，计算机房、通信机房、电影或电视放映室等，楼梯、走道、电梯机房、车库等，书库、档案库等场所宜选择点型感烟火灾探测器。

(3) 相对湿度经常大于 95%，气流速度大于 5m/s，有大量粉尘、水雾滞留，可能产生腐蚀性气体，在正常情况下有烟滞留，产生醇类、醚类、酮类等有机物质，这些场所不宜选择点型离子感烟火灾探测器。

(4) 有大量粉尘、水雾滞留，可能产生蒸气和油雾，高海拔地区，在正常情况下有烟滞留等场所，不宜选择点型光电感烟火灾探测器。

(5) 符合下列条件之一的场所宜选择点型感温火灾探测器，且应根据使用场所的典型应用温度和最高应用温度选择适当类别的感温火灾探测器：相对湿度经常大于 95%，可能发生无烟火灾，有大量粉尘，吸烟室等在正常情况下有烟或蒸气滞留的场所，厨房、锅炉房、发电机房、烘干车间等不宜安装感烟火灾探测器的场所，需要联动熄灭“安全出口”标志灯的安全出口内侧，其他无人滞留、且不适合安装感烟火灾探测器，但发生火灾时需要及时报警的场所。

(6) 可能产生阴燃或发生火灾不及时报警将造成重大损失的场所，不宜选择点型感温火灾探测器；温度在 0℃以下的场所，不宜选择定温探测器；温度变化较大的场所，不宜选择具有差温特性的探测器。

(7) 火灾时有强烈的火焰辐射，可能发生液体燃烧等无阴燃阶段的火灾，需要对火焰做出快速反应的场所，宜选择点型火焰探测器或图像型火焰探测器。

(8) 符合下列条件之一的场所，不宜选择点型火焰探测器和图像型火焰探测器：在火焰出现前有浓烟扩散，探测器的镜头易被污染，探测器的“视线”易被油雾、烟雾、水雾和冰雪遮挡，探测区域内的可燃物是金属和无机物，探测器易受阳光、白炽灯等光源直接或间接照射。

(9) 探测区域内正常情况下有高温物体的场所，不宜选择单波段红外火焰探测器。

(10) 正常情况下有阳光、明火作业，探测器易受X射线、弧光和闪电等影响的场所，不宜选择紫外火焰探测器。

(11) 下列场所宜选择可燃气体探测器：使用可燃气体的场所，燃气站和燃气表房以及存储液化石油气罐的场所，其他散发可燃气体和可燃蒸气的场所。

(12) 在火灾初期产生一氧化碳的下列场所可选择点型一氧化碳火灾探测器：烟雾不容易对流或顶棚下方有热屏障的场所，在棚顶上无法安装其他点型火灾探测器的场所，需要多信号复合报警的场所。

(13) 污物较多且必须安装感烟火灾探测器的场所，应选择间断吸气的点型采样吸气式感烟火灾探测器或具有过滤网和管路自清洗功能的管路采样吸气式感烟火灾探测器。

B 线型火灾探测器的选择

(1) 无遮挡的大空间或有特殊要求的房间，宜选择线型光束感烟火灾探测器。

(2) 符合下列条件之一的场所，不宜选择线型光束感烟火灾探测器：有大量粉尘、水雾滞留，可能产生蒸气和油雾，在正常情况下有烟滞留，固定探测器的建筑结构由于振动等原因会产生较大位移的场所。

(3) 电缆隧道、电缆竖井、电缆夹层、电缆桥架，不宜安装点型探测器的夹层、闷顶，各种皮带输送装置，其他环境恶劣不适合点型探测器安装的场所，宜选择缆式线型感温火灾探测器。

(4) 除液化石油气外的石油储罐、需要设置线型感温火灾探测器的易燃易爆场所、需要监测环境温度的地下空间等场所、公路隧道和敷设动力电缆的铁路隧道城市及地铁隧道等以外的场所，宜选择线型光纤感温火灾探测器。

(5) 线型定温火灾探测器的选择，应保证其不动作温度符合设置场所的最高环境温度的要求。

C 吸气式感烟火灾探测器的选择

(1) 下列场所宜选择吸气式感烟火灾探测器：具有高速气流的场所，点型感烟、感温火灾探测器不适宜的大空间、舞台上方、建筑高度超过12m或有特殊要求的场所，低温场所，需要进行隐蔽探测的场所，需要进行火灾早期探测的重要场所，人员不宜进入的场所。

(2) 灰尘比较大的场所，不应选择没有过滤网和管路自清洗功能的管路采样式吸气感烟火灾探测器。

5.1.2.3 减少漏报、误报的措施

误报是实际上没有发生火灾，而自动报警装置发出了火灾信号；漏报则为实

际上发生了火灾，而自动报警装置没有发出火情信号。

对于正常工作的火灾自动报警系统的要求是：杜绝漏报，减少误报。因此，需从以下几方面着手：

（1）设计、审查严格把关，执行有关消防设计规范，做到技术先进、设计合理。

（2）要求生产厂家产品质量过关，同时采用高新技术，研发和生产技术先进的、性能高的产品。

（3）火灾自动报警系统设备安装过程中，正确按照规范和设计图纸施工。

（4）用户应严格按照使用环境使用火灾自动报警系统，对火灾探测器、报警控制器要定期检查和经常维护。

5.1.2.4 火灾探测器的设置

A 点型感烟、感温火灾探测器的保护面积和半径

点型感烟火灾探测器和 A_1、A_2、B 型感温火灾探测器的保护面积和保护半径，应按表 5-2 确定；C、D、E、F、G 型感温探火灾测器的保护面积和保护半径，应根据生产企业设计说明书确定，但不应超过表 5-2 规定。

表 5-2 点型火灾探测器的保护面积和保护半径

火灾探测器的种类	地面面积 S/m^2	房间高度 h/m	一只探测器的保护面积 A 和保护半径 R					
			屋顶坡度 θ					
			$\theta \leq 15°$		$15° < \theta \leq 30°$		$\theta > 30°$	
			A/m^2	R/m	A/m^2	R/m	A/m^2	R/m
感烟火灾探测器	$S \leq 80$	$h \leq 12$	80	6.7	80	7.2	80	8.0
	$S > 80$	$6 < h \leq 12$	80	6.7	100	8.0	120	9.9
		$h \leq 6$	60	5.8	80	7.2	100	9.0
感温火灾探测器	$S \leq 30$	$h \leq 8$	30	4.4	30	4.9	30	5.5
	$S > 30$	$h \leq 8$	20	3.6	30	4.9	40	6.3

B 点型感烟、感温火灾探测器的设置数量

在探测区域的每个房间应至少设置一只火灾探测器，不是同一探测区域，不宜将探测器并联使用。当探测区域较大时，探测器的设置数量应根据探测器不同种类、房间高度以及被保护面积的大小而定。

根据探测器监视的地面面积 S、房间高度 h、屋顶坡度以及火灾探测器的类型，查表 5-2 得出不同种类探测器的保护面积和保护半径值。在考虑修正系数的条件下，按下式计算所需设置的探测器数量。

$$N \geq \frac{S}{K \cdot A} \tag{5-1}$$

式中 N ——一个探测区域内所需设置的探测器数量，只，N 应取整数；

S ——一个探测区域面积，m^2；

A ——探测器的保护面积，m^2；

K ——修正系数，容纳人数超过 10000 人的公共场所宜取 0.7~0.8，容纳人数为 2000~10000 人的公共场所宜取 0.8~0.9，容纳人数为500~2000 人的公共场所宜取 0.9~1.0，其他场所可取 1.0。

（1）在有梁的顶棚上设置点型感烟火灾探测器、感温火灾探测器时，应符合下列规定：

1）当梁突出顶棚的高度小于 200mm 时，可不计梁对探测器保护面积的影响。

2）当梁突出顶棚的高度为 200~600mm 时，应按图 5-1 和表 5-3 的要求确定梁对探测器保护面积的影响和一只探测器能够保护的梁间区域的数量。

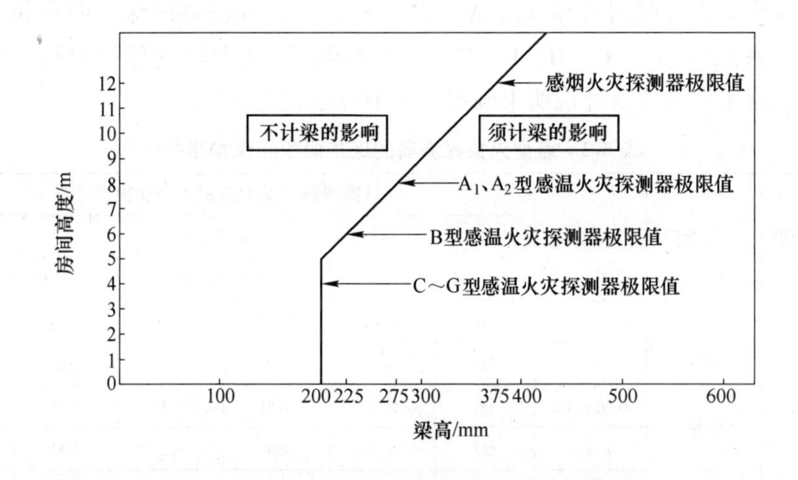

图 5-1 不同高度的房间梁对探测器设置的影响

3）当梁突出顶棚的高度超过 600mm 时，被梁隔断的每个梁间区域应至少设置一只探测器。

4）当被梁隔断的区域面积超过一只探测器的保护面积时，被隔断的区域应按式（5-1）计算探测器的设置数量。

5）当梁间净距小于 1m 时，可不计梁对探测器保护面积的影响。

（2）房间被书架、设备或隔断等分隔，其顶部至顶棚或梁的距离小于房间净高的 5%时，每个被隔开的部分应至少安装一只点型探测器。

C 点型感烟感温火灾探测器的安装间距

探测器的安装间距定义为两只相邻探测器中心之间的水平距离。

表 5-3 按梁间区域面积确定一只探测器保护的梁间区域的个数

探测器的保护面积 A/m^2		梁隔断的梁间区域面积 Q/m^2	一只探测器保护的梁间区域的个数	探测器的保护面积 A/m^2		梁隔断的梁间区域面积 Q/m^2	一只探测器保护的梁间区域的个数
感温探测器	20	$Q>12$	1	感烟探测器	60	$Q>36$	1
		$8<Q\leqslant 12$	2			$24<Q\leqslant 36$	2
		$6<Q\leqslant 8$	3			$18<Q\leqslant 24$	3
		$4<Q\leqslant 6$	4			$12<Q\leqslant 18$	4
		$Q\leqslant 4$	5			$Q\leqslant 12$	5
	30	$Q>18$	1		80	$Q>48$	1
		$12<Q\leqslant 18$	2			$32<Q\leqslant 48$	2
		$9<Q\leqslant 12$	3			$24<Q\leqslant 32$	3
		$6<Q\leqslant 9$	4			$16<Q\leqslant 24$	4
		$Q\leqslant 6$	5			$Q\leqslant 16$	5

（1）感烟火灾探测器、感温火灾探测器的安装间距，应根据探测器的保护面积 A 和保护半径 R 确定，并不应超过图 5-2 探测器安装间距的极限曲线 D_1 ~ D_{11}（含 D_9'）规定的范围。

（2）在宽度小于 3m 的内走道顶棚上设置点型探测器时，宜居中布置。感温火灾探测器的安装间距不应超过 10m；感烟火灾探测器的安装间距不应超过 15m；探测器至端墙的距离，不应大于探测器安装间距的 1/2。

（3）点型探测器至墙壁、梁边的水平距离，不应小于 0.5m。

（4）点型探测器周围 0.5m 内，不应有遮挡物。

（5）点型探测器至空调送风口边的水平距离不应小于 1.5m，并宜接近回风口安装。探测器至多孔送风顶棚孔口的水平距离不应小于 0.5m。

（6）当屋顶有热屏障时，点型感烟火灾探测器下表面至顶棚或屋顶的距离，应符合表 5-4 的规定。

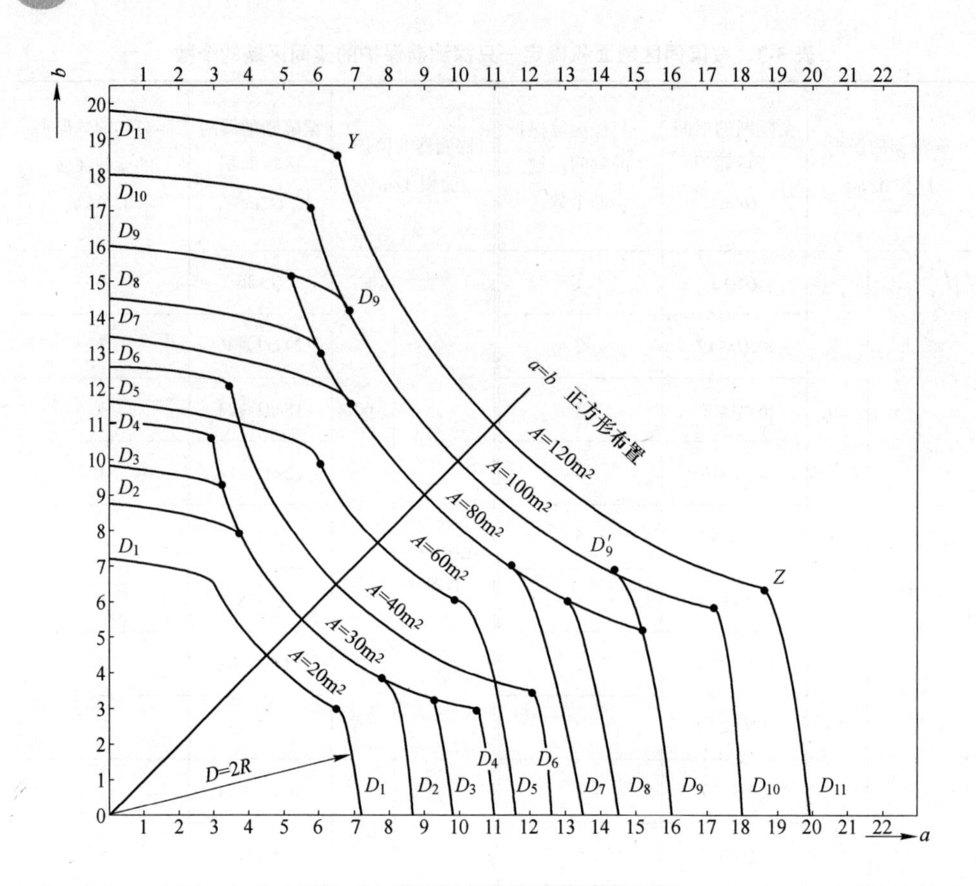

图 5-2 探测器安装间距的极限曲线

A —探测器的保护面积（m^2）；a，b—探测器的安装间距（m）；$D_1 \sim D_{11}$（含 D'_9）—在不同保护面积 A 和保护半径下确定探测器安装间距 a、b 的极限曲线；Y，Z—极限曲线的端点（在 Y 和 Z 两点间的曲线范围内，保护面积可得到充分利用）

表 5-4 点型感烟火灾探测器下表面至顶棚或屋顶的距离

探测器的安装高度 h/m	点型感烟火灾探测器下表面至顶棚或屋顶的距离 d/mm					
	顶棚或屋顶坡度 θ					
	$\theta \leqslant 15°$		$15° < \theta \leqslant 30°$		$\theta > 30°$	
	最小	最大	最小	最大	最小	最大
$h \leqslant 6$	30	200	200	300	300	500
$6 < h \leqslant 8$	70	250	250	400	400	600
$8 < h \leqslant 10$	100	300	300	500	500	700
$10 < h \leqslant 12$	150	350	350	600	600	800

D 火焰探测器和图像型火灾探测器的设置

（1）应考虑探测器的探测视角及最大探测距离，可通过选择探测距离长、火灾报警响应时间短的火焰探测器，提高保护面积要求和报警时间要求。

（2）探测器的探测视角内不应存在遮挡物。

（3）应避免光源直接照射在探测器的探测窗口。

（4）单波段的火焰探测器不应设置在平时有阳光、白炽灯等光源直接或间接照射的场所。

E 线型光束感烟火灾探测器的设置

（1）探测器的光束轴线至顶棚的垂直距离宜为0.3~1.0m，距地高度不宜超过20m。

（2）相邻两组探测器的水平距离不应大于14m，探测器至侧墙水平距离不应大于7m，且不应小于0.5m，探测器的发射器和接收器之间的距离不宜超过100m。

（3）探测器应设置在固定结构上。

（4）探测器的设置应保证其接收端避开日光和人工光源的直接照射。

（5）选择反射式探测器时，应保证在反射板与探测器之间任何部位进行模拟试验时，探测器均能正确响应。

F 线型感温火灾探测器的设置

（1）探测器在保护电缆、堆垛等类似保护对象时，应采用接触式布置；在各种皮带输送装置上设置时，宜设置在装置的过热点附近。

（2）设置在顶棚下方的线型感温火灾探测器，至顶棚的距离宜为0.1m。探测器的保护半径应符合点型感温火灾探测器的保护半径要求；探测器至墙壁的距离宜为1~1.5m。

（3）光栅光纤感温火灾探测器每个光栅的保护面积和保护半径，应符合点型感温火灾探测器的保护面积和保护半径要求。

（4）设置线型感温火灾探测器的场所有联动要求时，宜采用两只不同火灾探测器的报警信号组合。

（5）与线型感温火灾探测器连接的模块不宜设置在长期潮湿或温度变化较大的场所。

G 管路采样式吸气感烟火灾探测器的设置

（1）非高灵敏型探测器的采样管网安装高度不应超过16m；高灵敏型探测器的采样管网安装高度可超过16m；采样管网安装高度超过16m时，灵敏度可调的探测器应设置为高灵敏度，且应减小采样管长度和采样孔数量。

（2）探测器的每个采样孔的保护面积、保护半径，应符合点型感烟火灾探测器的保护面积、保护半径的要求。

（3）一个探测单元的采样管总长不宜超过200m，单管长度不宜超过100m，同一根采样管不应穿越防火分区。采样孔总数不宜超过100个，单管上的采样孔数量不宜超过25个。

（4）当采样管道采用毛细管布置方式时，毛细管长度不宜超过4m。

（5）吸气管路和采样孔应有明显的火灾探测器标识。

（6）在设置过梁、空间支架的建筑中，采样管路应固定在过梁、空间支架上。

（7）当采样管道布置形式为垂直采样时，每2℃温差间隔或3m间隔（取最小者）应设置一个采样孔，采样孔不应背对气流方向。

（8）采样管网应按确认的设计软件或方法进行设计。

（9）探测器的火灾报警信号、故障信号等信息应传给火灾报警控制器，涉及消防联动控制时，探测器的火灾报警信号还应传给消防联动控制器。

H 感烟火灾探测器在格栅吊顶场所的设置

（1）镂空面积与总面积的比例不大于15%时，探测器应设置在吊顶下方。

（2）镂空面积与总面积的比例大于30%时，探测器应设置在吊顶上方。

（3）镂空面积与总面积的比例为15%～30%时，探测器的设置部位应根据实际试验结果确定。

（4）探测器设置在吊顶上方且火警确认灯无法观察到时，应在吊顶下方设置火警确认灯。

（5）地铁站台等有活塞风影响的场所，镂空面积与总面积的比例为30%～70%时，探测器宜同时设置在吊顶上方和下方。

5.2 火灾自动报警系统

5.2.1 火灾自动报警系统的组成

火灾自动报警系统由火灾探测报警系统、消防联动控制系统、可燃气体探测报警系统及电气火灾监控系统组成。

5.2.1.1 火灾探测报警系统

火灾探测报警系统由火灾报警控制器、触发器件和火灾警报装置等组成，它能及时、准确地探测被保护对象的初起火灾，并做出报警响应，从而使建筑物中的人员有足够的时间在火灾尚未发展蔓延到危害生命安全的程度时疏散至安全地带，是保障人员生命安全的最基本的建筑消防系统。

（1）触发器件。在火灾自动报警系统中，自动或手动产生火灾报警信号的器件称为触发器件，主要包括火灾探测器和手动火灾报警按钮。火灾探测器是能对火灾参数（如烟、温度、火焰辐射、气体浓度等）响应，并自动产生火灾报警信号的器件。手动火灾报警按钮是手动方式产生火灾报警信号、启动火灾自动报警系统的器件。

（2）火灾报警装置。在火灾自动报警系统中，用以接收、显示和传递火灾报警信号，并能发出控制信号和具有其他辅助功能的控制指示设备称为火灾报警装置。火灾报警控制器就是其中最基本的一种。火灾报警控制器担负着为火灾探测器提供稳定的工作电源，监视探测器及系统自身的工作状态，接收、转换、处理火灾探测器输出的报警信号，进行声光报警，指示报警的具体部位及时间，同时执行相应辅助控制等诸多任务。

（3）火灾警报装置。在火灾自动报警系统中，用以发出区别于环境声、光的火灾警报信号的装置称为火灾警报装置。它以声、光和音响等方式向报警区域发出火灾警报信号，以警示人们迅速采取安全疏散和灭火救灾的措施。

（4）电源。火灾自动报警系统属于消防用电设备，其主电源应当采用消防电源，备用电源可采用蓄电池。系统电源除为火灾报警控制器供电外，还为与系统相关的消防控制设备等供电。

5.2.1.2 消防联动控制系统

消防联动控制系统由消防联动控制器、消防控制室图形显示装置、消防电气控制装置（防火卷帘控制器、气体灭火控制器等）、消防电动装置、消防联动模块、消火栓按钮、消防应急广播设备、消防电话等设备和组件组成。在火灾发生时，联动控制器按设定的控制逻辑准确发出联动控制信号给消防泵、防火门、防火阀、防烟排烟阀和通风等消防设施准确发出联动控制信号，实现对火灾警报、消防应急广播、应急照明及疏散指示系统、防烟排烟系统防火分隔系统和自动灭火系统的联动控制，接收并显示上述系统设备的动作反馈信号，同时接收消防水池、高位水箱等消防设施的动态监测信号，实现对建筑消防设施的状态监视功能。

火灾发生时，火灾探测器和手动火灾报警按钮的报警信号等联动触发信号传输至消防联动控制器，消防联动控制器按照预设的逻辑关系对接收到的触发信号进行识别判断，在满足逻辑关系条件时，消防联动控制器按照预设的控制时序启动相应自动消防系统（设施），实现预设的消防功能；消防控制室的消防管理人员也可以通过操作消防联动控制器的手动控制盘直接启动相应的消防系统（设施），从而实现相应消防系统（设施）预设的消防功能。消防联动控制器接收并显示消防系统（设施）动作的反馈信息。

5.2.1.3 可燃气体探测报警系统

可燃气体探测报警系统由可燃气体报警控制器、可燃气体探测器和火灾声光警报器组成，能够在保护区域内泄漏的可燃气体浓度低于爆炸下限的条件下提前报警，从而预防由于可燃气体泄漏引发的火灾和爆炸事故的发生。

可燃气体探测报警系统是火灾自动报警系统的独立子系统，属于火灾预警系统。

(1) 可燃气体报警控制器。可燃气体报警控制器用于为所连接的可燃气体探测器供电，接收来自可燃气体探测器的报警信号，发出声、光报警信号和控制信号，指示报警部位，记录并保存报警信息。

(2) 可燃气体探测器。可燃气体探测器是能对泄漏可燃气体响应，自动产生报警信号并向可燃气体报警控制器传输报警信号及泄漏可燃气体浓度信息的器件。

5.2.1.4 电气火灾监控系统

电气火灾监控系统由电气火灾监控器、电气火灾监控探测器和火灾声光警报器组成，能在电气线路及该线路中的配电设备或用电设备发生电气故障并产生一定电气火灾隐患的条件下发出报警信号，提醒专业人员排除电气火灾隐患，实现电气火灾的早期预防，避免电气火灾的发生。

电气火灾监控系统是火灾自动报警系统的独立子系统，属于火灾预警系统。

(1) 电气火灾监控器。电气火灾监控器用于为所连接的电气火灾监控探测器供电，能接收来自电气火灾监控探测器的报警信号，发出声、光报警信号和控制信号，指示报警部位，记录并保存报警信息。

(2) 电气火灾监控探测器。电气火灾监控探测器能够响应保护线路中的剩余电流、温度等电气故障参数，自动产生报警信号并向电气火灾监控器传输报警信号。

5.2.2 火灾自动报警系统的分类

火灾自动报警系统是火灾探测报警与消防联动控制系统的简称，是以实现火灾早期探测和报警，以及向各类消防设备发出控制信号并接收设备反馈信号，进而实现预定消防功能为基本任务的一种自动消防设施。根据工程建设的规模、保护对象的性质、火灾报警区域的划分和消防管理机构的组织形式，可将火灾自动报警系统划分为区域报警系统、集中报警系统和控制中心报警系统三类。

5.2.2.1 区域报警系统

区域报警系统由火灾探测器、手动火灾报警按钮、火灾声光警报器及火灾报警控制器等组成，系统中可包括消防控制室图形显示装置和指示楼层的区域显示器。这种系统比较简单，但使用很广泛，例如行政事业单位、工矿企业的要害部门和娱乐场所均可使用。

区域报警系统适用于仅需要报警不需要联动自动消防设备的保护对象。

(1) 区域报警器应设置在有人值班的房间。

(2) 该系统比较小，只能设置一些功能简单的联动控制设备。

(3) 当用该系统警戒多个楼层时，应在每个楼层的楼梯口和消防电梯前等明显部位设置识别报警楼层的灯光显示装置。

(4) 当区域报警控制器安装在墙上时，其底边距地面或楼板的高度为1.3~1.5m，靠近门轴侧面的距离不小于0.5m，正面操作距离不小于1.2m。

5.2.2.2 集中报警系统

集中报警系统由火灾探测器、手动火灾报警按钮、火灾声光警报器、消防应急广播、消防专用电话、消防控制室图形显示装置、火灾报警控制器、消防联动控制器等组成。不仅需要报警，而且需要联动自动消防设备，且只需设置一台具有集中控制功能的火灾报警控制器和消防联动控制器的保护对象，应采用集中报警系统，并应设置一个消防控制室。高层宾馆、饭店、大型建筑群一般使用的都是集中报警系统。

5.2.2.3 控制中心报警系统

控制中心报警系统由火灾探测器、手动火灾报警按钮、火灾声光警报器、消防应急广播、消防专用电话、消防控制室图形显示装置、火灾报警控制器、消防联动控制器等组成，且包含两个及两个以上集中报警系统。

控制中心报警系统一般适用于建筑群或体量很大的保护对象。在保护对象中可能设置几个消防控制室，也可能由于分期建设而采用了不同企业的产品或同一企业不同系列的产品，或由于系统容量限制而设置了多个起集中控制作用的火灾报警控制器等这些情况下均应选择控制中心报警系统。

5.2.3 火灾自动报警系统工作原理

火灾发生时，安装在保护区域现场的火灾探测器将火灾产生的烟雾、热量和光辐射等火灾特征参数转变为电信号，经数据处理后，将火灾特征参数信息传输至火灾报警控制器；或直接由火灾探测器做出火灾报警判断，将报警信息传输到火灾报警控制器。火灾报警控制器在接收到探测器的火灾特征参数信息或报警信息后，经报警确认判断，显示报警探测器的部位，记录探测器火灾报警的时间。处于火灾现场的人员，在发现火灾后可立即触动安装在现场的手动火灾报警按钮，手动报警按钮便将报警信息传输到火灾报警控制器，火灾报警控制器在接收到手动火灾报警按钮的报警信息后，经报警确认判断，显示动作的手动报警按钮的部位，记录手动火灾报警按钮报警的时间。火灾报警控制器在确认火灾探测器和手动火灾报警按钮的报警信息后，驱动安装在被保护区域现场的火灾警报装置发出火灾警报，向处于被保护区域内的人员警示火灾的发生。

5.2.4 报警区域和探测区域的划分

5.2.4.1 报警区域的划分

报警区域应根据防火分区或楼层划分；可将一个防火分区或一个楼层划分为一个报警区域，也可将发生火灾时需要同时联动消防设备的相邻几个防火分区或楼层划分为一个报警区域；电缆隧道的一个报警区域宜由一个封闭长度区间组成，一个报警区域不应超过相连的3个封闭长度区间；道路隧道的报警区域应根据排烟系统或灭火系统的联动需要确定，且不宜超过150m；甲、乙、丙类液体储罐区的报警区域应由一个储罐区组成，每个50000m^{3}及以上的外浮顶储罐应单独划分为一个报警区域。

5.2.4.2 探测区域的划分

探测区域应按独立房（套）间划分。一个探测区域的面积不宜超过500m^2；从主要入口能看清其内部，且面积不超过1000m^{2}的房间，也可划为一个探测区域；红外光束感烟火灾探测器和缆式线型感温火灾探测器的探测区域的长度，不宜超过100m；空气管差温火灾探测器的探测区域长度宜为20~100m。

下列特殊场所应单独划分探测区域：

（1）敞开或封闭楼梯间、防烟楼梯间。

（2）防烟楼梯间前室、消防电梯前室、消防电梯与防烟楼梯间合用的前室、走道、坡道。

（3）电气管道井、通信管道井、电缆隧道。

（4）建筑物闷顶、夹层。

6 防灭火技术

第6章　课件

6.1 灭　火　剂

6.1.1 灭火的基本原理

一切灭火方法都是为了破坏已经形成的燃烧条件，只要停止其中任何一个条件，燃烧就会停止，火灾发生后进行灭火时，控制火源已经失去了意义，因此，主要是消除可燃物和氧化剂以扑灭火灾。

6.1.1.1 冷却灭火法

冷却灭火法是常用的一种灭火方法，可将灭火剂直接喷洒在燃烧着的物体上，将可燃物质的温度降到燃点以下以达到终止燃烧的目的；也可以将灭火剂喷洒在火场附近未燃烧的可燃物上起冷却作用，防止其受到辐射热影响而升温着火。

可燃物一旦达到着火点，即会燃烧或持续燃烧。在一定条件下，将可燃物的温度降到着火点以下，燃烧即会停止。对于可燃固体，将其冷却在燃点以下；对于可燃液体，将其冷却在闪点以下，燃烧反应就会停止。例如，用水扑灭一般固体物质的火焰，主要是通过冷却作用来实现的，由于水具有较大的比热容和很高的汽化热，冷却性能很好，在用水灭火的过程中，大量的热量被水吸收，使燃烧物的温度迅速降低，使火焰熄灭、火势得到控制、火灾终止。

6.1.1.2 隔离灭火法

隔离灭火法也是常用的灭火方法之一。即将燃烧物与附近未燃的可燃物质隔离开，使燃烧因缺少可燃物质而停止。这种灭火方法适用于扑救各种固体、液体和气体火灾。

隔离灭火方法常用的措施有：

（1）将可燃、易燃、易爆物质从燃烧区移至安全地带。

（2）在扑灭可燃液体或可燃气体火灾时，迅速关闭输送可燃液体和可燃气体的管道上的阀门，切断流向着火区的可燃液体和可燃气体的输送管道，同时打开可燃液体或可燃气体通向安全区域的阀门，使已经燃烧或即将燃烧或受到火势威胁的容器中的可燃液体、可燃气体转移。

（3）采用泡沫灭火时，泡沫覆盖于燃烧液体或固体表面，既能起到冷却作用，又能将可燃物与空气隔开，达到灭火的目的。

（4）拆除与燃烧物相连的易燃建筑物。

（5）在着火区域周围挖隔离带。

6.1.1.3　窒息灭火法

窒息灭火法通过阻止空气进入燃烧区，或用惰性气体稀释空气，使燃烧物质因得不到足够的氧气而熄灭，也就是说，燃烧需要在最低氧浓度以上才能进行，低于最低氧浓度，燃烧反应不能持续进行，火灾即被扑灭。一般氧浓度低于15%时，就不能维持燃烧。在着火场所内，可以通过释放非助燃气体，如二氧化碳、氮气、蒸气等，来降低空间的氧浓度，从而达到窒息灭火的目的。此外，如果采用水喷雾灭火系统进行灭火，由于喷出的水雾吸收热气流热量而转化成蒸气，当空气中水蒸气浓度达到35%时，燃烧即停止，火灾被扑灭。

6.1.1.4　化学抑制灭火法

窒息、冷却、隔离灭火法，在灭火过程中，灭火剂不能参与燃烧反应，属于物理灭火方法，而化学抑制灭火法是灭火剂参与到燃烧反应中，起到抑制反应的作用。由于有焰燃烧是通过链式反应进行的，因此灭火剂参与反应时能有效地抑制自由基的产生或降低火焰中的自由基浓度，使燃烧反应终止。常见的化学抑制灭火的灭火剂有干粉灭火剂和七氟丙烷灭火剂。化学抑制法灭火速度快，使用得当可有效扑灭初起火灾，但对固体深位火灾，由于渗透性较差，采用化学抑制法灭火时效果不理想。

在实际灭火中，应根据可燃物的性质、燃烧特点、火灾大小和火场的具体条件以及消防技术装备的性能等实际情况，选择一种或几种灭火方法。无论哪种灭火方法，都要重视初起灭火。所谓初起灭火就是在火灾初起时由于火势小，一个人或少数几个人就能将火灾扑灭。因此，需要做好以下日常工作，保证将火灾消灭在萌芽状态。

（1）制定防灭火应急预案，健全消防体制机制，定期或不定期进行防火教育，加强火灾应急演练，保证在火灾时能采取恰当对策，迅速行动。

（2）平时彻底检查、整治和消除能够引起火灾扩大的条件。

（3）经常对消防器材进行维护检查，做到随时可用。

6.1.2　灭火剂的主要类型

6.1.2.1　水灭火剂

水是不燃液体，来源丰富、取用方便、价格便宜，是最常用的天然灭火剂。水既可以单独使用，也可以与不同的化学剂组成混合液使用。水的灭火原理叙述如下：

（1）冷却作用。水的比热容比其他液体都大。1g 水温度升高 1℃需要吸收 4. 18J 的热量。水的汽化热也很大，1g 水在 100℃时变成同温度的水蒸气需要吸收 225. 7J 的热量。水喷洒到火源处后水温升高并汽化，就会大量吸收燃烧物的热量，降低火区温度，使燃烧反应速度降低，最终停止燃烧。一般情况下冷却作用是水的主要灭火作用。

（2）对氧气的稀释作用。水在火区汽化，产生大量水蒸气（1L 水能汽化成 1700L 水蒸气），降低火区的氧气浓度。当空气中的水蒸气体积浓度达到 35%时，燃烧就会停止。

（3）水流冲击作用。从水枪喷射出的水流具有速度快、冲击力大的特点，可以冲散燃烧物，使可燃物相互分离，使火势减弱。快速的水流带动空气扰动，使火焰不稳定，或者冲断火焰，使之熄灭。

6. 1. 2. 2 泡沫灭火剂

按照生成泡沫的机理，泡沫灭火剂可以分为化学泡沫灭火剂和空气泡沫灭火剂两类。化学泡沫虽然具有良好的灭火性能，但化学泡沫灭火设备较为复杂、投资大、维护费用高，近年来大多采用灭火设备简单、操作方便的空气泡沫灭火。空气泡沫灭火剂种类多，根据发泡倍数的不同可分为低倍数泡沫、中倍数泡沫和高倍数泡沫灭火剂。泡沫灭火原理叙述如下：

（1）泡沫的相对密度较小，可漂浮于可燃液体的表面，或黏附在可燃固体的表面，形成泡沫覆盖层，使燃烧物表面与空气隔离。

（2）泡沫层可以遮挡火焰对燃烧物表面的热辐射，降低可燃液体的蒸发速度或固体的热分解速度，使可燃气体难以进入燃烧区。

6. 1. 2. 3 干粉灭火剂

干粉灭火剂是一种干燥的、易于流动的微细固体粉末，由基料、防潮剂、流动助剂、结块防止剂等组成。在灭火时，干粉借助气体压力从容器中喷出，形成粉雾进行灭火。干粉灭火剂的主要灭火机理叙述如下：

（1）化学抑制作用。干粉中的无机盐挥发性分解物与燃烧过程中燃料所产生的自由基或活性基团发生化学抑制和副催化作用，使燃烧的链反应中断而灭火。

（2）隔离作用。喷出的干粉粉末落在可燃物外表面，发生化学反应，并在高温作用下形成一层阻碍燃烧的隔离层，从而隔绝氧气，达到窒息灭火的目的。

（3）冷却和窒息作用。粉末在高温作用下，吸收外界热量的同时将释放出结晶水或发生分解，而分解生成的不活泼气体又可稀释燃烧区的氧气浓度，起到冷却和窒息作用。

6.1.2.4 二氧化碳灭火剂

二氧化碳作为灭火剂已有100多年的历史，其价格低廉，获取、制备容易。二氧化碳主要依靠窒息作用和部分冷却作用灭火，灭火机理叙述如下：

(1) 二氧化碳具有较高的密度，约为空气的1.5倍。在常压下，液态的二氧化碳会立即汽化，一般1kg的液态二氧化碳可产生约0.5m^{3}的气体。因而，灭火时，二氧化碳气体可以排除空气而包围在燃烧物体的表面或分布于较密闭的空间中，降低可燃物周围和防护空间内的氧浓度，产生窒息作用而灭火。

(2) 二氧化碳从储存容器中喷出时，会由液体迅速汽化成气体，从周围吸收部分热量，起到冷却的作用。

因此，二氧化碳的灭火效率也较高，当二氧化碳占空气浓度的30%~35%时，燃烧就会停止。

6.1.2.5 七氟丙烷灭火剂

七氟丙烷灭火剂是一种无色无味、不导电的气体，其密度大约是空气密度的6倍，在一定压力下呈液态储存。该灭火剂为洁净药剂，释放后不含有粒子或油状的残余物，且不会污染环境和被保护的精密设备。七氟丙烷灭火机理主要包括窒息、冷却和化学抑制作用。由于七氟丙烷灭火剂是以液态的形式喷射到保护区内的，在喷出喷头时，液态灭火剂迅速转变成气态需要吸收大量的热量，降低保护区和火焰周围的温度；其次，七氟丙烷灭火剂是由大分子组成的，灭火时分子中的一部分键断裂需要吸收热量；再次，保护区内灭火剂的喷射和火焰的存在降低了氧气的浓度，从而降低了燃烧的速度。

6.2 灭 火 器

6.2.1 灭火器分类

灭火器是在其压力作用下，将所充装的灭火剂喷出，以扑救初起火灾的小型灭火器具。灭火器是一种轻便的灭火工具，由筒体、器头（阀门）、喷嘴等部件构成，结构简单、操作方便、使用广泛，对扑灭初起火灾有一定效果，因此被广泛应用于各类场所。

6.2.1.1 按移动方式分

(1) 手提式灭火器。手提式灭火器的灭火剂充装量一般不超过20kg，是能手提移动实施灭火的便携式灭火器，发生火灾时，将灭火器提到火场，距燃烧物3m左右放下灭火器，拔出保险销，一只手握住喇叭筒根部的手柄，另一只手紧握启闭阀的压把进行灭火。

（2）推车式灭火器。推车式灭火器总质量较大，一般由两人配合操作，使用时两人一起将灭火器推到或拉到燃烧处，在距离燃烧物 10m 左右停下，一人快速取下喷枪并展开喷射软管，然后握住喷枪，另一人快速按逆时针方向转动手轮，并开到最大位置进行灭火。

6.2.1.2 按驱动方式分

（1）储气瓶式灭火器。该灭火器中的灭火剂是由专门的储存压缩空气钢瓶释放气体加压驱动。

（2）储压式灭火器。该灭火器中的灭火剂是由与其同储于一个容器内的压缩气体或灭火剂蒸气的压力驱动的。

6.2.1.3 按所充装的灭火剂分

（1）水基型灭火器。水基型灭火器是指内部充入的灭火剂是以水为基础的灭火器，一般由水、氟碳催渗剂、碳氢催渗剂、阻燃剂、稳定剂等多组分配合而成，以氮气（或二氧化碳）为驱动气体，是一种高效的灭火剂。常用的水基型灭火器有清水灭火器、水基型泡沫灭火器和水基型水雾灭火器三种。

（2）干粉灭火器。干粉灭火器是以氮气作为驱动气体，将筒内的干粉喷出进行灭火的灭火器。干粉灭火器在消防中应用很广泛。除扑救金属火灾的专用干粉化学灭火剂外，干粉灭火剂一般分为 BC 干粉灭火剂和 ABC 干粉灭火剂两大类。目前国内已经生产的产品有磷酸铵盐、碳酸氢钠、氯化钠、氯化钾干粉灭火剂等。

干粉灭火器可扑灭一般可燃固体火灾，还可扑灭油、气等燃烧引起的火灾。主要用于扑救石油、有机溶剂等易燃液体、可燃气体和电气设备的初期火灾，广泛用于油田、油库、炼油厂、化工厂、化工仓库、船舶、飞机场以及工矿企业等。

（3）二氧化碳灭火器。二氧化碳灭火器的容器内充装的是二氧化碳气体，靠自身的压力驱动喷出进行灭火。二氧化碳是一种不燃烧的惰性气体，在灭火时具有窒息作用和冷却作用。二氧化碳灭火器具有流动性好、喷射率高、不腐蚀容器和不易变质等优良性能，用来扑灭图书、档案、贵重设备、精密仪器、600V 以下电气设备及油类的初起火灾。

（4）洁净气体灭火器。洁净气体灭火器是将洁净气体灭火剂直接加压充装在容器中，使用时灭火剂从灭火器中排出，形成气雾状射流射向燃烧物，当灭火剂与火焰接触时发生一系列物理化学反应，使燃烧中断，达到灭火目的。洁净气体灭火器适用于扑救可燃液体、可燃气体和可融化的固体物质以及带电设备的初期火灾，可在图书馆、宾馆、档案室、商场、企事业单位以及各种公共场所使用。

6.2.2 灭火器型号

灭火器型号由类、组、特征代号及主要参数几部分组成。类、组、特征代号用大写汉语拼音字母表示，首位是灭火器本身的代号，通常用“M”表示。第二位表示灭火剂代号：F 表示干粉灭火剂，T 表示二氧化碳灭火剂，Y 表示 1211 灭火剂，Q 表示清水灭火剂。第三位表示形式号，是各类灭火器结构特征的代号，最常见的有手提式和推车式，其中型号分别用 S、T 表示。型号最后面的阿拉伯数字代表灭火剂重量或容积，一般单位为千克或升，如“MF/ABC4”表示 4kg ABC干粉灭火器；“MSQ9”表示容积为 9L 的手提式清水灭火器；“MFT50”表示 50kg 推车式（碳酸氢钠）干粉灭火器。目前常用灭火器的类型主要有水基型灭火器、干粉灭火器、二氧化碳灭火器、洁净气体灭火器等。

6.2.3 灭火器的选择与配置

6.2.3.1 灭火器配置场所的危险等级

（1）工业建筑。工业建筑灭火器配置场所的危险等级根据其生产、使用、储存物品的火灾危险性，可燃物数量，火灾蔓延速度和扑救难易程度等因素，划分为以下三级：

1）严重危险级。火灾危险性大，可燃物多，起火后蔓延迅速，扑救困难，容易造成重大财产损失的场所。

2）中危险级。火灾危险性较大，可燃物较多，起火后蔓延较迅速，扑救较难的场所。

3）轻危险级。火灾危险性较小，可燃物较少，起火后蔓延较缓慢，扑救较易的场所。

工业建筑内生产、使用和储存可燃物的火灾危险性是划分危险等级的主要因素；按照现行国家标准《建筑设计防火规范》对厂房和库房中的可燃物的火灾危险性分类，来划分工业建筑场所的危险等级。其对应关系见表 6-1。

表 6-1 灭火器配置场所与危险等级对应关系

配置场所	危险等级		
	严重危险级	中危险级	轻危险级
厂房	甲、乙类物品生产场所	丙类物品生产场所	丁、戊类物品生产场所
库房	甲、乙类物品储存场所	丙类物品储存场所	丁、戊类物品储存场所

工业建筑灭火配置场所的危险等级举例见附录 A。

(2) 民用建筑。民用建筑灭火器配置场所的危险等级根据其使用性质、人员密集程度、用电用火情况、可燃物数量、火灾蔓延速度和扑救难易程度等因素，划分为以下三级：

1) 严重危险级。使用性质重要，人员密集，用电用火多，可燃物多，起火后蔓延迅速，扑救困难，容易造成重大财产损失或人员群死群伤的场所。

2) 中危险级。使用性质较重要，人员较密集，用电用火较多，可燃物较多，起火后蔓延较迅速，扑救较难的场所。

3) 轻危险级。使用性质一般，人员不密集，用电用火较少，可燃物较少，起火后蔓延较缓慢，扑救较易的场所。

其对应关系见表 6-2。

表 6-2 危险因素与危险等级对应关系

危险等级	危险因素					
	使用性质	人员密集程度	用电用火设备	可燃物数量	火灾蔓延速度	扑救难度
严重危险级	重要	密集	多	多	迅速	大
中危险级	较重要	较密集	较多	较多	较迅速	较大
轻危险级	一般	不密集	较少	较少	较缓慢	较小

民用建筑灭火器配置场所的危险等级举例见附录 B。

6.2.3.2 灭火器的选择

(1) 选择灭火器时应考虑的因素：

1) 灭火器配置场所的火灾种类。每一类灭火器都有其特定的扑救火灾类别，如水型灭火器不能灭 B 类火灾，碳酸氢钠干粉灭火器对扑救 A 类火灾无效等。因此，选择的灭火器应适应保护场所的火灾种类，这一点非常重要。

2) 灭火器配置场所的危险等级。根据灭火器配置场所的危险等级和火灾种类等因素，可确定灭火器的保护距离和配置基准，这是进行建筑灭火器配置设计和计算的首要步骤。

3) 灭火器的灭火效能和通用性。尽管几种类型的灭火器均适用于灭同一种类的火灾，但它们在灭火程度上有明显的差异。如一具 7kg 二氧化碳灭火器的灭火能力不如一具 2kg 干粉灭火器的灭火能力。因此选择灭火器时应充分考虑灭火器的灭火有效程度。

4) 灭火剂对保护物品的污损程度。不同种类的灭火器在灭火时不可避免地要对被保护物品产生程度不同的污渍，泡沫、水、干粉灭火器较为严重，而气体灭火器（如二氧化碳灭火器）则非常轻微。为了保证贵重物质与设备免受不必要的污渍损失，灭火器的选择应充分考虑其对保护物品的污损程度。

5）灭火器设置点的环境温度。灭火器设置点的环境温度对灭火器的喷射性能和安全性能均有影响。若环境温度过低，则灭火器的喷射性能显著降低；若环境温度过高，则灭火器的内压剧增，灭火器本身有爆炸伤人的危险。因此，环境温度要与灭火器的使用温度相符合。

6）使用灭火器人员的体能。灭火器是靠人来操作的，要为某建筑场所配置适用的灭火器，也应对该场所中人员的体能（包括年龄、性别、体质和身手敏捷程度等）进行分析，然后正确地选择灭火器的类型、规格、形式。如在办公室、会议室、客房，以及学校、幼儿园、养老院的教室、活动室等民用建筑场所内，中、小规格的手提式灭火器应用较广；在工业建筑场所的大车间和古建筑场所的大殿内，则可考虑选用大、中规格的手提式灭火器或推车式灭火器。

（2）灭火器类型的选择。国家标准《火灾分类》（GB/T 4968—2008）根据可燃物的类型和燃烧特性将火灾分为六类，各种类型的火灾适用的灭火器依据灭火剂的性质有所不同。各场所选用灭火器类型参考原则见表 6-3。

表 6-3　各场所选用灭火器类型参考原则

火灾种类	可选择的灭火器类型
A 类火灾	水基型（水雾、泡沫）、ABC 干粉型、泡沫和洁净气体灭火器
B 类火灾	水基型（水雾、泡沫）、BC 干粉、ABC 干粉、洁净气体和二氧化碳灭火器
C 类火灾	BC 干粉、ABC 干粉、水基型（水雾）、洁净气体和二氧化碳灭火器
D 类火灾	扑灭金属火灾的专用灭火器，也可用干沙、土或铸铁屑粉末代替进行灭火
E 类火灾	二氧化碳、洁净气体灭火器，干粉、水基型（水雾）灭火器
F 类火灾	BC 类干粉、水基型（水雾、泡沫）灭火器

（3）选择灭火器时应注意的问题：

1）在同一灭火器配置场所，宜选用相同类型和操作方法的灭火器。这样可以为灭火器使用人员熟悉操作和积累灭火经验提供方便，也便于灭火器的维护保养。

2）根据不同种类火灾，选择相适应的灭火器；当同一灭火器配置场所存在不同火灾种类时，应选用通用型灭火器。

3）配置灭火器时，宜在手提式或推车式灭火器中选用，因为这两类灭火器有完善的计算方法。其他类型的灭火器可作为辅助灭火器使用，如某些类型的微型灭火器作为家庭使用效果也很好。

4）在同一配置场所，当选用两种或两种以上类型灭火器时，应选用灭火剂相容的灭火器，以便充分发挥各自灭火器的作用。不相容性的灭火剂举例见表 6-4。

表 6-4 不相容性的灭火剂举例

类 型	相互间不相容灭火剂	
干粉与干粉	磷酸铵盐	碳酸氢钾、碳酸氢钠
干粉与泡沫	碳酸氢钾、碳酸氢钠	蛋白泡沫
泡沫与泡沫	蛋白泡沫、氟蛋白泡沫	水成膜泡沫

6.2.4 灭火器的配置设计

6.2.4.1 灭火器的配置基准

灭火器配置基准是以单位灭火级别（1A 或 1B）的最大保护面积为定额，以此计算出配置场所需要的灭火级别的折合值。

（1）A 类火灾场所灭火器配置基准。A 类火灾场所灭火器的最低配置基准见表 6-5。

表 6-5 A 类火灾场所灭火器的最低配置基准

危险等级	严重危险级	中危险级	轻危险级
单具灭火器最小配置灭火级别	3A	2A	1A
单位灭火级别最大保护面积/$m^2 \cdot A^{-1}$	50	75	100

（2）B、C 类火灾场所灭火器配置基准。B、C 类火灾场所灭火器的最低配置基准见表 6-6。

表 6-6 B、C 类火灾场所灭火器的最低配置基准

危险等级	严重危险级	中危险级	轻危险级
单具灭火器最小配置灭火级别	89B	55B	21B
单位灭火级别最大保护面积/$m^2 \cdot B^{-1}$	0.5	1.0	1.5

（3）D 类火灾场所灭火器的最低配置标准应根据金属的种类、物态及其特性等研究确定。

（4）E 类火灾场所灭火器的最低配置标准不应低于该场所内 A 类或 B 类火灾的规定。

6.2.4.2 灭火器配置原则

（1）计算单元划分：

1）当一个楼层或一个水平防火分区内各场所的危险等级和火灾种类相同时，可将其作为一个计算单元。

2）当一个楼层或一个水平防火分区内各场所的危险等级和火灾种类不相同

时，应将其作为不同计算单元。

3）同一计算单元不得跨越防火分区和楼层。

（2）计算单元保护面积的确定：

1）建筑物应按其建筑面积确定。

2）可燃物露天堆场，甲、乙、丙类液体储罐区，可燃气体储罐区按堆垛、储罐的占地面积确定。

（3）灭火器灭火能力要求。灭火器配置的设计与计算应按计算单元考虑。计算单元是指灭火器配置的计算区域。在确定了计算单元的保护面积后，计算单元的最小需配灭火级别应按式（6-1）计算：

$$Q = K\frac{S}{U} \tag{6-1}$$

式中　Q——计算单元的最小需配灭火级别，A或B；

S——计算单元的保护面积，m^2；

U——A类或B类火灾场所单位灭火级别最大保护面积，m^2/A或m^2/B；

K——修正系数。

歌舞娱乐放映游艺场所、网吧、商场、寺庙以及地下场所等的计算单元的最小需配灭火级别应按式（6-2）计算：

$$Q = 1.3K\frac{S}{U} \tag{6-2}$$

配置场所选配的灭火器具有的灭火级别应大于或等于配置场所需要的灭火级别。

（4）修正系数。修正系数按表6-7的规定取值。

表6-7　修正系数

计算单元	K
未设室内消火栓系统和灭火系统	1.0
设有室内消火栓系统	0.9
设有灭火系统	0.7
设有室内消火栓系统和灭火系统	0.5
可燃物露天堆场，甲、乙、丙类液体储罐区，可燃气体储罐区	0.3

（5）灭火器的最大保护距离。灭火器的保护距离是指灭火器配置场所内，灭火器设置点到最不利点的直线行走距离。它与火灾种类、建筑物的危险等级及灭火器的形式（手提式或推车式）有关，与设置的灭火器的规格和数量无关。

灭火器的保护距离决定了灭火器设置点的服务范围。灭火器设置点的确定，应符合灭火器最大保护距离要求。为便于快速取用灭火器，保证及时扑救初起火灾，灭火器的保护距离不能太大。不同配置场所灭火器的最大保护距离应符合下列规定。

1）设置在A类火灾场所的灭火器，其最大保护距离应符合表6-8的规定。

表6-8　A类火灾场所的灭火器最大保护距离　（m）

危险等级	灭火器形式	
	手提式灭火器	推车式灭火器
严重危险级	15	30
中危险级	20	40
轻危险级	25	50

2）设置在B、C类火灾场所的灭火器，其最大保护距离应符合表6-9的规定。

表6-9　B、C类火灾场所的灭火器最大保护距离　（m）

危险等级	灭火器形式	
	手提式灭火器	推车式灭火器
严重危险级	9	18
中危险级	12	24
轻危险级	15	30

3）设置在D类火灾场所的灭火器，其最大保护距离应根据具体情况研究确定。

4）设置在E类火灾场所的灭火器，其最大保护距离不应低于该场所内A类或B类火灾的规定。

（6）每个灭火器设置点的最小需配灭火级别。灭火器设置点是指灭火器的放置位置，其确定应保证配置场所任何一点得到至少一个灭火器设置点的保护。计算单元中每个灭火器设置点的最小需配灭火级别应按式（6-3）计算：

$$Q_e = \frac{Q}{N} \tag{6-3}$$

式中　Q_e——计算单元中每个灭火器设置点的最小需配灭火级别，A或B；

N——计算单元中的灭火器设置点数，个。

（7）灭火器数量要求。

1）一个计算单元内的灭火器数量不应少于2具，主要是考虑到两具灭火器配合使用效果更佳，另外，万一其中的一具灭火器不能使用，另一具灭火器还可使用，以确保安全。

2）每个设置点的灭火器数量不宜多于5具，且应符合所配灭火器每具最小灭火级别的要求。

灭火器最小需配灭火级别和最少需配数量的计算值应进位取整。每个灭火器设置点实配灭火器的灭火级别和数量不得小于最小需配灭火级别和数量的计算值。这主要考虑灭火器型号不能太小，灭火器型号太小，其有效喷射时间就短，不利于灭火。

6.2.4.3 灭火器的配置位置及要求

(1) 灭火器不应设置在不易被发现和黑暗的地点，且不得影响安全疏散。

(2) 对有视线障碍的灭火器设置点，应设置指示其位置的发光标志。

(3) 灭火器的摆放应稳固，其铭牌应朝外。手提式灭火器宜设置在灭火器箱内或挂钩、托架上，其顶部离地面高度不应大于1.50m；底部离地面高度不宜小于0.08m。灭火器箱不应上锁。推车式灭火器应设置在便于移动和使用的地方。

(4) 灭火器不应设置在潮湿或强腐蚀性的地点，当必须设置时，应有相应的保护措施。灭火器设置在室外时，亦应有相应的保护措施。

(5) 灭火器不得设置在超出其使用温度范围的地点。

6.2.4.4 灭火器配置的设计计算步骤

(1) 确定灭火器配置场所的火灾种类和危险等级。

(2) 划分计算单元，计算各单元的保护面积。

(3) 计算各计算单元的最小需配灭火级别。

(4) 确定各计算单元内的灭火器设置点的位置和数量。

(5) 计算每个灭火器设置点的最小需配灭火级别。

(6) 确定各单元和每个设置点的灭火器的类型、规格与数量。

(7) 确定每具灭火器的设置方式和要求。

(8) 在工程设计图上用灭火器图例和文字标明灭火器的类型、规格、数量与设置位置。

6.2.4.5 灭火器维护与报废

灭火器使用一定年限后，建筑或场所使用管理单位对照灭火器生产企业提供的使用说明书和维修手册，检查灭火器使用情况。符合报修条件或者达到维修年限的，应及时向具有法定资质的灭火器生产企业的维修部门或经授权的灭火器维修机构送修；符合报废条件或者达到报废年限的，应采购符合要求的灭火器进行等效替代。

(1) 灭火器报修及维修年限。日常管理中，发现灭火器使用达到维修年限、灭火器存在机械损伤、明显锈蚀、灭火剂泄漏、被开启使用过、压力指示器指向红区等问题，或者符合其他报修条件的，建筑（场所）使用管理单位应及时按照规定程序予以报修。

使用达到下列规定年限的灭火器，建筑（场所）使用管理单位需要分批次向灭火器维修企业送修：

1）手提式、推车式水基型灭火器出厂期满3年，首次维修以后每满1年。

2）手提式、推车式干粉灭火器、洁净气体灭火器、二氧化碳灭火器出厂期满5年；首次维修以后每满2年。

送修灭火器时，一次送修数量不得超过计算单元配置灭火器总数量的25%。超出时，需要选择相同类型、相同操作方法的灭火器替代，且其灭火级别不得小于原配置灭火器的灭火级别，检查或维修后的灭火器均应按原设置点位置摆放。

（2）维修标识和维修记录。经维修合格的灭火器及其贮气瓶上需要粘贴维修标识，并由维修单位进行维修记录。建筑使用管理单位根据维修合格证信息对灭火器进行日常检查、定期送修和报废更换。

1）维修标识。每具灭火器维修后，经维修出厂检验合格，维修人员在灭火器筒体上粘贴维修合格证。

维修合格证外围边框为红色实线，宽0.6mm，内框线为黑色实线，宽0.2mm；灭火器维修合格证、维修单位名称，其字样高为5mm，其余文字字样高为4mm，文字均为黑色黑体字。

维修合格证采用不加热的方法固定在灭火器的筒体上，不得覆盖生产厂铭牌。当将其从灭火器的筒体拆除时，标识应能够自行破损。

贮气瓶维修后贴有独立的维修标识，且不得采用钢字打造的永久性标识。其标识标明贮气瓶的总重量和驱动气体充装量，以及维修单位名称、充气时间。

2）维修记录。维修单位需要在维修记录中对维修和再充装的灭火器进行逐具编号，按照编号记录维修和再充装信息，确保维修和再充装灭火器的可追溯性。维修记录主要包括使用单位、制造商名称、出厂时间、型号规格、维修编号、检验项目及检验数据、配件更换情况、维修后总质量、钢瓶序列号、维修人员、检验人员等内容。

6.2.4.6 灭火器报废

灭火器报废的4种情形：一是列入国家颁布的淘汰目录的灭火器，二是达到报废年限的灭火器，三是使用中出现或者检查中发现存在严重损伤或者重大缺陷的灭火器，四是维修时发现存在严重损伤、缺陷的灭火器。

（1）列入国家颁布的淘汰目录的灭火器。酸碱型灭火器、化学泡沫型灭火器、倒置使用型灭火器、氯溴甲烷、四氯化碳灭火器、1211灭火器、1301灭火器或国家政策明令淘汰的其他类型灭火器。由于有的灭火剂具有强腐蚀性或毒性，有的操作需要倒置使用并对操作人员具有一定的危险性，有的达不到环保要求，因此，这些灭火器应予以报废处理。

（2）超过灭火器使用寿命周期的应该报废。手提式、推车式灭火器出厂时间达到或者超过下列规定期限的，均予以报废处理：

1）水基型灭火器出厂期满6年。

2）干粉灭火器、洁净气体灭火器出厂期满10年。

3）二氧化碳灭火器出厂期满12年。

（3）存在严重损伤、缺陷的灭火器。有下列情况之一的灭火器应予以报废处理：

1）筒体或气瓶外部涂层脱落面积大于筒体或气瓶总面积的1/3。

2）筒体或气瓶外表面、连接部位、底座有腐蚀的凹坑。

3）筒体或气瓶内部有锈屑或内表面有腐蚀的凹坑。

4）水基型灭火器筒体内部的防腐层失效。

5）筒体或气瓶的连接螺纹有损伤。

6）筒体或气瓶没有生产厂名称和出厂年月的（包括铭牌脱落，或者铭牌上的生产厂名称模糊不清，或者出厂年月钢印无法识别的)。

7）筒体或气瓶有锡焊、铜焊或者补缀等修补痕迹的。

8）筒体或气瓶被火烧过或有严重变形的。

9）灭火器产品不符合消防产品市场准入制度或由不合法的维修机构维修的。

10）筒体或气瓶水压试验不符合水压试验的要求。

灭火器报废后，建筑或场所使用管理单位应按照等效替代的原则对灭火器进行更换。

6.3 室内外消防给水系统

6.3.1 消火栓系统分类与组成

6.3.1.1 消火栓系统分类

（1）按服务范围分类。按照消火栓系统服务范围可分为市政消火栓系统、室外消火栓系统和室内消火栓系统。

（2）按加压方式分类。按照消火栓系统加压方式的不同可分为常高压消火栓系统、临时高压消火栓系统和低压消火栓系统。

（3）按合用方式分类。按照消火栓系统是否与生活、生产合用可分为生活、生产、消火栓合用系统和独立的消火栓系统。

6.3.1.2 消火栓系统的组成

建筑消火栓系统以建筑物外墙为界进行划分，可分为室外消火栓系统和室内消火栓系统。

A 室外消火栓系统组成

室外消火栓系统是指设置在建筑物外墙中心线以外的消火栓设施，该系统可以担负大到整个城市、小到单体建筑的消防给水任务。该系统的完善与否直接关系着灭火的成败，是城市公共消防设施必不可少的组成部分。

室外消防给水系统的任务是通过室外消火栓为消防车等消防设备提供消防用水，或通过进户管为室内消防给水设备提供消防用水。室外消防给水系统应满足消防时各种用水设备对水压、水量的要求。从以往火灾统计资料看，在扑救失利的火灾中，80%以上是由于消防供水不足、水压不够造成的。

由于系统的类型和水源、水质不同，因此室外消火栓系统的组成也不尽相同，诸如合用的给水系统比较复杂，而独立的消防给水系统相对就比较简单，省却了水处理设施。一般室外消火栓系统由消防水源、取水设施、消防储水池和高位消防水箱、输配水设施和消防用水设备组成。

(1) 消防水源。消防给水的水源有天然水源和人工水源。天然水源有地上水源和地下水源两种，地上水源有江、河、湖泊、水库等，地下水源是指埋藏在地下孔隙、裂隙、溶洞等含水层介质中储存运移的水体等，人工水源有消防水池和市政管网。作为消防水源，应当保证在任何时候、任何情况下，都能提供足够的消防用水。

(2) 取水设施。取水设施主要为消防水泵，通过消防水泵将水从消防水源处输送到灭火用水点。

(3) 消防水池和高位消防水箱。消防水池和高位消防水箱主要用于储存消防用水，以满足火灾初期和火灾延续时间内的消防用水的需要。

(4) 输配水设施。输配水设施包括加压水泵和输水管网两部分，负责将消防水池的水输送到各用水点。

(5) 消防用水设备。消防用水设备主要是指设置在室外消防给水管网上的室外消火栓、消防水炮等，它们直接提供火场消防用水。

B 室内消火栓系统组成

室内消火栓系统是建筑物应用最广泛的一种消防设施，它既可以供火灾现场人员使用消火栓箱内的消防水喉、水枪来扑救建筑物的初期火灾，又可以供消防队员扑救建筑物的大火。

建筑室内消火栓系统主要由消防水源、消防给水设施、消防给水管网、室内消火栓设备、报警控制装置和系统附件等组成，如图 6-1 所示。

室内消火栓消防水源主要有市政管网或消防水池，其主要任务是提供室内消防用水。消防给水设施包括高位消防水箱、消防水泵、增压稳压设备和水泵接合器等，该设施的主要任务是为系统储存并提供灭火用水。消防给水管网包括进水管、水平干管、消防竖管等，其任务是向室内消火栓设备输送灭火用水。室内消

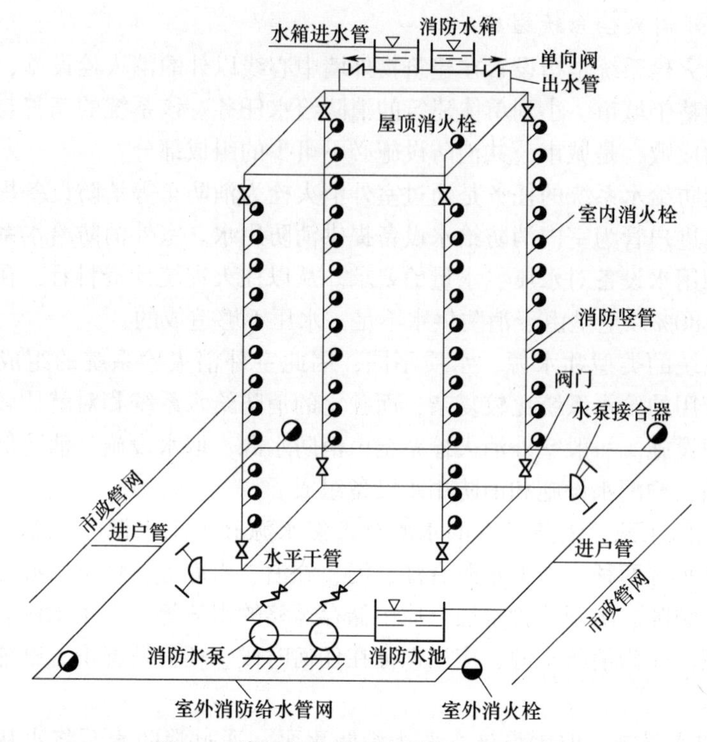

图 6-1 建筑室内消火栓系统组成示意图

火栓设备包括水枪、水带、水喉和消火栓等供人员灭火使用的主要工具。报警控制装置用于启动消防水泵，并监控系统的工作状态。系统附件包括各种阀门、试水阀和屋顶消火栓等，只有通过这些设施有机结合，协调工作，才能确保系统的灭火效率。

消火栓系统的工作原理是：当发现火灾后，首先由人打开消火栓箱门，按下火灾报警按钮，由其向消防控制中心发出火灾报警信号或远距离启动消防水泵，然后迅速拉出水带、水枪（或消防水喉），将水带的一端与消火栓口连接，另一端与水枪接好，接着展开水带，开启消火栓阀门，握紧水枪，通过水枪（或消防水喉）产生的射流，将水射向着火点实施灭火。

6.3.2 室外消火栓及消防供水管网

6.3.2.1 室外消防给水管网

A 管网类型

室外消防给水管网按消防水压要求可分为高压消防给水管网、临时高压消防给水管网和低压消防给水管网三种类型；按管网平面布置形式可分为环状消防给水管网和枝状消防给水管网；按用途不同可分为合用的消防给水管网和独立的消防给水管网。

B 管网设置要求

为确保供水安全可靠，室外消防给水管道在布置时应符合下列规定：

（1）室外消防给水采用两路消防供水时，应布置成环状，但当采用一路消防供水时，可布置成枝状。

（2）向环状管网输水的进水管不应少于2条，当其中1条发生故障时，其余的进水管应能满足消防用水总量的供给要求。

（3）消防给水管道应采用阀门分成若干独立段，以便于管网检修，每段内室外消火栓的数量不宜超过5个。管道的直径应根据流量、流速和压力经计算确定，但不应小于DN100mm，有条件不应小于DN150mm。

（4）室外消防给水管道设置的其他要求应符合现行国家标准《室外给水设计规范》（GB 50013—2006）的有关规定。当为专用消防给水管道时，埋地金属管道的管顶最小覆土应至少在冰冻线下300mm。

6.3.2.2 室外消火栓系统的类型

A 室外消火栓系统的设置范围

（1）下列建筑或场所应设置室外消火栓系统：

1）在城市、居住区、工厂、仓库等的规划和建筑设计时，必须同时设计消防给水系统；城镇（包括居住区、商业区、开发区、工业区等）应沿可通行消防车的街道设置市政消火栓系统。

2）民用建筑、厂房（仓库）、储罐（区）、堆场周围应设室外消火栓。

3）用于消防救援和消防车停靠的屋面上，应设置室外消火栓系统。

（2）下列建筑或场所可不设置室外消火栓系统：

1）耐火等级不低于二级，且建筑物体积小于或等于3000m^{3}的戊类厂房。

2）居住区人数不超过500人且建筑物层数不超过两层的居住区，可不设置室外消防给水。

6.3.2.3 室外消火栓的保护半径

室外低压消火栓的保护半径一般按消防车串接9条水带考虑，火场上水枪手需预留约10m的机动水带，若水带沿地面的铺设系数按0.9考虑，则消防车往火场供水的最远距离为：

$$(9 \times 20 - 10) \times 0.9 = 153(\mathrm{m})$$

因此，室外低压消火栓的保护半径为150m。

室外高压消火栓保护半径按串接6条水带考虑，则其供水距离为：

$$(6 \times 20 - 10) \times 0.9 = 99(\mathrm{m})$$

因此，室外高压消火栓的保护半径为100m。

室外消火栓的保护半径国家规范规定为150m。

6.3.2.4　室外消火栓的布置间距

国家规范规定室外消火栓的间距不应超过120m。室外消火栓的布置，应保证城市任何部位都在两个室外消火栓的保护半径之内。综合考虑城市道路布置情况，如图6-2所示，则最大布置间距为：

$$L = \sqrt{R^2 - (B_f/2)^2} \tag{6-4}$$

其中，室外消火栓保护半径已知，街道间距 B_f 按城市规划要求，约为160m，则可得出室外低压消火栓的布置间距为：$L = \sqrt{150^2 - (160/2)^2} \approx 127\text{m}$；室外高压消火栓的布置间距为：$L = \sqrt{100^2 - (160/2)^2} = 60\text{m}$。考虑到火场供水需要，要求室外低压消火栓的最大布置间距不应大于120m，室外高压消火栓的布置间距不应大于60m。

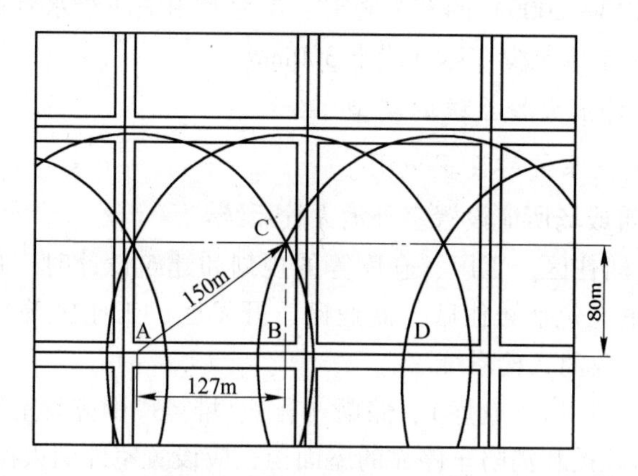

图6-2　室外消火栓最大布置间距

6.3.2.5　室外消火栓的设置要求

A　市政消火栓

（1）市政消火栓宜采用地上式室外消火栓；在严寒、寒冷等冬季结冰地区宜采用干式地上式室外消火栓，严寒地区宜增设消防水鹤。当采用地下式室外消火栓，地下消火栓井的直径不宜小于1.5m，且当地下式室外消火栓的取水口在冰冻线以上时，应采取保温措施。地下式市政消火栓应有明显的永久性标志。

（2）市政消火栓宜采用直径DN150mm的室外消火栓，且室外地上式消火栓应有一个直径为150mm或100mm和两个直径为65mm的栓口。室外地下式消火栓应有直径为100mm和65mm的栓口各一个，并应有明显的标志。

（3）市政消火栓宜在道路的一侧设置，并宜靠近十字路口，但当市政道路宽度大于60m时，应在道路的两侧交叉错落设置市政消火栓。

（4）市政桥桥头和城市交通隧道出入口等市政公用设施处，应设置市政消火栓。

（5）市政消火栓的保护半径不应超过150m，间距不大于120m。

（6）市政消火栓应布置在消防车易于接近的人行道和绿地等地点，且不应妨碍交通。应避免设置在机械易撞击的地点，确有困难时，应采取防撞措施。市政消火栓距路边不宜小于0.5m，并不应大于2m，距建筑外墙或外墙边缘不宜小于5m。

（7）当市政给水管网设有市政消火栓时，其平时运行工作压力不应小于0.14MPa，发生火灾时水力最不利市政消火栓的出流量不应小于15L/s，且供水压力从地面算起不应小于0.10MPa。

（8）严寒地区在城市主要干道上设置消防水鹤的布置间距宜为1000m，连接消防水鹤的市政给水管的管径不宜小于DN200mm。发生火灾时消防水鹤的出流量不宜小于30L/s，且供水压力从地面算起不应小于0.10MPa。

B　室外消火栓的设置要求

建筑或建筑小区室外消火栓的规格型号应与市政消火栓的规格型号相同，同时其设置应满足以下要求：

（1）室外消火栓的数量应根据室外消火栓设计流量和保护半径计算确定，保护半径不应大于150m，每个室外消火栓的出流量应按10~15L/s计算。

（2）室外消火栓宜沿建筑物周围均匀布置，且不宜集中布置在建筑一侧；建筑消防扑救面一侧的室外消火栓数量不宜小于2个。

（3）人防工程、地下工程等建筑应在出入口附近设置室外消火栓，距出入口的距离不宜小于5m，并不宜大于40m；停车场的室外消火栓宜沿停车场周边设置，与最近一排汽车的距离不宜小于7m，距加油站或油库不宜小于15m。

（4）甲、乙、丙类液体储罐区和液化烃罐罐区等构筑物的室外消火栓，应设在防火堤或防护墙外，数量应根据每个罐的设计流量经计算确定，但距罐壁15m范围内的消火栓，不应计算在该罐可使用的数量内。

（5）工艺装置区等采用高压或临时高压消防给水系统的场所，其周围应设置室外消火栓，数量应根据设计流量经计算确定，且间距不应大于60m。当工艺装置区宽度大于120m时，宜在该装置区内的路边设置室外消火栓。

（6）当工艺装置区、罐区、堆场、可燃气体和液体码头等构筑物的面积较大或高度较高，室外消火栓的充实水柱无法完全覆盖时，宜在适当部位设置室外固定消防炮。

（7）当工艺装置区、储罐区、堆场等构筑物采用高压或临时高压消防给水系统时，其室外消火栓处宜配置消防水带和消防水枪，工艺装置区等需要设置室内消火栓的场所，应设置在工艺装置休息平台处。

（8）当室外消防给水引入管设有倒流防止器且发生火灾时因其水头损失导致室外消火栓不能满足要求时，应在该倒流防止器前设置一个室外消火栓。

（9）建筑物的室外消火栓、阀门等设置地点应设置相应的永久性固定标志。

6.3.3 室内消防给水管道

6.3.3.1 消火栓设置原则

（1）应设置室内消火栓系统的场所。

1）建筑占地面积大于300m^{2}的厂房（仓库）。

2）体积大于5000m^{3}的车站、码头、机场的候车（船、机）楼以及展览、商店、旅馆、医疗和图书馆等单、多层建筑。

3）特等、甲等剧场，超过800个座位的其他等级的剧场和电影院等，超过1200个座位的礼堂、体育馆等单、多层建筑。

4）建筑高度大于15m或体积大于10000m^{3}的办公建筑、教学建筑和其他单、多层民用建筑。

5）建筑高度大于21m的住宅。

6）建筑高度不大于27m的住宅建筑，当确有困难时，可只设置干式消防竖管和不带消火栓箱的DN65mm的室内消火栓。

（2）宜设置室内消火栓系统的场所。国家级文物保护单位的重点砖木或木结构的古建筑。

（3）可不设室内消火栓系统的场所：

1）存有与水接触能引起燃烧、爆炸的物品的建筑物和室内没有生产、生活给水管道，室外消防用水取自储水池且建筑体积小于等于5000m^{3}的其他建筑。

2）耐火等级为一、二级且可燃物较少的单层、多层丁、戊类厂房（仓库）。

3）耐火等级为三、四级且建筑体积小于或等于3000m^{3}的丁类厂房和建筑体积小于或等于5000m^{3}的戊类厂房（仓库）。

4）粮食仓库、金库以及远离城镇且无人值班的独立建筑。

（4）人员密集的公共建筑、建筑高度大于100m的建筑和建筑面积大于200m^{2}的商业服务网点内应设置消防软管卷盘或轻便消防水龙。高层住宅建筑的户内宜配置轻便消防水龙。

6.3.3.2 室内消火栓系统及设置要求

A 室内消火栓设备的组成

室内消火栓箱将室内消火栓、水带、水枪及火灾报警按钮等集装于其中，如图6-3所示。

根据室内美观要求，箱体安装方式有嵌墙式安装、半嵌墙式安装和明装三

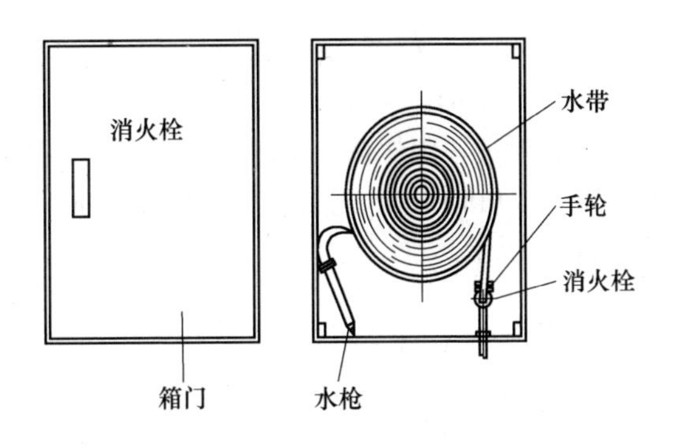

图 6-3 消火栓箱示意图

种。通常消火栓安装在箱体下部，出水口面向前方；水带折放在框架内，也可双层围绕于水带转盘上；水枪安装于水带转盘旁边弹簧卡上。消火栓箱门可采用任意材料制作，但必须保证火灾时能及时打开。

B 室内消火栓的保护半径

室内消火栓栓口处应具有一定的压力，以保证水枪充实水柱有一定的长度。在火灾扑救过程中，水枪射流起灭火作用的仅仅是它的紧密部分。密集射流中这一紧密不分散的射流段称为充实水柱。充实水柱的长度又称为有效射程。一般规定，对于手提式水枪，其有效射程为由喷嘴至密集射流 90% 的水量穿过直径 38cm 的圆形处的一段密集射流的长度。

室内消火栓的保护半径与水带在地面的铺设长度、房间层高和水枪充实水柱在地面的水平投影有关，如图 6-4 所示。

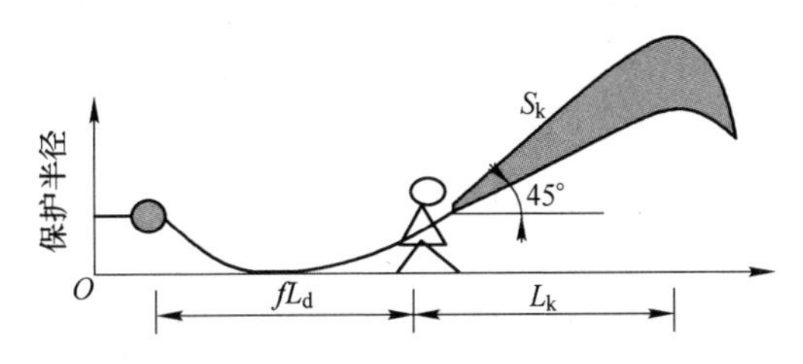

图 6-4 消火栓保护半径示意图

保护半径可按式（6-5）计算：

$$R_f = fL_d + L_k \tag{6-5}$$

式中 R_f ——室内消火栓的保护半径，m；

f ——水带铺设系数，一般取值为 0.8~0.9；

L_d ——一条水带的实际长度，m；

L_k ——水带充实水柱在平面上的投影长度，m，可按式（6-6）计算：

$$L_k = S_k \cos\alpha \tag{6-6}$$

式中 S_k——水枪充实水柱，m；

α——水枪射流上倾角，由层高、充实水柱确定，一般不超过45°，在最不利情况下，可稍大些，但最大不能超过60°。

水枪充实水柱如图6-5所示。

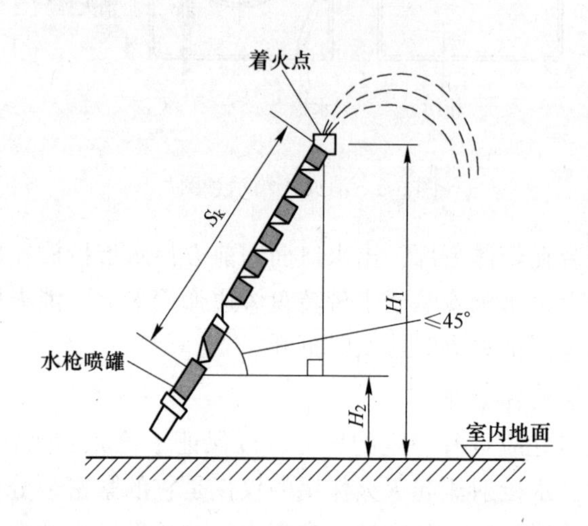

图6-5 水枪充实水柱

C 室内消火栓的布置间距

（1）布置原则。应满足同一平面有2支消防水枪的2股充实水柱同时到达任何部位的要求，但建筑高度不大于24m且体积不大于5000m³的多层仓库、建筑高度不大于54m且每单元设置一部疏散楼梯的住宅，以及规范规定可采用1支消防水枪的场所，可采用1支消防水枪的1股充实水柱到达室内任何部位。

（2）布置间距：

1）一股水枪充实水柱到达室内任何部位。如图6-6所示，当防火分区较小，设一排消火栓即可。规范要求有一股水柱到达室内任何部位时，消火栓间距按式（6-7）计算：

$$L_f \leqslant 2\sqrt{R_f^2 - b_f^2} \tag{6-7}$$

式中 L_f——室内消火栓布置间距，m；

R_f——室内消火栓保护半径，m；

b_f——室内消火栓最大保护宽度，m。

2）两股水枪充实水柱同时到达室内任何部位。如图6-7所示，要求同层相邻两个消火栓的水枪充实水柱同时到达室内任何部位，消火栓的布置间距可按式（6-8）计算：

$$L_f \leqslant \sqrt{R_f^2 - b_f^2} \tag{6-8}$$

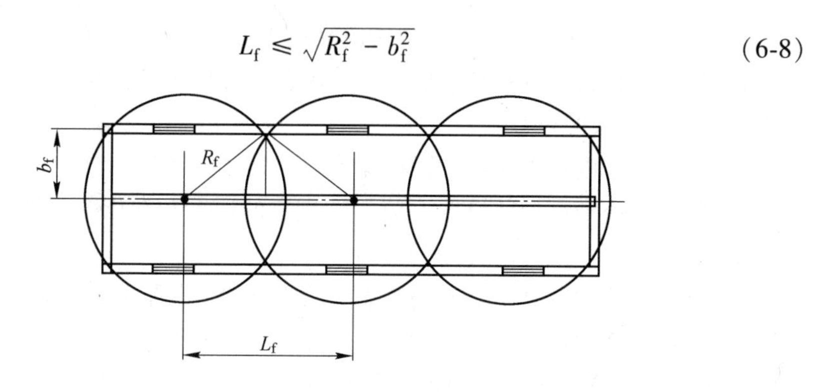

图 6-6 一股水枪充实水柱到达室内任何部位消火栓布置

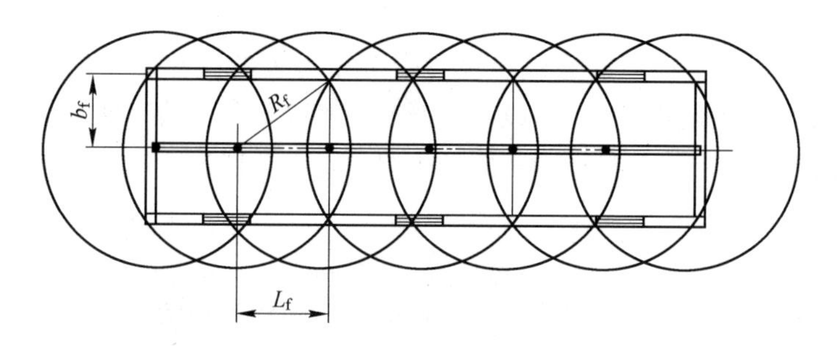

图 6-7 两股水枪充实水柱同时到达室内任何部位消火栓布置

D 室内消火栓的设置要求

室内消火栓的选型应根据使用者、火灾类型、火灾危险性和不同灭火功能等因素综合确定。其设置应符合下列要求：

（1）应采用 DN65mm 的室内消火栓，并可与消防软管卷盘或轻便水龙设置在同一箱体内。配置公称直径 65mm 有内衬里的消防水带，长度不宜超过 25m；宜配置喷嘴当量直径 16mm 或 19mm 的消防水枪，但当消火栓设计流量为 2.5L/s 时，宜配置喷嘴当量直径 11mm 或 13mm 的消防水枪。

（2）设置室内消火栓的建筑，包括设备层在内的各层均应设置消火栓。

（3）屋顶设有直升机停机坪的建筑，应在停机坪出入口处或非电气设备机房处设置消火栓，且距停机坪机位边缘的距离不应小于 5.0m。

（4）消防电梯前室应设置室内消火栓，并应计入消火栓使用数量。

（5）室内消火栓的布置应满足同一平面有 2 支消防水枪的 2 股充实水柱同时到达任何部位的要求，但建筑高度小于或等于 24.0m 且体积小于或等于 5000m^3 的多层仓库、建筑高度小于或等于 54m 且每单元设置一部疏散楼梯的住宅，以及可采用 1 支消防水枪的 1 股充实水柱到达室内任何部位。

（6）建筑室内消火栓的设置位置应满足火灾扑救要求，并应符合下列规定：

1）室内消火栓应设置在楼梯间及其休息平台和前室、走道等明显易于取用，以及便于火灾扑救的位置。

2）住宅的室内消火栓宜设置在楼梯间及其休息平台。

3）汽车库内消火栓的设置不应影响汽车的通行和车位的设置，并应确保消火栓的开启。

4）同一楼梯间及其附近不同层设置的消火栓，其平面位置宜相同。

5）冷库的室内消火栓应设置在常温穿堂或楼梯间内。

（7）建筑室内消火栓栓口的安装高度应便于消防水龙带的连接和使用，其距地面高度宜为1.1m，其出水方向应便于消防水带的敷设，并宜与设置消火栓的墙面成90°或向下。

（8）设有室内消火栓的建筑应设置带有压力表的试验消火栓，其设置位置对于多层和高层建筑应在其屋顶设置，严寒、寒冷等冬季结冰地区可设置在顶层出口处或水箱间内等便于操作和防冻的位置；对于单层建筑宜设置在水力最不利处，且应靠近出入口。

（9）室内消火栓宜按直线距离计算其布置间距，对于消火栓按两支消防水枪的两股充实水柱布置的建筑物，消火栓的布置间距不应大于30m；对于消火栓按1支消防水枪的1股充实水柱布置的建筑物，消火栓的布置间距不应大于50m。

（10）建筑高度不大于27m的住宅，当设置消火栓系统时，可采用干式消防竖管。干式消防竖管宜设置在楼梯间休息平台，且仅应配置消火栓栓口，干式消防竖管应设置消防车供水接口，消防车供水接口应设置在首层便于消防车接近和安全的地点，竖管顶端应设置自动排气阀。

（11）住宅户内宜在生活给水管道上预留一个接DN15mm消防软管或轻便水龙的接口。跃层住宅和商业网点的室内消火栓应至少满足1股充实水柱到达室内任何部位，并宜设置在户门附近。

（12）消火栓栓口动压不应大于0.50MPa，当大于0.70MPa时，必须设置减压装置。

（13）高层建筑、厂房、库房和室内净空高度超过8m的民用建筑等场所，消火栓栓口动压不应小于0.35MPa，且消防水枪充实水柱应达到13m；其他场所的消火栓栓口动压不应小于0.25MPa，且消防水枪充实水柱应达到10m。

E　室内消防管道的设置要求

室内消防给水管网是室内消火栓系统的重要组成部分，为确保供水安全可靠，其布置时应符合下列规定：

（1）室内消火栓系统管网应布置成环状，当室外消火栓设计流量不大于20L/s，且室内消火栓不超过10个时，除现行国家标准《消防给水及消火栓系统技术规范》（GB 50974—2014）第8.1.2条规定外，可布置成枝状。

（2）当由室外生产生活消防合用系统直接供水时，合用系统除应满足室外消防给水设计流量以及生产和生活最大小时设计流量的要求外，还应满足室内消防给水系统的设计流量和压力要求。

（3）室内消防管道管径应根据系统设计流量、流速和压力要求经计算确定；室内消火栓竖管管径应根据管径最低流量经计算确定，但不应小于DN100mm。

（4）室内消火栓竖管应保证检修管道时关闭停用的竖管不超过1根，当竖管超过4根时，可关闭不相邻的2根。每根竖管与供水横干管相接处应设置阀门。

（5）室内消火栓给水管网宜与自动喷水等其他水灭火系统的管网分开设置；当合用消防泵时，供水管路沿水流方向应在报警阀前分开设置。

6.3.4 消防给水设施

6.3.4.1 消防水泵接合器

水泵接合器是供消防车向消防给水管网输送消防用水的预留接口。它既可以补充消防水量，也可用于提高消防给水管网的水压。在发生火灾时，当建筑物内的消防水泵发生故障或室内消防用水不足时，消防车从室外取水通过水泵接合器将水送到室内消防给水管网，供灭火使用。水泵接合器由阀门、安全阀、止回阀、栓口放水阀及连接弯管等组成。水泵接合器组件的排列次序应合理，按水泵接合器给水的方向，依次是止回阀、安全阀和阀门。消防水泵接合器的设置应符合下列规定：

（1）高层民用建筑、设有消防给水的住宅、超过五层的其他多层民用建筑、超过2层或建筑面积大于10000m^2的地下或半地下建筑（室）、室内消火栓设计流量大于10L/s平战结合的人防工程、高层工业建筑和超过四层的多层工业建筑、城市交通隧道、自动喷水灭火系统、水喷雾灭火系统、泡沫灭火系统和固定消防炮灭火系统等水灭火系统，均应设置消防水泵接合器。

（2）消防水泵接合器的给水流量宜按每个10～15L/s的流量计算。每种水灭火系统的消防水泵接合器设置的数量应按系统设计流量经计算确定，但当计算数量超过3个时，可根据供水可靠性适当减少。

（3）消防给水为竖向分区供水时，在消防车供水压力范围内的分区，应分别设置水泵接合器；当建筑高度超过消防车供水高度时，消防给水应在设备层等方便操作的地点设置手抬泵或移动泵接力供水的吸水和加压接口。

（4）水泵接合器应设在室外便于消防车使用的地点，且距室外消火栓或消防水池的距离不宜小于15m，并不宜大于40m。

(5) 墙壁式消防水泵接合器的安装高度距地面宜为 0.7m，与墙面上的门、窗、孔、洞的净距离不应小于 2.0m，且不应安装在玻璃幕墙下方。地下消防水泵接合器的安装，应使进水口与井盖底面的距离不大于 0.4m，且不应小于井盖的半径。

(6) 水泵接合器处应标注每个水泵接合器的供水系统名称、设置永久性标志铭牌，并应标明供水系统、供水范围和额定压力。

6.3.4.2　消防水泵

消防水泵是消防给水系统的心脏，在消防给水系统中（包括消火栓系统、喷淋系统和水幕系统等）用于保证系统给水压力和水量的给水泵。消防转输泵是指在串联消防泵给水系统和重力消防给水系统中用于提升水源至中间水箱或消防高位水箱的给水泵。

在临时高压消防给水系统、稳高压消防给水系统中均需设置消防泵。在串联消防给水系统和重力消防给水系统中，除了需设置消防泵外，还需设置消防转输泵。消火栓给水系统与自动喷水灭火系统宜分别设置消防泵。

消防水泵和消防转输泵的设置均应设置备用泵。备用泵的工作能力不应小于最大一台消防工作泵。自动喷水灭火系统可按用一备一或用两备一的比例设置备用泵。

根据《建筑设计防火规范》的规定，下列情况下可不设备用泵：

(1) 当工厂、仓库、堆场和储罐的室外消防用水量小于等于 25L/s。

(2) 建筑的室内消防用水量小于等于 10L/s 时，可不设置备用泵。

6.3.4.3　消防水池和消防水箱

(1) 消防水池。在市政给水管道、进水管道或天然水源不能满足消防用水量，以及当市政给水管道为枝状或只有一条进水管的情况下，室外消火栓设计流量大于 20L/s 或建筑高度大于 50m 的建（构）筑物应设消防水池。不同建（构）筑物设置的消防水池，其有效容量应根据国家相关消防技术标准经计算确定。

(2) 消防水箱。采用临时高压消防给水系统的建筑物应设置高位消防水箱。设置消防水箱的目的主要有两个：一是提供系统启动初期的消防用水量和水压，在消防泵出现故障的紧急情况下应急供水，确保喷头开放后立即喷水，以及时控制初期火灾，并为外援灭火争取时间；二是利用高位差为系统提供准工作状态下所需的水压，以达到管道内充水并保持一定压力的目的。设置常高压给水系统并能保证最不利点消火栓和自动喷水灭火系统等的水量和水压的建筑物，或设置干式消防竖管的建筑物，可不设置消防水箱。

6.3.5　露天装置区消防给水

石油化工企业露天装置区有大量高温、高压（或负压）的可燃液体或气体，金属设备、塔器等，一旦发生火警，必须及时冷却防止火势扩大，故应设灭火、冷却消防给水设施。

（1）消防供水竖管。即输送泡沫液或消防水的主管，根据需要设置，在平台上应有接口，在竖管旁设消防水带箱，备齐水带、水枪和泡沫管枪。

（2）冷却喷淋设备。当塔器、容器的高度超过30m时，为确保火灾时及时冷却，宜设固定冷却设备。

（3）消防水幕。有些设备在不正常情况下会泄出可燃气体，有的设备则具有明火或高温，对此可采用水幕分隔保护，也有用蒸汽幕的。消防水幕应具有良好的均匀连续性。喷头压力一般在0.3MPa以上，供水强度不小于0.34L/(s·m^2)。

（4）带架水枪。在危险性较大且本体较高的设备四周，宜设置固定的带架水枪。一般情况，炼制塔群和框架上的容器除有喷淋、水幕设施外，应再设带架水枪。

厂内除设置全厂性的消防设施外，还应设置小型灭火机和其他简易的灭火器材。其种类及数量，应根据场所的火灾危险性、占地面积及有无其他消防设施等情况，综合全面考虑。

6.3.6　消防站

消防站是消防力量的固定驻地。油田、石油化工厂、炼油及其他大型企业，应建立本厂的消防站。其布置应满足消防队接到火警后5min内消防车能到达消防管辖区（或厂区）最远点的甲、乙、丙类生产装置、厂房或库房；按行车距离计，消防站的保护半径不应大于2.5km，对于丁类、戊类火灾危险性场所，也不宜超过4km。消防车辆应按扑救工厂一处最大火灾的需要进行配备。消防站应装设可受理不少于两处同时报警的火灾受警录音电话，且应设置无线通信设备。

6.4　自动喷水灭火系统

6.4.1　火灾危险等级划分

自动喷水灭火系统设置场所的火灾危险等级，应根据其用途、容纳物品的火灾荷载、室内空间条件、人员密集程度等因素，在分析火灾特点和热气流驱动喷头开放及喷水到位的难易程度后确定。自动喷水灭火系统设置场所的火灾危险等级，共分为4类8级，即轻危险级、中危险级（Ⅰ、Ⅱ级）、严重危险级（Ⅰ、Ⅱ级）和仓库危险级（Ⅰ、Ⅱ、Ⅲ级）。

（1）轻危险级。一般指可燃物品较少、可燃性低、外部增援和人员疏散较容易的场所。

(2) 中危险级。一般指内部可燃物数量及其可燃性为中等，火灾初期不会引起剧烈燃烧的场所。大部分民用、工业建筑划归中危险级。根据此类场所种类多、范围广的特点，可以进一步细划为中危险级Ⅰ级和中危险级Ⅱ级。由于商场内物品密集、人员集中，发生火灾频率较高，容易酿成大火，造成群死群伤和巨额财产损失的严重后果，因此，将大型商场列入中危险级Ⅱ级。

(3) 严重危险级。一般指火灾危险性大且可燃物品数量多，火灾时容易引起猛烈燃烧并可能迅速蔓延的场所。除摄影棚、舞台葡萄架下部外，包括存在较多数量易燃固体、液体物品工厂的备料和生产车间等。严重危险级分为严重危险级Ⅰ级和严重危险级Ⅱ级。

(4) 仓库火灾危险级。根据仓库储存物品及其包装材料的火灾危险性，将仓库火灾危险等级划分为Ⅰ、Ⅱ、Ⅲ级。

各种设置场所的火灾危险等级举例见附录C。表中未列出的场所，设计时可根据其具体情况，参考表中同类设置场所类比确定。当建筑物内各场所的火灾危险性及灭火难度存在较大差异时，宜按各场所的实际情况确定系统选型与火灾危险等级。

6.4.2 系统分类

自动喷水灭火系统按喷头形式分为闭式和开式两类。

闭式系统是指系统中喷头常闭，火灾发生后，在高温、火、烟作用下喷头动作开始喷水灭火。根据系统的用途和配置状况，闭式系统又分湿式系统、干式系统、预作用系统、重复启闭预作用系统和防护冷却系统等。

开式系统中喷头常开，管网中平时无水，火灾发生时，所有喷头同时喷水达到灭火或防护冷却的目的。根据使用目的不同，开式系统又分雨淋系统、水幕系统等。

自动喷水灭火系统是由洒水喷头、报警阀组、水流报警装置（水流指示器或压力开关）等组件，以及管道、供水设施组成，并能在发生火灾时喷水的自动灭火系统。自动喷水灭火系统在保护人身和财产安全方面具有安全可靠、经济实用、灭火成功率高等优点，广泛应用于工业建筑和民用建筑。

6.4.2.1 湿式自动喷水灭火系统

A 系统组成

湿式自动喷水灭火系统（以下简称湿式系统）是应用最广泛的自动喷水灭火系统之一。湿式系统由闭式喷头、湿式报警阀组、水流指示器或压力开关、末端试水装置、供水与配水管道以及供水设施等组成，如图6-8所示，在准工作状态时报警阀前后管道中始终充满有压水，故称为湿式系统。

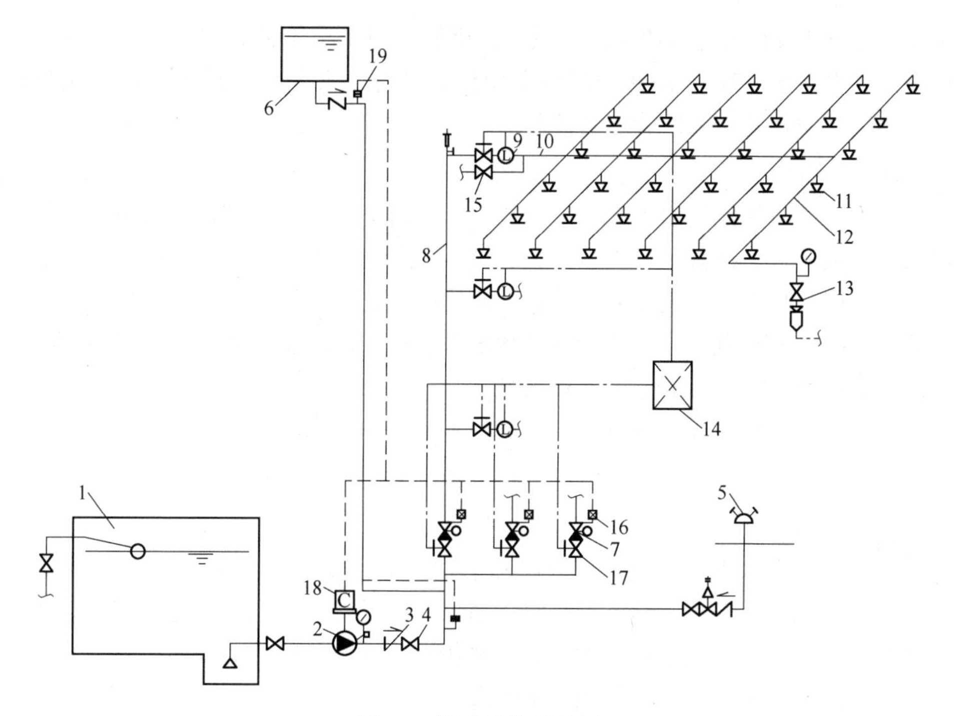

图 6-8 湿式系统示意图

1—消防水池；2—消防水泵；3—止回阀；4—闸阀；5—消防水泵接合器；
6—高位消防水箱；7—湿式报警阀组；8—配水干管；9—水流指示器；10—配水管；
11—闭式洒水喷头；12—配水支管；13—末端试水装置；14—报警控制器；
15—泄水阀；16—压力开关；17—信号阀；18—水泵控制柜；19—流量开关

B 工作原理

湿式系统在准工作状态时，由消防水箱或稳压泵、气压给水设备等稳压设施维持管道内的充水压力。发生火灾时，环境温度升高，闭式喷头内感温元件感应后破裂或脱落，喷头动作并开始喷水灭火，此时，管网中的水由静止变为流动，水流指示器动作并发出电信号，报警控制器上将显示出起火区域的信息。由于持续喷水泄压造成湿式报警阀阀瓣上部水压低于下部水压，在压力差的作用下，原来处于关闭状态的湿式报警阀自动开启，压力水通过湿式报警阀流向管网。随着报警阀的开启，报警信号管路打开，压力水打开通向水力警铃的通道，延迟器充满水后，水力警铃发出声响警报，高位消防水箱流量开关或系统管网压力开关动作并输出信号直接启动消防水泵，向系统加压供水，达到持续自动喷水灭火的目的。

C 适用范围

湿式系统适用于环境温度不低于 4℃且不高于 70℃的能用水灭火的场所。如果在温度低于4℃的场所使用湿式系统，可能出现系统管道和组件内充水冰冻的危险；如果在温度高于70℃的场所采用湿式系统，可能存在系统管道和组件内充水蒸气压力升高而破坏管道的危险。

D 系统特点

湿式系统与其他喷水灭火系统相比，结构简单，施工和维护管理方便，使用可靠，灭火及时，扑救和控火效率高，建设投资和经常性的维护管理费用较低，应用范围广，是世界上使用时间最长、应用最广泛的一种灭火系统。但是由于系统管网中始终充有有压水，故当系统渗漏时会损坏建筑装饰和影响建筑的使用。

6.4.2.2 干式自动喷水灭火系统

干式系统是在湿式系统基础上发展起来的一种闭式系统，配水管网中平时没有水，而是充满了用于启动系统的有压气体，故称为干式系统。

A 系统组成

干式自动喷水灭火系统（以下简称干式系统）由闭式喷头、干式报警阀组、水流指示器或压力开关、供水与配水管道、充气设备以及供水设施等组成。干式系统的启动原理与湿式系统相似，只是将传输喷头开放信号的介质由有压水改为有压气体。干式系统的组成如图6-9所示。

B 工作原理

在准工作状态时，干式报警阀前（水源侧）的管道内充以压力水，报警阀出口后（系统侧）的管道内充满有压气体（通常采用压缩空气），报警阀处于关闭状态。发生火灾时，环境温度升高，闭式喷头的热敏元件动作，闭式喷头开启，管道中的有压气体从喷头喷出，干式阀系统侧压力下降，造成干式报警阀水源侧压力大于系统侧压力，干式报警阀被自动打开，压力水进入供水管道，将剩余压缩空气从系统立管顶端或横干管最高处的排气阀和已开启的喷头处喷出，然后喷水灭火。在干式报警阀被打开的同时，通向水力警铃和压力开关的通道也被打开，水流冲击水力警铃和压力开关，水力警铃发出声响警报，压力开关动作并输出起泵信号，启动系统消防水泵供水。

C 适用范围

干式系统适用于环境温度低于4℃或高于70℃的能用水灭火的场所，或适用于采暖期长而建筑内无采暖的场所，如寒冷地区不采暖的地下车库和库房等。

D 主要特点

干式系统虽然解决了湿式系统不适用于高、低温环境场所的问题，但由于准工作状态时配水管道内无水，喷头动作、系统启动必须经过一个管道排气充水的过程，这会影响灭火的速度和效果，因此，干式系统的喷水灭火速度不如湿式系统快，灭火率也相对较低。干式系统报警阀后管网无水，可减少管网渗漏造成的

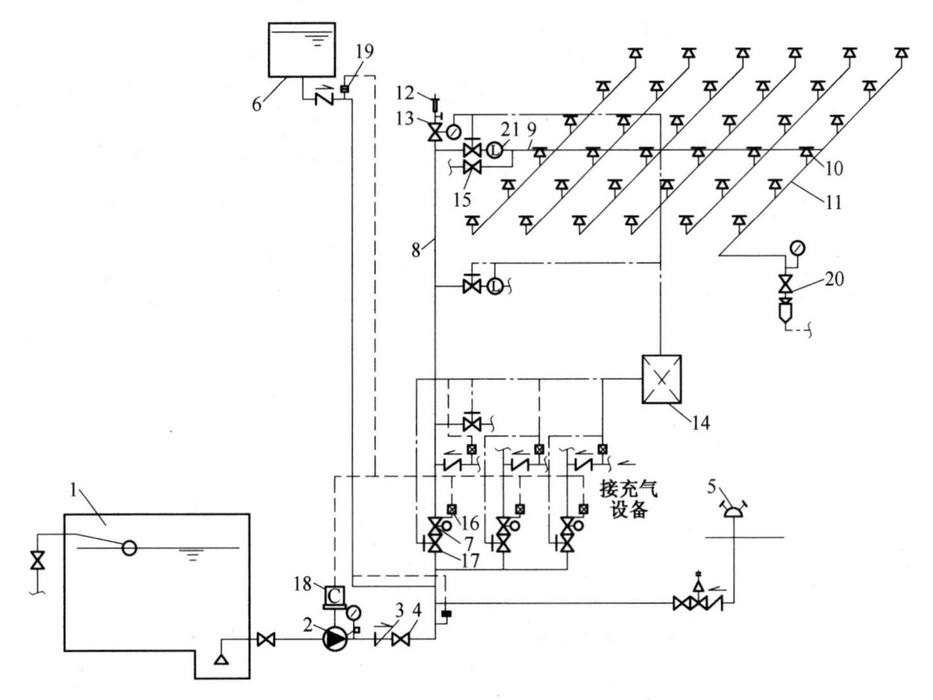

图 6-9　干式系统示意图

1—消防水池；2—消防水泵；3—止回阀；4—闸阀；5—消防水泵接合器；6—高位消防水箱；7—干式报警阀组；8—配水干管；9—配水管；10—闭式洒水喷头；11—配水支管；12—排气阀；13—电动阀；14—报警控制器；15—泄水阀；16—压力开关；17—信号阀；18—水泵控制柜；19—流量开关；20—末端试水装置；21—水流指示器

水渍损失，避免低温冻结和高温汽化的危险，不受环境温度制约。此外，为使压力水能尽快进入充气管网、缩短排气时间，干式系统应在管网顶端设快速排气阀，且排气阀入口前应设电磁阀。

干式系统需要使用专用干式下垂型或直立型喷头，并增加了一套充气设备，系统一次性投资比湿式系统高；同时，为保持管网内气压稳定、有压气体不泄漏，干式系统管理复杂，维护费用也高。基于此特点，干式系统在国内外应用较少。

6.4.2.3　预作用自动喷水灭火系统

预作用自动喷水灭火系统（以下简称预作用系统）由闭式喷头、预作用装置、水流报警装置、供水与配水管道、充气设备和供水设施等组成，在准工作状态时配水管道内不充水，发生火灾时，由火灾报警系统、充气管道上的压力开关联锁控制预作用装置和启动消防水泵，并转换为湿式系统。预作用系统与湿式系统、干式系统的不同之处在于，系统采用预作用装置，并配套设置火灾自动报警系统。预作用系统的组成如图 6-10 所示。

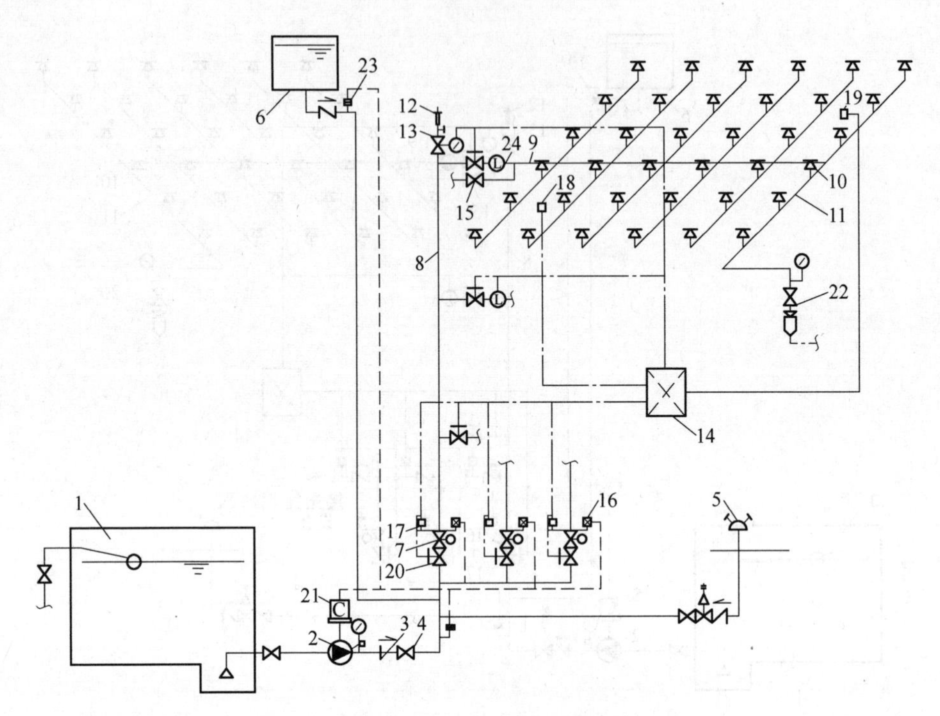

图 6-10 预作用系统示意图

1—消防水池；2—消防水泵；3—止回阀；4—闸阀；5—消防水泵接合器；6—高位消防水箱；7—预作用装置；8—配水干管；9—配水管；10—闭式洒水喷头；11—配水支管；12—排气阀；13—电动阀；14—报警控制器；15—泄水阀；16—压力开关；17—电磁阀；18—感温探测器；19—感烟探测器；20—信号阀；21—水泵控制柜；22—末端试水装置；23—流量开关；24—水流指示器

A 工作原理

系统处于准工作状态时，由消防水箱或稳压泵、气压给水设备等稳压设施维持雨淋阀入口前管道内充水的压力，雨淋阀后的管道内平时无水或充以有压气体。发生火灾时，由火灾自动报警系统自动开启雨淋报警阀，配水管道开始排气充水，使系统在闭式喷头动作前转换成湿式系统，并在闭式喷头开启后立即喷水。

B 适用范围

预作用系统可消除干式系统在喷头开放后延迟喷水的弊病，因此预作用系统可在低温和高温环境中替代干式系统。系统处于准工作状态时，严禁管道漏水、严禁系统误喷的忌水场所，应采用预作用系统。

C 主要特点

预作用系统同时具备干式系统和湿式系统的特点，克服了干式喷水灭火系统控火灭火率低、湿式系统产生水渍的缺陷；可以代替干式系统提高灭火速度和效率，也可代替湿式系统，用于管道和喷头易于被损坏，产生误喷和漏水，造成严重水渍的场所。预作用系统还具备早期报警和自动检测功能，能随时发现系统中的渗漏和损坏情况，从而提高了系统的安全可靠性。但是预作用系统比湿式或干式系统多一套自动探测报警和自动控制系统，构造较复杂，建设投资多。

6.4.2.4 防护冷却系统

由闭式洒水喷头、湿式报警阀组等组成，发生火灾时用于冷却防火卷帘、防火玻璃墙等防火分隔设施的闭式系统。

当防火卷帘、防火玻璃墙等防火分隔设施需采用防护冷却系统保护时，喷头应根据可燃物的情况，在防火分隔设施的一侧或两侧布置；外墙可只在需要保护的一侧布置。

当采用防护冷却系统保护防火卷帘、防火玻璃墙等防火分隔设施时，系统应独立设置，喷头设置高度不应超过 8m；当设置高度为 4~8m 时，应采用快速响应洒水喷头；喷头设置高度不超过 4m 时，喷水强度不应小于 0.5L/(s·m)；当超过 4m 时，每增加 1m，喷水强度应增加 0.1L/(s·m)；喷头的设置应确保喷洒到被保护对象后布水均匀，喷头间距应为 1.8~2.4m；喷头溅水盘与防火分隔设施的水平距离不应大于 0.3m，与顶板的距离应符合《自动喷水灭火系统设计规范》(GB 50084—2017) 的要求；持续喷水时间不应小于系统设置部位的耐火极限要求。

6.4.2.5 雨淋系统

雨淋灭火系统为喷头常开的灭火系统，当建筑物发生火灾时，由火灾自动报警系统或传动管控制，自动开启雨淋报警阀并启动供水泵后，使整个保护区域所有喷头喷水灭火，形似下雨降水，故称为雨淋系统。

A 系统组成

雨淋自动喷水灭火系统由开式喷头、雨淋报警阀组、供水与配水管道以及供水设施等组成，与前几种系统的不同之处在于，雨淋系统采用开式喷头，由雨淋报警阀控制喷水范围，由配套的火灾自动报警系统或传动管控制雨淋报警阀组。雨淋系统有电动、液动和气动控制方式。

B 工作原理

雨淋系统由配套设置的火灾自动报警系统或传动管联动雨淋阀，由雨淋阀控制配水管道上的全部开式喷头同时喷水。发生火灾时，由火灾自动报警系统或传动管自动控制以自动开启雨淋报警阀，雨淋阀打开后，水同时流向报警管网，使水力警铃发出声响报警，在水压作用下，接通压力开关，启动消防水泵，向系统管网和喷头供水灭火。

C 系统特点

(1) 系统灭火控制面积大，出水量大，灭火及时。由于开式喷头向系统保护区域内同时喷水，能有效地控制火灾，防止火灾蔓延，耗水量也较大。

(2) 系统反应速度快，灭火效率高。由于采用火灾探测传动控制系统来开启系统，从火灾发生到探测装置动作并开启雨淋系统灭火的时间，比闭式系统喷头开启的时间短。

(3) 在实际应用中，系统形式的选择比较灵活。但不论哪种形式，其自动控制部分需要很高的可靠性，否则易产生误动作。因喷水面积过大，且没有过火之处也喷水，因此会造成极大的水渍损失，其应用应慎重。

D 适用范围

(1) 雨淋系统主要适用于需大面积喷水、快速扑灭火灾的特别危险场所。

(2) 火灾的水平蔓延速度快、闭式喷头的开放不能及时使喷水有效覆盖着火区域的场所。

(3) 设置场所净空高度超过一定高度，且必须迅速扑救初起火灾的保护场所。

(4) 火灾危险等级为严重危险级Ⅱ级的场所。

E 系统的控制方式

(1) 闭式喷头的充水或充气传动管控制。在系统保护区上方均匀布置闭式喷头，闭式喷头的配水管作为雨淋阀开启的传动控制管。一旦发生火灾，任一闭式喷头开启喷水，传动管中水压降低就会立即打开雨淋阀，开式系统便喷水。传动管内也可充压缩空气代替充水，启动雨淋阀，如图 6-11 所示。

(2) 电动控制。依靠保护区内火灾探测器的电信号，通过继电器开启传动管上的电磁阀，使传动管泄压，打开雨淋阀，向系统供水。为保证探测系统信号可靠，电磁阀应由 2 个独立设置的火灾探测器同时控制，如图 6-12 所示。

规模较小的雨淋系统中，还可以不设雨淋阀，改由电动阀或电磁阀直接控制：火灾探测信号通过电控装置启动水泵，打开电动阀，同时电动警铃报警。此外，火灾发生时，还可以按动应急操作按钮，紧急启动系统喷水灭火，或直接开启雨淋阀传动管上的手动快开阀，启动雨淋阀向管网供水。

(3) 手动控制。系统仅设手动控制阀门，是一种最简单的开式喷水系统。适用于工艺和所在场所危险性小、管道系统小（给水干管直径小于 50mm）、24 小时有人值班的场所。当发生火灾时，由人工及时打开旋塞，达到灭火的目的。

F 雨淋灭火系统的设置要求

(1) 当室外管网的流量和水压能满足室内最不利点灭火用水量和水压要求时，可不设屋顶水箱等贮水设施；当采用临时高压系统时，火灾初期 10min 的消

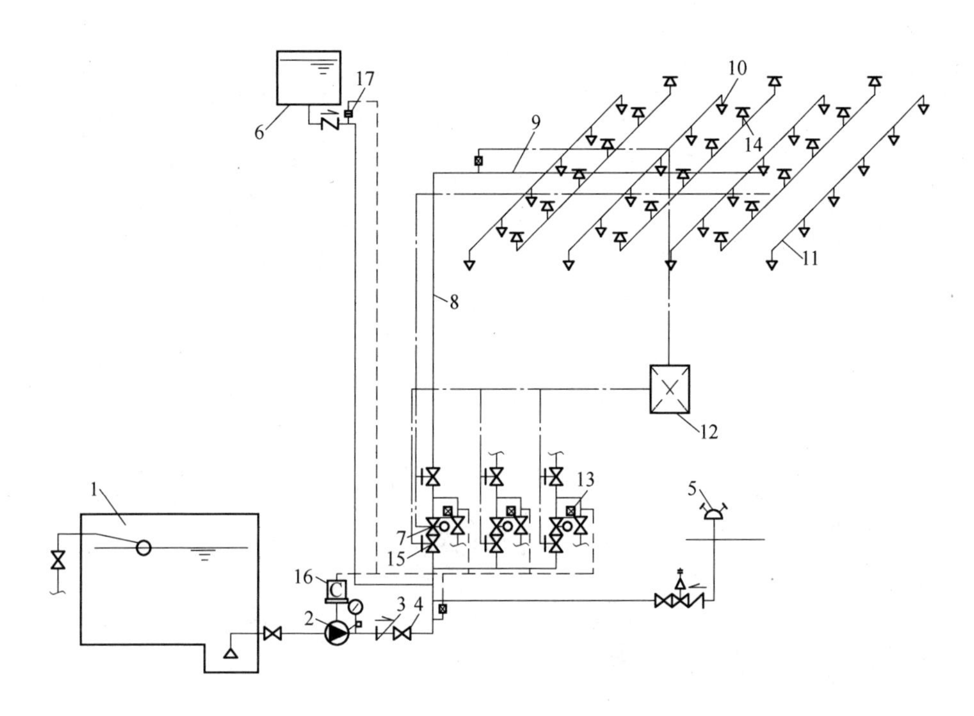

图 6-11　充液（水）传动管启动雨淋系统示意图

1—消防水池；2—消防水泵；3—止回阀；4—闸阀；5—消防水泵接合器；6—高位消防水箱；7—雨淋报警阀组；8—配水干管；9—配水管；10—开式喷头；11—配水支管；12—报警控制器；13—压力开关；14—闭式洒水喷头；15—信号阀；16—水泵控制柜；17—流量开关

防用水量可由屋顶水箱、局部增压设备等提供，然后再由消防水池和消防水泵主要供水设施提供，而水泵接合器则是系统不可缺少的补充供水设施。

（2）雨淋灭火系统的防护区内应采用相同的喷头。喷头一般采用正方形布置，并根据每个喷头的保护面积决定喷头的各种间距。系统中最不利点喷头的供水压力不应小于 0.05MPa。

（3）雨淋报警阀的设置与湿式报警阀基本相同。雨淋系统的雨淋阀组应设在环境温度大于 4℃、有排水设施的场所。其位置应尽量更靠近保护对象，尤其是舞台和摄影棚，以保证火灾发生时立即起动。

（4）在一组雨淋系统装置中，当雨淋阀超过 3 个时，雨淋阀前的供水干管应采用环状管网，并在其中设置检修闸阀，检修时关闭的雨淋阀数量不应超过 2 个。

（5）每根配水支管上装设的喷头不宜超过 6 个，每根配水干管上所接的配水支管数也不宜超过 6 根，以免影响配水的均匀性。管网系统在任何时间的压力波动不应超过工作压力的 10%，以免系统误动作。

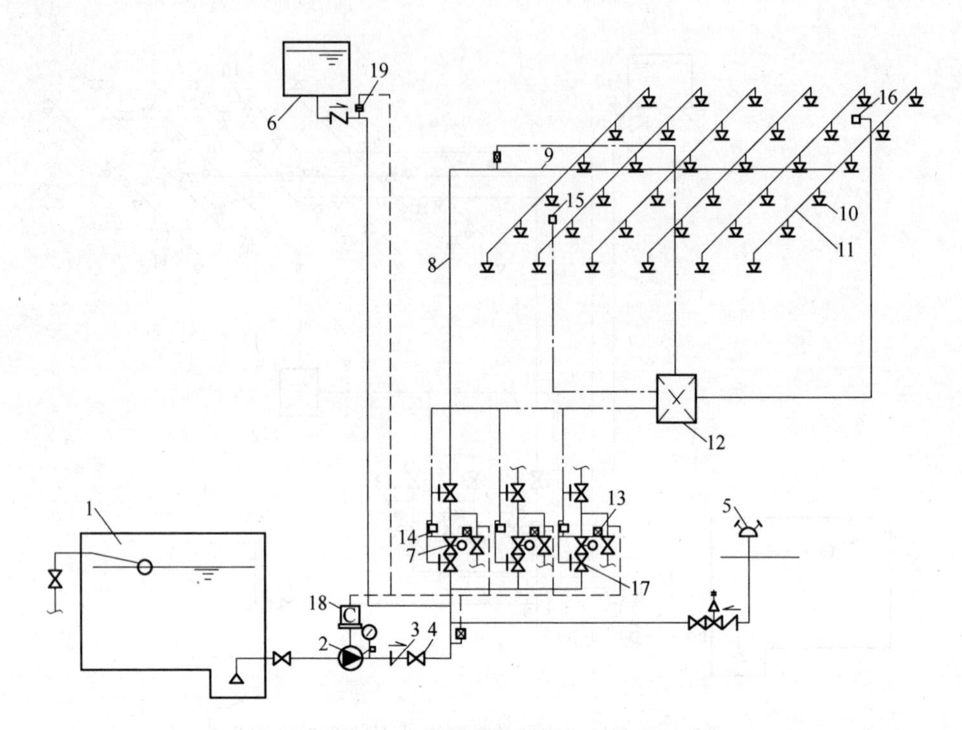

图 6-12　电动启动雨淋系统示意图

1—消防水池；2—消防水泵；3—止回阀；4—闸阀；5—消防水泵接合器；6—高位消防水箱；7—雨淋报警阀组；8—配水干管；9—配水管；10—开式洒水喷头；11—配水支管；12—报警控制器；13—压力开关；14—电磁阀；15—感温探测器；16—感烟探测器；17—信号阀；18—水泵控制柜；19—流量开关

6.4.2.6　水幕系统

水幕系统是利用水幕喷头密集喷洒所形成的水墙或水帘，起到挡烟、阻火和冷却防火分隔物作用的一种自动喷水灭火系统，也是自动喷水灭火系统中唯一一种不以灭火为主要目的的系统。

A　系统组成

水幕系统由开式洒水喷头或水幕喷头、雨淋报警阀组或感温雨淋报警阀组、供水与配水管道、控制阀、火灾探测控制装置及水流报警装置（水流指示器或压力开关）等组成。

B　工作原理

水幕系统的工作原理和控制方式与雨淋系统类似。发生火灾后，由火灾自动报警系统联动开启雨淋报警阀组，系统管网压力开关启动供水泵，然后系统通过水幕喷头喷水，进行阻火、隔火或冷却防火分隔物。与雨淋系统不同的是水幕系统雨淋阀后的配水管道是沿门、窗或孔洞的开口部位布置，采用特制的水幕喷头。

C 系统特点

(1) 主要目的不是直接灭火，而是利用密集喷洒形成的水墙或水帘，配合防火卷帘等分隔物，阻断烟气和火势的蔓延，同时水墙或水帘本身具有防火分隔作用，并利用水的冷却作用，保持分隔物在火灾中的完整性和隔热性。

(2) 水幕系统以水帘作为防火分隔物时，不影响火灾区的人员向外疏散，也不影响消防人员进入火区灭火。

(3) 水幕系统利用幕状水流吸收火灾产生的热量，并阻止火舌卷流和烟气的扩散，同时吸附烟气中的烟粒子及一些有害气体。

D 适用范围

根据阻火作用的不同，水幕系统分为防火分隔水幕和防护冷却水幕两种。

防火分隔水幕系统利用密集喷洒形成的水墙或多层水帘，可封堵防火分区处的孔洞，阻挡火灾和烟气的蔓延，因此适用于局部防火分隔处。例如商场营业厅、展览厅、剧院舞台等部位。

防护冷却水幕系统则利用喷水在物体表面形成的水膜，控制防火分区处分隔物的温度，使分隔物的完整性和隔热性免遭火灾破坏，因此，适用于对防火卷帘、防火玻璃墙等防火分隔设施的冷却保护，增强保护对象的耐火能力。

E 水幕系统设计要求

(1) 防火分隔水幕应采用开式洒水喷头或水幕喷头，防护冷却水幕应采用水幕喷头。

(2) 水幕作防护冷却使用时，喷头呈单排布置，设在防火卷帘、防火幕或其他保护对象的上方，并应保证水流均匀地喷向保护对象。

(3) 每排喷头之间的距离应根据水幕喷头的流量和设计喷水强度计算确定。

(4) 防火分隔水幕的喷头布置，应保证水幕的宽度不小于6m。采用水幕喷头时，喷头不应少于3排；采用开式洒水喷头时，喷头不应少于2排。防护冷却水幕的喷头宜布置成单排。

(5) 在同一配水支管上应布置相同口径的水幕喷头，以便于施工、维护管理和保证系统喷水均匀。

(6) 水幕系统的设计基本参数应符合表6-10的要求。

表6-10 水幕系统设计基本参数

水幕类别	喷水点高度/m	喷水强度/L·(s·m)$^{-1}$	喷头工作压力/MPa
防火分隔水幕	≤12	2	0.1
防护冷却水幕	≤4	0.5	

防护冷却水幕的喷水点高度每增加 1m，喷水强度应增加 0.1L/(s·m)，但超过 9m 时喷水强度仍采用 1.0L/(s·m)。

持续喷水时间不应小于系统设置部位的耐火极限要求。

6.4.3 系统主要组件及设置要求

6.4.3.1 洒水喷头

喷头是自动喷水灭火系统的主要组件。自动喷水灭火系统的火灾探测性能和灭火性能主要体现在喷头上。喷头在扑灭火灾时首先探测火灾，然后在保护面积上进行布水，以控制和扑灭火灾。

A 喷头类型

(1) 根据结构形式分类。

1) 闭式喷头。闭式喷头是带有热敏元件的喷头，喷水口由热敏元件组成的释放机构封闭。闭式喷头担负着探测火灾、启动系统和喷水灭火的任务，是系统中的关键组件。

2) 开式喷头。开式喷头无释放机构，喷口呈常开状态。各种喷头构造见图 6-13 所示。

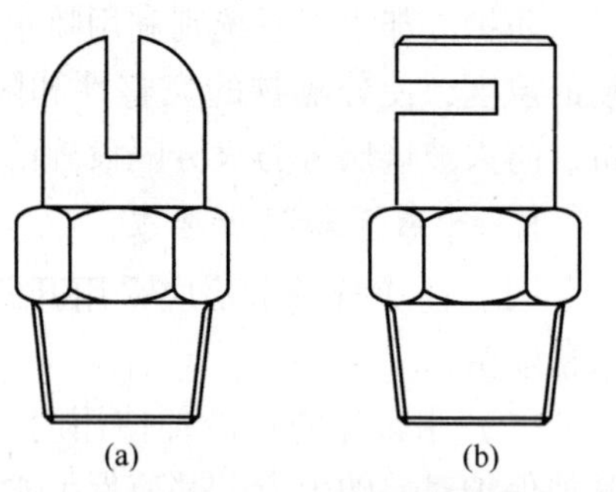

图 6-13 水幕喷头构造
(a) 下向喷布水；(b) 侧向喷布水

(2) 根据热敏元件分类。

1) 玻璃球喷头。玻璃球内充装的液体受热膨胀使玻璃球爆破而开启的喷头，如图 6-14所示。该喷头由喷水口、玻璃球、框架、溅水盘、密封垫等组成。玻璃球支撑喷水口的密封垫，其内充装一种彩色高膨胀性液体。发生火灾时，玻璃球内的液体受热膨胀，当达到公称动作温度时，玻璃球破裂成碎片，喷水口的密封垫失去支撑，阀盖脱落，压力水喷出灭火。玻璃球喷头一般用于美观要求较高的公共建筑和具有腐蚀性的场所。

2) 易熔元件喷头。通过易熔元件受热熔化而开启的喷头，如图 6-15 所示。该喷头热敏元件由易熔合金焊片与支撑构件焊在一起。火灾时在火焰或高温烟气的作用下，易熔合金片在预定温度下熔化，感温元件失去支撑，于是喷头开启灭火。易熔元件喷头用于外观要求不高，腐蚀性不大的工厂、仓库等。

根据国家标准《自动喷水灭火系统 第 1 部分：洒水喷头》（GB 5135.1—2003)，玻璃球喷头的公称动作温度分成 13 个温度等级，易熔合金元件喷头的公称动作温度分为 7 个温度等级。为了区分不同公称动作温度的喷头，将感温玻璃

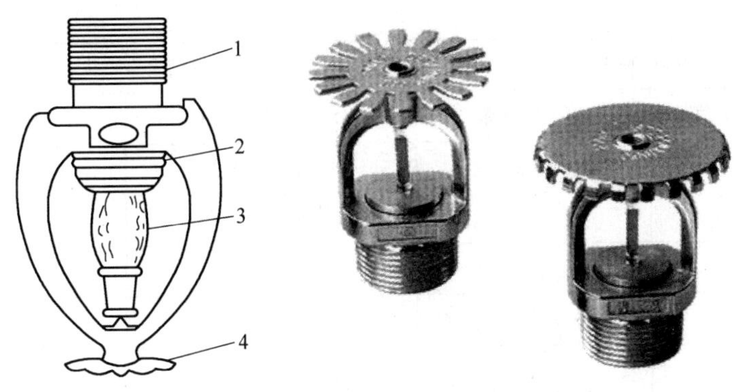

图 6-14 玻璃球洒水喷头示意图

1—喷头接口；2—密封垫；3—玻璃球；4—溅水盘

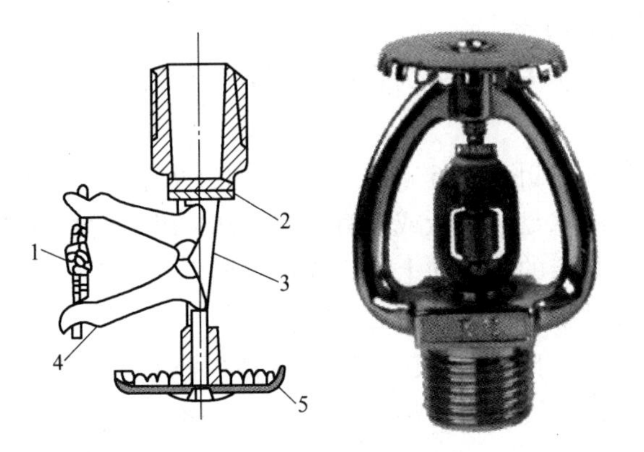

图 6-15 易熔合金洒水喷头

1—易熔合金；2—密封垫；3—轭臂；4—悬臂撑杆；5—溅水盘

泡中的液体和易熔元件喷头的轭臂标示为不同的颜色，见表 6-11。

表 6-11 闭式喷头的公称动作温度和色标

玻璃球喷头		易熔合金喷头	
公称动作温度/℃	工作液色标	公称动作温度/℃	轭臂色标
57	橙	57~77	无色
68	红		
79	黄		
93	绿		
107	灰	80~107	白
121	天蓝	121~149	蓝
141	蓝	163~191	红

续表 6-11

玻璃球喷头		易熔合金喷头	
公称动作温度/℃	工作液色标	公称动作温度/℃	轭臂色标
163	淡紫	204~246	绿
182	紫红	260~302	橙
204	黑	320~343	橙
227	黑		
260	黑		
343	黑		

（3）按安装方式分类。

洒水喷头按照安装方式可分为直立型喷头、下垂型喷头、边墙型喷头和吊顶型喷头。

1）直立型喷头。如图 6-16（a）所示。直立安装，水流向上冲向溅水盘的喷头。这种喷头的溅水盘呈平板或略有弧状，80%以上的水量通过溅水盘的反溅后直接洒向下方，其余的水量向上喷洒保护顶棚。适用于安装在管路下面经常有货物装卸或物体移动等作业的场所。

2）下垂型喷头。下垂安装，水流向下冲向溅水盘的喷头，如图 6-16（b）所示。这种喷头适用于安装在各种保护场所，应用较为普遍。

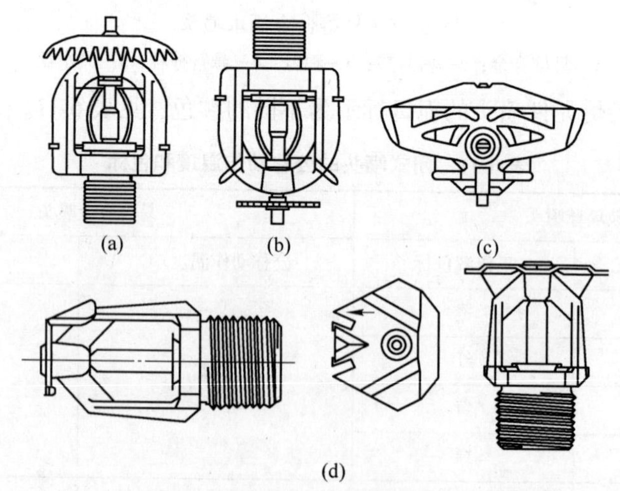

图 6-16 直立型、下垂型和边墙型喷头

（a）直立型喷头；（b）下垂型喷头；（c）水平边墙型喷头；（d）垂直边墙型喷头

3）边墙型喷头。靠墙安装，在一定的保护面积内，将水向一边（半个抛物

线）喷洒分布的喷头，有立式和水平式两种。如图 6-16（c）和（d）所示。这种喷头带有定向的溅水盘，安装在墙上，85%的水量从保护区的侧上方向保护区洒水，其余的水喷向喷头后面的墙上。适合安装在受空间限制、布置管路困难的场所和通道状的建筑部位。

4）吊顶型喷头。如图 6-17 所示。吊顶型喷头按热敏元件与吊顶的相对位置关系，又分为齐平式、嵌入式和隐蔽式三种。带有装饰盖板的嵌入式喷头，盖盘被易熔合金焊接在调节护架上。当火灾发生后，盖盘受热，易熔元件熔化，盖盘先行脱落，喷头的溅水盘和玻璃球露出，温度达到公称动作温度后玻璃球破裂并开始喷水灭火。适合安装在需要保证天花板平整、整洁的场所，具有美观的功能。

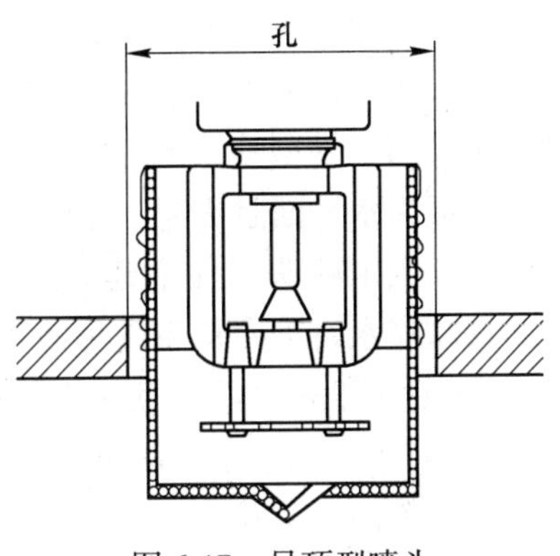

图 6-17 吊顶型喷头

（4）按覆盖面积分类。

1）标准覆盖面积洒水喷头。标准覆盖面积洒水喷头是指流量系数 $K \geqslant 80$，一只喷头的最大保护面积不超过 $20m^2$ 的直立型、下垂型洒水喷头及一只喷头的最大保护面积不超过 $18m^2$ 的边墙型洒水喷头。

2）扩大覆盖面积洒水喷头。扩大覆盖面积洒水喷头是指流量系数 $K \geqslant 80$，一只喷头的最大保护面积大于标准覆盖面积洒水喷头的保护面积且不超过 $36m^2$ 的洒水喷头，包括直立型、下垂型和边墙型扩大覆盖面积洒水喷头。

（5）根据喷头灵敏度分类。

喷头的热敏性能是体现喷头在火灾时反应快慢的一个重要指标，可用响应时间指数 *RTI* 表示。响应时间指数 *RTI* 是指在规定的试验条件下，对喷头在传热介质中的动作快慢的定量、综合的反映，单位为 $(m \cdot s)^{0.5}$。响应时间指数 *RTI* 越小，说明喷头对受热的反应越敏感。

1）早期抑制快速响应（ESFR）喷头。响应时间指数为 $RTI \leqslant (28 \pm 8)(m \cdot s)^{0.5}$。在热的作用下，在预定的温度范围内自行启动，使水以一定的形状和密度在设计的保护面积上分布，以达到早期抑制效果的一种喷水装置，简称 ESFR 喷头，该喷头属于大流量特种洒水喷头，主要用于保护高堆垛与高货架仓库。

2）快速响应喷头。响应时间指数为 $RTI \leqslant 50\ (m \cdot s)^{0.5}$ 的喷头。

3）特殊响应喷头。响应时间指数为 $50 < RTI \leqslant 80\ (m \cdot s)^{0.5}$ 的喷头。

4）标准响应喷头。响应时间指数为 $80 < RTI \leqslant 350\ (m \cdot s)^{0.5}$ 的喷头。

B 喷头选型与设置要求

(1) 喷头选型。

1) 对于湿式自动喷水灭火系统，在吊顶下布置喷头时，应采用下垂型或吊顶型喷头。顶板为水平面的轻危险级、中危险级Ⅰ级住宅建筑、宿舍、旅馆建筑的客房、医疗建筑和办公室，可采用边墙型喷头。易受碰撞的部位应采用带保护罩的喷头或吊顶型喷头。在不设吊顶的场所内设置喷头，当配水支管布置在梁下时，应采用直立型喷头。

顶板为水平面且无梁、通风管道等障碍物影响喷头洒水的场所，可采用扩大覆盖面积洒水喷头。住宅建筑、宿舍、公寓等非住宅类居住建筑宜采用家用喷头。自动喷水防护冷却系统可采用边墙型洒水喷头。

2) 对于干式系统和预作用系统，应采用直立型喷头或干式下垂型喷头。

3) 对于水幕系统，防火分隔水幕应采用开式洒水喷头或水幕喷头，防护冷却水幕应采用水幕喷头。

4) 对于公共娱乐场所，中庭环廊，医院、疗养院的病房及治疗区域，老年、少儿、残疾人集体活动场所，超出消防水泵接合器供水高度的楼层，地下的商业场所，宜采用快速响应喷头。当采用快速响应喷头时，系统应为湿式系统。

5) 闭式系统的喷头，其公称动作温度宜高于环境最高温度30℃。

6) 不宜选用隐蔽式洒水喷头，确需采用时，应仅适用于轻危险级和中危险级Ⅰ级场所。

(2) 喷头布置。

1) 喷头应布置在顶板或吊顶下易于接触到火灾热气流并有利于均匀布水的位置。当喷头附近有障碍物时，应符合喷头与障碍物距离的相关规定或增设补偿喷水强度的喷头。

2) 直立型、下垂型标准覆盖面积洒水喷头的布置，包括同一根配水支管上喷头的间距及相邻配水支管的间距，应根据设置场所的火灾危险性等级、洒水喷头类型和工作压力确定，并不应大于表6-12的规定，且不应小于1.8m。

表6-12 直立型、下垂型标准覆盖面积洒水喷头的布置

<table>
<tr><th rowspan="2">火灾危险的等级</th><th rowspan="2">正方形布置的边长/m</th><th rowspan="2">矩形或平行四边形布置的长边边长/m</th><th rowspan="2">一只喷头的最大保护面积/m²</th><th colspan="2">喷头与端墙的最大距离/m</th></tr>
<tr><th>最大</th><th>最小</th></tr>
<tr><td>轻危险级</td><td>4.4</td><td>4.5</td><td>20.0</td><td>2.2</td><td rowspan="4">0.1</td></tr>
<tr><td>中危险级Ⅰ级</td><td>3.6</td><td>4.0</td><td>12.5</td><td>1.8</td></tr>
<tr><td>中危险级Ⅱ级</td><td>3.4</td><td>3.6</td><td>11.5</td><td>1.7</td></tr>
<tr><td>严重危险级、仓库危险级</td><td>3.0</td><td>3.6</td><td>9.0</td><td>1.5</td></tr>
</table>

3）直立型、下垂型扩大覆盖面积洒水喷头应采用正方形布置，其布置间距不应大于表6-13的规定，且不应小于2.4m。

表6-13 直立型、下垂型扩大覆盖面积洒水喷头的布置

火灾危险的等级	正方形布置的边长/m	一只喷头的最大保护面积/m^2	喷头与端墙的最大距离/m	
			最大	最小
轻危险级	5.4	29	2.7	0.1
中危险级Ⅰ级	4.8	23	2.4	
中危险级Ⅱ级	4.2	17.5	2.1	
严重危险级、仓库危险级	3.6	13	1.8	

4）边墙型标准覆盖面积洒水喷头的最大保护跨度和间距应符合表6-14的规定。

表6-14 边墙型标准覆盖面积洒水喷头的最大保护跨度和间距

设置场所火灾危险等级	配水支管上喷头的最大间距/m	单排喷头的最大保护跨度/m	两排相对喷头的最大保护跨度/m
轻危险级	3.6	3.6	7.2
中危险级Ⅰ级	3.0	3.0	6.0

喷头布置时应注意：

①两排相对洒水喷头应交错布置。

②室内跨度大于两排相对喷头的最大保护跨度时，应在两排相对喷头中间增设一排喷头。

5）喷头的其他技术要求。

①同一场所内的喷头应布置在同一个平面上，并应贴近顶板安装，使闭式喷头处于有利于接触火灾烟气的位置。

②除吊顶型喷头及吊顶下安装的喷头外，直立型、下垂型标准喷头溅水盘与顶板的距离不应小于75mm，且不大于150mm。

③当在梁或其他障碍物的下方布置喷头时，喷头与顶板之间的距离不得大于300mm。在梁和障碍物及密肋梁板下布置的喷头，溅水盘与梁等障碍物及密肋梁板底面的距离不得小于25mm，且不得大于100mm。

④在梁间布置的喷头，在符合喷头与梁等障碍物之间距离规定的前提下，喷头溅水盘与顶板的距离不应大于550mm，以避免喷水遭受阻挡。仍不能达到上述要求时，应在梁底面下方增设喷头。

6.4.3.2 报警阀组

A 报警阀组的作用

报警阀组是由报警阀及其他一些附件组成的自动报警系统，分为湿式报警阀组、干式报警阀组、雨淋报警阀组和预作用报警装置。报警阀的作用是开启和关闭管网的水流，传递控制信号至控制系统并启动水力警铃发出声响警报，它是一种只允许流向喷头，并在达到规定流量时动作报警的单向阀。

B 报警阀组设置要求

（1）自动喷水灭火系统应根据不同的系统设置相应的报警阀组。保护室内钢屋架等建筑构件的闭式系统应设置独立的报警阀组。水幕系统应设置独立的报警阀组或感温雨淋阀。

（2）报警阀组宜设在安全及易于操作、检修的地点，环境温度不低于4℃且不高于70℃，报警阀阀体底边距地面的高度宜为1.2m，侧边与墙的距离不小于0.5m，正面与墙的距离不小于1.2m，报警阀组凸出部位之间的距离不小于0.5m。

（3）水力警铃和报警阀的连接应采用热镀锌钢管，连接管道的直径应为20mm，总长度不宜大于20m；水力警铃的工作压力不应小于0.05MPa，水力警铃启动时警铃声强度不小于70dB。

（4）一个报警阀组控制的喷头数，对于湿式系统、预作用系统不宜超过800只，对于干式系统不宜超过500只。串联接入湿式系统配水干管的其他自动喷水灭火系统，应分别设置独立的报警阀组，其控制的喷头数计入湿式阀组控制的喷头总数。每个报警阀组供水的最高和最低位置喷头的高程差不宜大于50m。

（5）控制阀安装在报警阀的入口处，用于在系统检修时关闭系统。控制阀应保持常开位置，保证系统时刻处于警戒状态。连接报警阀进出口的控制阀应采用信号阀，信号阀安装在水流指示器前的管道上，与水流指示器间的距离不小于300mm，其启闭状态的信号反馈到消防控制中心；当采用其他阀门时，控制阀应设置锁定阀位的锁具。

（6）雨淋报警阀组的电磁阀，在入口处应设置过滤器；并联设置雨淋报警阀组的雨淋系统，其雨淋报警阀控制腔的入口处应设置止回阀。

6.4.3.3 水流指示器

A 水流指示器的组成

水流指示器是在自动喷水灭火系统中将水流信号转换成电信号的一种水流报警装置，一般用于湿式、干式、预作用、循环启闭式、自动喷水-泡沫联用系统中。水流指示器的桨片与水流方向垂直，喷头开启后引起管道中的水流动，当桨片或膜片感知到水流的作用力时带动微动开关动作，接通延时线路，延时器开始计时。达到设定的延时时间后，桨片仍朝水流方向偏转无法回位，电触点闭合，输出信号。当水流停止时，桨片和动作杆复位，触点断开，信号消除。水流指示器的结构如图 6-18 所示。

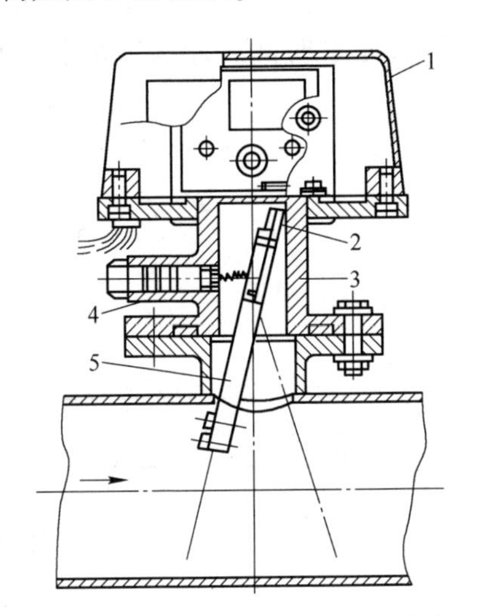

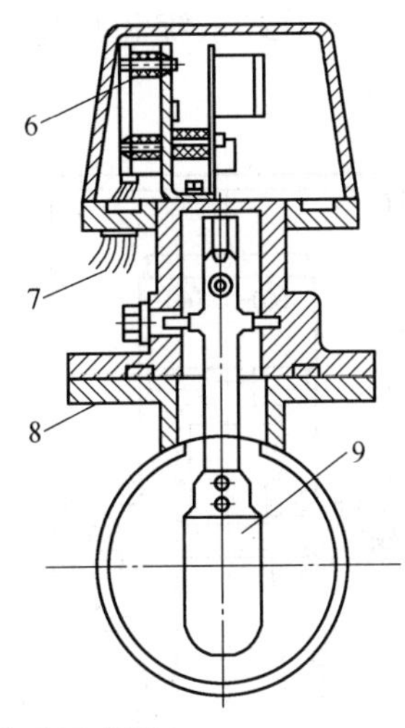

图 6-18 桨片式水流指示器构造示意图

1—罩盒；2—永久磁铁；3—本体；4—弹簧；5—杠杆；6—接线板；7—外接电线；8—法兰底座；9—桨片

B 水流指示器的设置要求

(1) 水流指示器的功能是及时报告发生火灾的部位。在设置闭式自动喷水灭火系统的建筑内，除报警阀组控制的洒水喷头仅保护不超过防火分区面积的同层场所外，每个防火分区和每个楼层均应设置水流指示器。

(2) 当水流指示器入口前设置控制阀时，应采用信号阀。

(3) 仓库内顶板下洒水喷头与货架内置洒水喷头应分别设置水流指示器。

6.4.3.4 压力开关

A 压力开关的组成

压力开关是一种压力传感器，是自动喷水灭火系统的一个部件，其作用是将系统的压力信号转化为电信号。报警阀开启后，报警管道充水，连接压力开关的管道充水压力达到设定值时，压力开关受到水压的作用后接通电触点，输出信号，实现报警和启动消防水泵的目的。报警阀关闭时电触点断开。压力开关的构造如图6-19 所示。

B 压力开关的设置要求

(1) 压力开关安装在系统管网或报警阀延迟器出口后的报警管道上。自动喷水灭火系统应采用压力开关控制消防水泵和稳压泵，并能调节启停压力。

(2) 雨淋系统和防火分隔水幕系统的水流报警装置宜采用压力开关。

6.4.3.5 末端试水装置

A 末端试水装置的组成

末端试水装置由试水阀、压力表以及试水接头等组成，其作用是检验系统的可靠性，测试干式系统和预作用系统的管道充水时间。末端试水装置构造如图6-20所示。

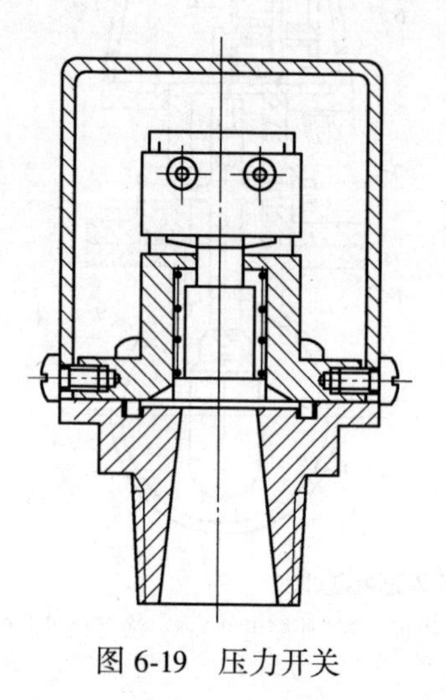

图6-19 压力开关

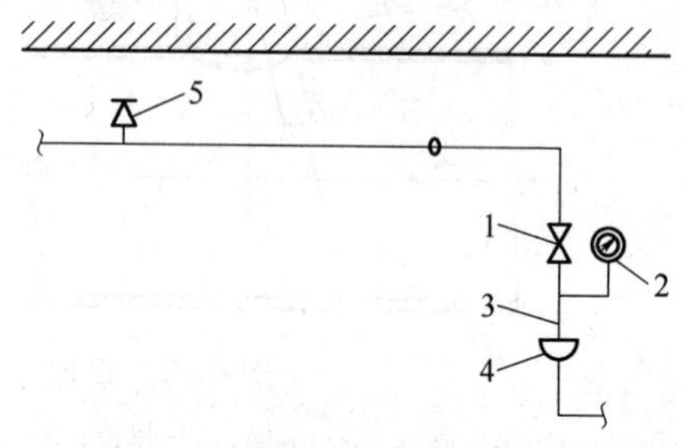

图6-20 末端试水装置示意图

1—试水阀；2—压力表；3—试水接头；4—排水漏斗；5—最不利点喷头

B 末端试水装置设置要求

（1）每个报警阀组控制的最不利点喷头处应设置末端试水装置，其他防火分区和楼层应设置直径为25mm的试水阀。

（2）末端试水装置和试水阀应有标识，并设在便于操作的部位，距地面高度宜为1.5m，且应配备有足够排水能力的排水设施。

（3）末端试水装置的试水接头出水口的流量系数应与同楼层或同防火分区选用的最小流量系数的喷头相等。末端试水装置的出水，应采取孔口出流的方式排入排水管道。排水立管宜设伸顶通气管，且管径不应小于75mm。

6.4.3.6 快速排气阀

干式系统、干湿两用系统和预作用系统的配水管道应设快速排气阀，便于系统启动后管道尽快排气及时充水。有压充气管道的快速排气阀入口前应设电动阀，平时关闭，系统充水时开启。其他系统应在其管道的最高点设置排气阀或排气口。

干式系统和干湿两用系统均应装设快速排气装置，目的在于增大作用在阀板上的上举力，以使系统能在火灾初期阶段出水灭火。快速排气装置主要有加速器和排气机两种，目的是尽快启动干式报警阀。

6.4.3.7 管道

(1) 自动喷水灭火系统配水管道的工作压力不应大于1.2MPa。其他用水设施不应设置在自动喷水灭火系统的配水管道上。轻危险级、中危险级场所中各配水管入口的压力均不宜大于0.4MPa。

(2) 自动喷水灭火系统设置场所的火灾危险等级为轻危险级或中危险级Ⅰ级时，可采用氯化聚氯乙烯（PVC-C）管。采用氯化聚氯乙烯（PVC-C）管材及管件时，系统应选用湿式系统，并应采用快速响应喷头；配水管及配水支管的直径不应超过DN80mm，且不应穿越防火分区。当设置在有吊顶场所时，吊顶内不应有可燃物，且吊顶材料应为不燃或难燃材料；当设置在无吊顶场所时，该场所的顶板应为水平、光滑顶板，且喷头溅水盘与顶板的距离不应大于100mm。

(3) 火灾危险等级为轻危险级或中危险级Ⅰ级的场所，洒水喷头与配水管道之间可采用消防洒水软管连接，但系统应为湿式系统，且消防洒水软管应设置在吊顶内，长度不应超过1.8m。

(4) 配水管两侧每根配水支管控制的标准流量喷头数，轻危险级、中危险级场所不应超过8只，同时在吊顶上下设置喷头的配水支管，上下侧均不应超过8只；严重危险级和仓库危险级场所不应超过6只。

(5) 短立管及末端试水装置的连接管，其管径不应小于25mm。干式系统、预作用系统的供气管道，采用钢管时，管径不宜小于15mm；采用铜管时，管径不宜小于10mm。

6.5 泡沫灭火系统

泡沫灭火系统是通过机械作用将泡沫灭火剂、水与空气充分混合，产生泡沫后实施灭火的灭火系统，是水灭火系统的应用扩展，具有安全可靠、经济实用、灭火效率高、无毒性等优点。随着泡沫灭火技术的发展，泡沫灭火系统的应用领域更加广泛。

6.5.1 泡沫灭火剂类型

6.5.1.1 泡沫灭火剂分类

A 按发泡机制分类

泡沫灭火剂按发泡机制的不同，分为化学泡沫灭火剂和空气泡沫灭火剂。

化学泡沫灭火剂是利用化学反应的方法产生泡沫的，空气泡沫灭火剂是利用泡沫产（发）生装置吸入或吹进空气生成泡沫的。空气泡沫灭火剂一般为液态，通常称其为泡沫液。

B 按发泡倍数分类

发泡倍数为20以下的泡沫液称为低倍数泡沫液，发泡倍数为21~200的称为中倍数泡沫液，发泡倍数为201~1000的称为高倍数泡沫液。

高倍数泡沫液与中倍数泡沫液一般情况下可共用，形成一种合成型泡沫液。按其适用水源情况的不同分为耐海水型和不耐海水型，按发泡所适用空气状况的不同分为耐烟型和不耐烟型。

低倍数泡沫液按其适用燃烧物类型的不同分为普通泡沫液和抗溶泡沫液。普通泡沫液主要适用于扑救非水溶性甲、乙、丙类液体火灾。

C 按混合比分类

泡沫液与水按一定比例混合后的溶液被称为泡沫混合液。泡沫液在泡沫混合液中的体积百分比被称为混合比。目前普通泡沫液的混合比有6%型、3%型及少部分1%型等，抗溶泡沫液通常为6%型。

6.5.1.2 常用泡沫灭火剂分类

(1) 蛋白泡沫液。

蛋白泡沫液是由动物的蹄、角、毛、血及豆饼、草籽饼等动、植物蛋白质水解产物为基料制成的泡沫液，一般储存期为2~3年，用于扑救诸如原油、汽油、柴油、苯、甲苯等非水溶性甲、乙、丙类液体火灾，也可扑救如纸张、木材等A类火灾。

(2) 氟蛋白泡沫液。在蛋白泡沫液中添加氟碳表面活性剂可制成氟蛋白泡沫液，由于氟碳表面活性剂的表面张力较低，并具有较好的疏油性，所以氟蛋白泡沫液与蛋白泡沫液相比，其泡沫流动性与封闭性好，灭火效力提高了1倍，可用于液下喷射泡沫系统，并能与干粉联合使用。

(3) 抗溶氟蛋白泡沫液。抗溶氟蛋白泡沫液是在氟蛋白泡沫液的基础上添加了高分子多糖和其他添加剂等制成的，它兼有氟蛋白泡沫液和凝胶型抗溶泡沫液的特点，主要用于扑救水溶性甲、乙、丙类液体火灾，也可用于扑救非水溶性甲、乙、丙类液体火灾和A类火灾。

(4) 成膜氟蛋白泡沫液。成膜氟蛋白泡沫液以水解蛋白为基础，添加适宜的氟碳表面活性剂制成的，它具有蛋白灭火剂抗烧性能好的优点，同时还具有成膜性，它作为高性能的氟蛋白泡沫液，可配非吸气式泡沫喷射装置使用。由于它的基料为水解蛋白，所以储存期与蛋白泡沫液相同。

(5) 抗溶成膜氟蛋白泡沫液。抗溶成膜氟蛋白泡沫液是在成膜氟蛋白泡沫液的基础上，添加高分子抗醇化合物制成的，主要用于扑救水溶性甲、乙、丙类液体火灾。当其被用于扑救非水溶性甲、乙、丙类液体火灾时，可视为普通成膜氟蛋白泡沫液。

(6) 水成膜泡沫液。水成膜泡沫液主要适用于扑灭汽油、煤油、柴油、苯等非水溶性甲、乙、丙类液体火灾。由于其渗透性强，它对于A类火灾比纯水的灭火效率高，所以也适用于扑灭木材、织物、纸张等燃烧引起的A类火灾。

(7) 抗溶水成膜泡沫液。抗溶水成膜泡沫液主要用于扑救水溶性甲、乙、丙类液体火灾，也可用于扑救非水溶性甲、乙、丙类液体火灾和A类火灾。

(8) A类泡沫灭火剂。

A类泡沫灭火剂是指专门为扑救A类火灾而设计的一种低混合比的灭火剂，在扑救最常见的A类火灾时具有灭火速度快、用水量小、水渍损失低等优点。

6.5.2 泡沫灭火系统的组成和分类

6.5.2.1 系统的组成

泡沫灭火系统一般由泡沫液、泡沫消防水泵、泡沫混合液泵、泡沫液泵、泡沫比例混合器（装置）、泡沫液压力储罐、泡沫产生装置、火灾探测与启动控制装置、控制阀门及管道等系统组件组成。

6.5.2.2 系统的分类

A 按喷射方式分

(1) 液上喷射泡沫灭火系统。液上喷射泡沫灭火系统是指将泡沫产生器安装在罐体的上边，使泡沫从储罐的上部喷入被保护储罐内，并顺罐壁流下，将燃烧油品的液面覆盖进行灭火的系统形式，如图6-21所示。这种系统具有泡沫不易受油的污染，可以使用廉价的普通蛋白泡沫等优点。它有固定式、半固定式、移动式三种应用形式。

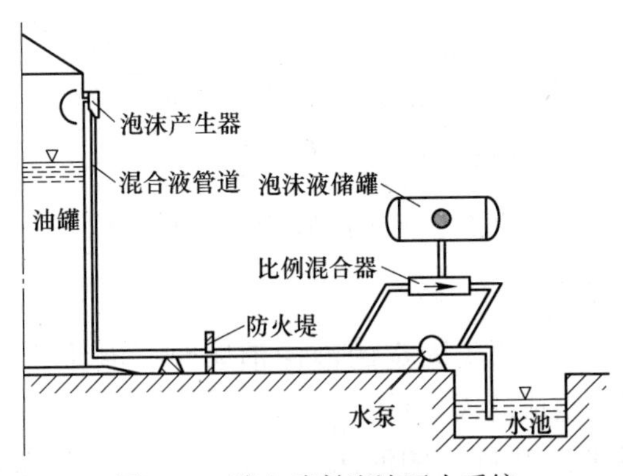

图6-21 液上喷射泡沫灭火系统

(2) 液下喷射泡沫灭火系统。液下喷射泡沫灭火系统是指将泡沫通过管道从罐体下部直接喷入油品中，在油品的浮力作用下，泡沫上浮至液体表面并扩散开，形成一个泡沫层的灭火系统，如图 6-22 所示。液下喷射泡沫灭火系统通常设计为固定式和半固定式两种。

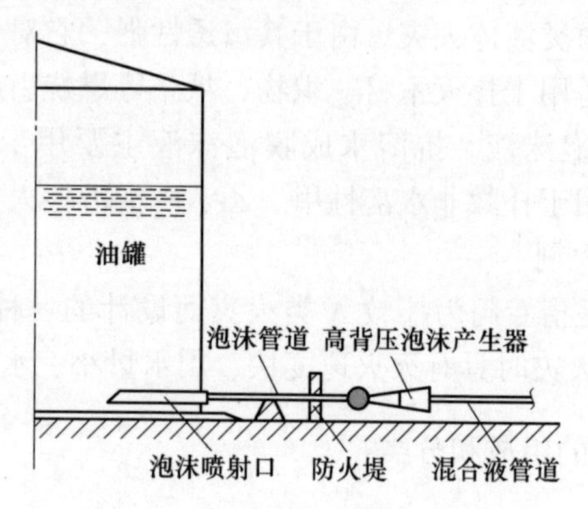

图 6-22 液下喷射泡沫灭火系统

(3) 半液下喷射泡沫灭火系统。半液下喷射泡沫灭火系统是将一轻质软带卷存于液下喷射管内，当使用时，在泡沫压力和浮力的作用下，软带漂浮到燃烧液体表面，使泡沫从液体燃料表面上释放出来进行灭火的一种系统，如图 6-23 所示。

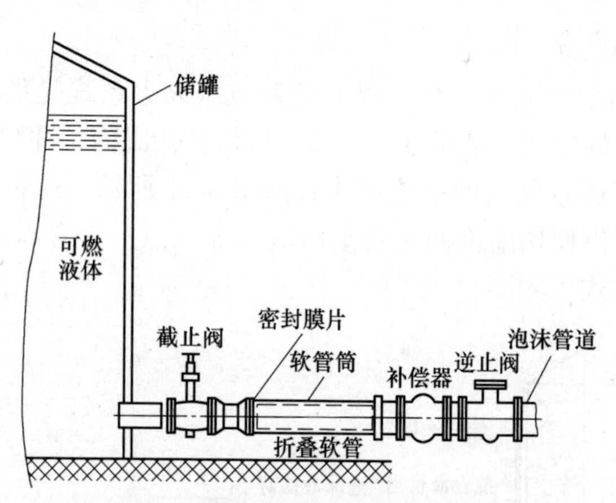

图 6-23 半液下喷射泡沫灭火系统

B 按系统结构分

(1) 固定式系统。由永久固定的泡沫消防泵、泡沫比例混合器、泡沫产(发)生装置和管道等组成的灭火系统。

(2) 半固定式系统。由固定的泡沫产（发）生装置及部分连接管道、泡沫消防车或机动泵，用水带连接组成的灭火系统。

(3) 移动式系统。由消防车或机动消防泵、泡沫比例混合器、泡沫枪、泡沫炮或移动式泡沫产生器，用水带连接组成的灭火系统。

C 按发泡倍数分

（1）低倍数泡沫灭火系统。低倍数泡沫灭火系统是指发泡倍数小于20的泡沫灭火系统。该系统是甲、乙、丙类液体储罐及石油化工装置区等场所的首选灭火系统。

（2）中倍数泡沫灭火系统。中倍数泡沫灭火系统是指发泡倍数为20~200的泡沫灭火系统。中倍数泡沫灭火系统在实际工程中应用较少，多用作辅助灭火设施。

（3）高倍数泡沫灭火系统。高倍数泡沫灭火系统是指发泡倍数大于200的泡沫灭火系统。

D 按系统形式分

（1）全淹没式泡沫灭火系统。全淹没式高倍数泡沫灭火系统是指由固定的高倍数泡沫产生装置将高倍数泡沫喷放到封闭或被围挡的防护区内，并在规定的时间内达到一定泡沫淹没深度的泡沫灭火系统。

（2）局部应用式泡沫灭火系统。局部应用式泡沫灭火系统是指由固定或半固定的泡沫产生装置直接或通过导泡筒将泡沫喷洒到火灾部位的灭火系统。

（3）移动式泡沫灭火系统。移动式泡沫灭火系统是指车载式或便携式系统，移动式高倍数灭火系统可作为固定系统的辅助设施，也可作为独立系统用于某些场所。移动式中倍数泡沫灭火系统适用于发生火灾部位难以接近的较小火灾场所、流淌面积不超过100m^{2}的液体流淌火灾场所。

（4）泡沫-水喷淋系统。由喷头、报警阀组、水流报警装置等组件，以及管道、泡沫液与水供给设施组成，并能在发生火灾时按规定时间与供给强度向防护区依次喷洒泡沫与水的自动喷水灭火系统。

（5）泡沫-水喷雾系统。采用泡沫喷雾喷头，在发生火灾时按预定时间与供给强度向被保护设备或防护区喷洒泡沫的自动灭火系统。

6.5.3 泡沫灭火系统的灭火机理

泡沫灭火系统的灭火机理主要体现在以下几个方面：

（1）隔氧窒息作用。在燃烧物表面形成泡沫覆盖层，使燃烧物的表面与空气隔绝，同时泡沫受热蒸发产生的水蒸气可以降低燃烧物附近氧气的浓度，起到窒息灭火作用。

（2）辐射热阻隔作用。泡沫层能阻止燃烧区的热量作用于燃烧物质的表面，因此可防止可燃物本身和附近可燃物质的蒸发。

（3）吸热冷却作用。泡沫析出的水对燃烧物表面进行冷却。

水溶性液体火灾必须选用抗溶性泡沫液。扑救水溶性液体火灾只能采用液上喷射泡沫，不能采用液下喷射泡沫。对于非溶性液体火灾，当采用液上喷射泡沫灭火时，选用普通蛋白泡沫液、氟蛋白泡沫液或水成膜泡沫液均可。对于非水溶性液体火灾，当采用液下喷射泡沫灭火时，必须选用氟蛋白泡沫液或水成膜泡沫液。泡沫液的储存温度应为0~40℃。

6.5.4 系统选择的基本要求

泡沫灭火系统主要适用于提炼、加工、生产甲、乙、丙类液体的炼油厂、化工厂、油田、油库，为铁路油槽车装卸油品的鹤管栈桥、码头、飞机库、机场及燃油锅炉房、大型汽车库等。在火灾危险性大的甲、乙、丙类液体储罐区和其他危险场所，灭火优越性非常明显。

(1) 甲、乙、丙类液体储罐区宜选用低倍数泡沫灭火系统。

(2) 甲、乙、丙类液体储罐区固定式、半固定式或移动式泡沫灭火系统的选择应符合下列规定：

低倍数泡沫灭火系统应符合相关现行国家标准的规定，油罐中倍数泡沫灭火系统宜为固定式。

(3) 全淹没式、局部应用式和移动式中倍数、高倍数泡沫灭火系统的选择，应根据防护区的总体布局、火灾的危害程度、火灾的种类和扑救条件等因素，经综合技术经济比较后确定。

(4) 储罐区泡沫灭火系统的选择应符合下列规定：非水溶性甲、乙、丙类液体固定顶储罐，可选用液上喷射、液下喷射或半液下喷射系统；水溶性甲、乙、丙类液体和其他对普通泡沫有破坏作用的甲、乙、丙类液体固定顶储罐，应选用液上喷射或半液下喷射系统；外浮顶和内浮顶储罐应选用液上喷射系统；非水溶性液体外浮顶储罐、内浮顶储罐、直径大于18m的固定顶储罐以及水溶性液体的立式储罐，不得选用泡沫炮作为主要灭火设施；高度大于7m、直径大于9m的固定顶储罐，不得选用泡沫枪作为主要灭火设施；油罐中倍数泡沫系统应选液上喷射系统。

6.5.5 系统组件及设置要求

6.5.5.1 泡沫消防泵

(1) 泡沫消防水泵、泡沫混合液泵的选择与设置要求。泡沫消防水泵、泡沫混合液泵应选择特性曲线平缓的离心泵，且其工作压力和流量应满足系统设计要求；当采用水力驱动时，应将其消耗的水流量计入泡沫消防水泵的额定流量内；当采用环泵式比例混合器时，泡沫混合液泵的额定流量宜为系统设计流量的1.1倍；泵出口管道上应设置压力表、单向阀和带控制阀的回流管。

(2) 泡沫液泵的选择与设置要求。泡沫液泵的工作压力和流量应满足系统最大设计要求，并应与所选比例混合装置的工作压力范围和流量范围相匹配，同时应保证在设计流量下泡沫液供给压力大于最大水压力；泡沫液泵的结构形式、密封或填充类型应适宜输送所选的泡沫液，其材料应耐泡沫液腐蚀且不影响泡沫液的性能；除水力驱动型泵外，泡沫液泵应按《泡沫灭火系统设计规范》（GB 50151—2010）对泡沫消防泵的相关规定，设置动力源和备用泵，备用泵的规格、型号应与工作泵相同，工作泵故障时应能自动与手动切换到备用泵；泡沫液泵应耐受时长不低于 10min 的空载运行。

6.5.5.2 泡沫比例混合器

泡沫比例混合器的功能是将泡沫液和水按一定比例混合成泡沫混合液，以供泡沫产生设备发泡的装置。在选择时，所选用的比例混合器应能使泡沫混合液在设计流量范围内的混合比不小于其额定值，也不得大于其额定值的 30%，且实际混合比与额定混合比之差不得大于 1 个百分点。我国目前常用的泡沫比例混合器有环泵式泡沫比例混合器、压力式泡沫比例混合器、平衡式泡沫比例混合器、管线式泡沫比例混合器等。

6.5.5.3 泡沫产（发）生装置

泡沫产（发）生装置的作用是将泡沫混合液与空气混合形成空气泡沫，输送至燃烧物的表面上。分为低倍数泡沫产生器、高背压泡沫产生器、高倍数泡沫产生器、中倍数泡沫产生器四种。

A 低倍数泡沫产生器

低倍数泡沫产生器有横式和立式两种，均安装在油罐壁的上部，仅安装形式不同，构造和工作原理是相同的。低倍数泡沫产生器应符合下列规定：

（1）固定顶储罐、按固定顶储罐对待的内浮顶储罐，宜选用立式泡沫产生器。

（2）泡沫产生器进口的工作压力应为其额定值±0.1MPa。

（3）泡沫产生器的空气吸入口及露天的泡沫喷射口，应设置防止异物进入的金属网。

（4）横式泡沫产生器的出口，应设置长度不小于 1m 的泡沫管。

（5）外浮顶储罐上的泡沫产生器不应设置密封玻璃。

B 高背压泡沫产生器

高背压泡沫产生器是从储罐内底部液下喷射空气泡沫扑救油罐火灾的主要设备。高背压泡沫产生器应符合下列规定：

（1）进口工作压力应在标定的工作压力范围内。

（2）出口工作压力大于泡沫管道的阻力和罐内液体静压力之和。

（3）发泡倍数不应小于 2，且不应大于 4。

C 高倍数泡沫产生器

高倍数泡沫产生器是高倍数泡沫灭火系统中产生并喷放高倍数泡沫的装置。

水和高倍数泡沫液按所要求的比例混合后，以一定的压力进入泡沫发生器，通过喷嘴以雾化形式均匀喷向发泡网，在网的内表面上形成一层混合液薄膜，由风叶送来的气流将混合液薄膜吹胀成大量的气泡（泡沫群）。高倍数泡沫产生器应符合下列规定：

(1) 在防护区内设置并利用热烟气发泡时，应选用水力驱动型泡沫产生器。

(2) 在防护区内固定设置泡沫产生器时，应采用不锈钢材料的发泡网。

D　中倍数泡沫产生器

中倍数泡沫产生器分为吸气型和吹气型两种，吸气型的发泡原理和低倍数泡沫产生器相同，吹气型的发泡原理和高倍数泡沫产生器相同。吸气型泡沫产生器的发泡倍数要低于吹气型泡沫产生器。中倍数泡沫装置通常作为移动使用的辅助灭火设施。

安装在油罐上的中倍数泡沫产生器，其进空气口应高出罐壁顶。

6.5.5.4　其他附件

(1) 火灾报警控制装置。采用全淹没式或局部应用式高倍数泡沫灭火系统保护的防护区，设置泡沫喷淋灭火系统的场所，可根据防护区或保护场所的重要程度、被保护对象的性质、发生火灾的特点、系统使用情况及人员安全等因素，确定系统的启动控制方式，一般宜设置火灾自动报警控制装置，以便更有效地对防护区进行监控，并及时启动系统进行灭火。

(2) 泡沫缓冲装置。保护水溶性甲、乙、丙类液体储罐的泡沫灭火系统，应在储罐内安装泡沫缓冲装置，以避免泡沫与液面的直接冲击，减少泡沫的破损，保证泡沫通过缓冲装置缓慢地铺到液面上，扑灭火灾。常用的泡沫缓冲装置有泡沫浮筒、泡沫溜槽、泡沫降落槽等。

(3) 泡沫堰板。泡沫堰板是设置在浮顶储罐的浮顶上靠外缘的一圈挡板，其作用就是围封泡沫，将泡沫的覆盖面积控制在罐壁与浮顶之间的环形面积内，这样可以减小泡沫覆盖面积，避免不必要的浪费。因为浮顶罐发生火灾后，仅在浮顶与罐壁的密封槽燃烧，浮顶的中部为不燃材料，不会燃烧。

(4) 管道过滤器。为确保高倍数泡沫灭火系统正常工作，在泡沫比例混合器和泡沫产生器前的管路上均应设置管道过滤器，以防止杂质、颗粒进入泡沫比例混合器和泡沫产生器，堵塞孔板和喷嘴。

安装时管道过滤器的箭头方向与水流方向应一致，同时应在管道过滤器进口和出口处安装压力表，压力降超过规定值时，应立即检查，取出过滤器内的杂物。每次使用后用清水冲洗，另外应定期检查过滤器本体内表面防腐漆是否脱落，如有脱落现象应重新涂防腐漆。

6.6 气体灭火系统

6.6.1 气体灭火系统的灭火机理

6.6.1.1 二氧化碳灭火系统

二氧化碳灭火作用主要在于窒息，其次是冷却。在常温常压条件下，二氧化碳的物态为气相，当储存于密封高压气瓶中，低于临界温度31.4℃时是以气、液两相共存的。在灭火过程中，二氧化碳从储存气瓶中释放出来，压力骤然下降，使得二氧化碳由液态转变成气态，分布于燃烧物的周围，稀释空气中的氧含量。氧含量降低会使燃烧时热的产生率减小，而当热产生率减小到低于热散失率的程度，燃烧就会停止下来。这是二氧化碳所产生的窒息作用。另外，二氧化碳释放时又因焓降的关系，温度急剧下降，形成细微的固体干冰粒子，干冰吸取其周围的热量而升华，即能产生冷却燃烧物的作用。

6.6.1.2 七氟丙烷灭火系统

七氟丙烷灭火剂是一种无色无味、不导电的气体，其密度大约是空气密度的6倍，在一定压力下呈液态储存。该灭火剂为洁净药剂，释放后无残余物，不污染环境和保护对象。一方面，七氟丙烷灭火剂以液态形式喷射到保护区内后，液态迅速转变成气态，吸收大量的热量，降低了保护区和火焰周围的温度；另一方面，七氟丙烷灭火剂的热解产物对燃烧过程也具有相当程度的抑制作用。

6.6.1.3 IG-541 混合气体灭火系统

IG-541混合气体灭火剂是由氮气、氩气和二氧化碳气体按一定比例混合而成的气体，由于这些气体都是在大气层中自然存在，且来源丰富，因此它对大气层臭氧没有损耗（臭氧耗损潜能值 $ODP=0$），也不会对地球的“温室效应”产生影响，更不会产生具有长久影响大气寿命的化学物质。混合气体无毒、无色、无味、无腐蚀性及不导电，既不支持燃烧，又不与大部分物质产生反应。以环保的角度来看，是一种较为理想的灭火剂。

IG-541混合气体灭火剂属于物理灭火剂，一般由52%的氮气、40%的氩气和8%的二氧化碳组成。混合气体释放后，将防护区内的氧气浓度降至15%以下，大部分可燃物将停止燃烧。同时又把二氧化碳升至4%，二氧化碳比例的提高，加快人的呼吸速率，提高人体吸收氧气的能力，从而来补偿环境气体中的氧气浓度，降低对人体的伤害程度。该灭火系统中灭火设计浓度不大于43%时，对人体是安全无害的。

6.6.2 系统分类

6.6.2.1 按使用的灭火剂分类

按使用的灭火剂可分为二氧化碳灭火系统、七氟丙烷灭火系统和惰性气体灭火系统。

6.6.2.2 按系统的结构特点分类

A 无管网灭火系统

无管网灭火系统是指按一定的应用条件，将灭火剂储存装置和喷放组件等预先设计、组装成套且具有联动控制功能的灭火系统，又称预制灭火系统。该系统又分为柜式气体灭火装置和悬挂式气体灭火装置两种类型，其适应于较小的、无特殊要求的防护区。

B 管网灭火系统

管网灭火系统是指按一定的应用条件进行计算，将灭火剂从储存装置经由干管、支管输送至喷放组件实施喷放的灭火系统。

管网系统又可分为组合分配系统和单元独立系统。

组合分配系统是指用一套灭火系统储存装置同时保护两个或两个以上防护区或保护对象的气体灭火系统。组合分配系统的灭火剂设计用量是按最大的一个防护区或保护对象来确定的，如组合中某个防护区需要灭火，则通过选择阀、容器阀等控制，定向释放灭火剂。这种灭火系统的优点是储存容器数和灭火剂用量可以大幅度减少，有较高应用价值。

单元独立系统是指用一套灭火剂储存装置保护一个防护区的灭火系统。一般说来，用单元独立系统保护的防护区在位置上是单独的，离其他防护区较远不便于组合，或是两个防护区相邻，但有同时失火的可能。当一个防护区包括两个以上封闭空间也可以用一个单元独立系统来保护，但设计时必须做到系统储存的灭火剂能够满足这几个封闭空间同时灭火的需要，并能同时供给它们各自所需的灭火剂量。当两个防护区需要灭火剂量较多时，也可采用两套或数套单元独立系统保护一个防护区，但设计时必须做到这些系统同步工作。

6.6.2.3 按应用方式分类

A 全淹没灭火系统

全淹没灭火系统是指在规定的时间内，向防护区喷射一定浓度的气体灭火剂，并使其均匀地充满整个防护区的灭火系统。全淹没灭火系统的喷头均匀布置在防护区的顶部，火灾发生时，喷射的灭火剂与空气组成的混合气体迅速在此空间内达到有效扑灭火灾的灭火浓度，并将灭火剂浓度保持一段所需要的时间，即通过灭火剂气体将封闭空间淹没实施灭火。

B 局部应用灭火系统

局部应用灭火系统指在规定的时间内向保护对象以设计喷射率直接喷射气体灭火剂，在保护对象周围形成局部高浓度，并持续一定时间的灭火系统。局部应用灭火系统的喷头均匀布置在保护对象的四周，火灾发生时，将灭火剂直接且集中地喷射到保护对象上，使其笼罩整个保护对象外表面，即在保护对象周围局部范围内达到较高的灭火剂气体浓度实施灭火。

6.6.2.4 按加压方式分类

（1）自压式气体灭火系统。指灭火剂无需加压而是依靠自身饱和蒸气压力进行输送的灭火系统。

（2）内储压式气体灭火系统。指灭火剂在瓶组内用惰性气体进行加压储存，系统动作时灭火剂靠瓶组内的充压气体进行输送的灭火系统。

（3）外储压式气体灭火系统。指系统动作时灭火剂由专设的充压气体瓶组按设计压力对其进行充压的灭火系统。

6.6.3 气体灭火系统的组成和原理

6.6.3.1 气体灭火系统的组成

气体灭火系统一般由储存瓶、单向阀、高压软管、集流管、安全阀、选择阀、管网、喷头及自动灭火控制装置等部件组成。

6.6.3.2 系统工作原理

气体灭火系统的工作原理是：防护区一旦发生火灾，首先火灾探测器报警，消防控制中心接到火灾信号后，启动联动装置（关闭开口、停止空调等），延时约 30s 后，打开启动气瓶的瓶头阀，利用气瓶中的高压氮气将灭火剂储存容器上的容器阀打开，灭火剂经导流管、集流管、管道输送到喷头喷出，实施灭火。延时时间主要是考虑防护区内人员的疏散。另外，通过压力开关监测系统是否正常工作，若启动指令发出，而压力开关的信号迟迟不返回，说明系统故障，值班人员听到事故报警，应尽快到储瓶间，手动开启储存容器上的容器阀，实施人工启动灭火。气体灭火原理如图 6-24 所示。

6.6.4 系统控制方式

气体灭火系统主要有自动、手动、机械应急启动和紧急启动/停止四种控制方式。

6.6.4.1 自动控制方式

自动控制就是利用火灾报警系统自动探测火灾并由消防控制中心自动启动灭火系统的启动方式。即灭火控制器与感烟火灾探测器和定温式感温火灾探测器配

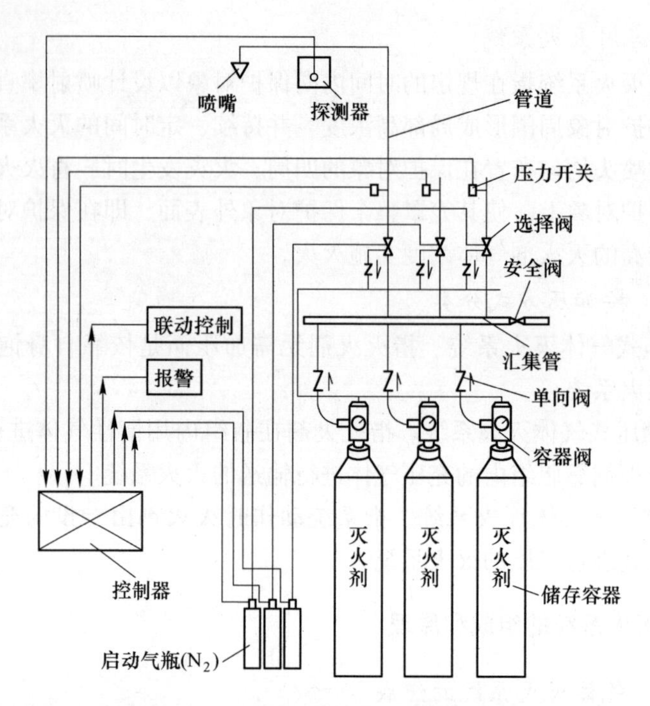

图 6-24 气体灭火系统组成及原理图

合使用。控制器上有控制方式选择锁，当将其置于“自动”位置时，灭火控制器处于自动控制状态。当只有一种探测器发出火灾信号时，控制器即发出火警声光报警信号，通知有异常情况发生，但不启动灭火装置释放灭火剂。当确需启动灭火装置灭火时，可按下“紧急启动按钮”，即可启动灭火装置释放灭火剂实施灭火。当两种探测器同时发出火灾信号时，控制器发出火灾声光信号，通知有火灾发生，有关人员应撤离现场，并发出联动指令，关闭风机、防火阀等联动设备，经过一段时间延时后，即发出灭火指令，打开电磁阀，启动气体打开容器阀，释放灭火剂进行灭火；如在报警过程中发现不需要启动灭火装置，按下保护区外或控制器操作面板上的“紧急停止按钮”，即可终止灭火指令的发出。

6.6.4.2 手动控制方式

将控制器上的控制方式选择锁置于“手动”位置时，灭火控制器处于手动控制状态。此时，当火灾探测器发出火警信号时，控制器即发出火灾声光报警信号，但不启动灭火装置，需经人员观察，确认火灾已发生时，即可按下保护区外或控制器操作面板上的“紧急启动按钮”，启动灭火装置释放灭火剂实施灭火，但此时报警信号仍存在。无论装置处于自动或手动状态，按下任何紧急启动按钮，都可启动灭火装置释放灭火剂实施灭火，同时控制器立即进入灭火报警状态。

6.6.4.3 机械应急启动工作方式

在控制器失效且值守人员判断为火灾时，应立即通知现场所有人员撤离，在确定所有人员撤离现场后，方可按以下步骤实施机械应急启动：手动关闭联动设备并切断电源，打开对应保护区选择阀，成组或逐个打开对应保护区储瓶组上的容器阀，实施灭火。

6.6.4.4 紧急启动/停止工作方式

该方式适用于以下紧急情况：

（1）当职守人员发现火情而气体灭火控制器未发出声光报警信号时，应立即通知现场所有人员撤离现场，在确定所有人员撤离现场后，方可按下紧急启动/停止按钮，系统立即实施灭火操作。

（2）当气体灭火控制器发出声光报警信号时并正处于延时阶段时，如发现为误报火警时可立即按下紧急启动/停止按钮，系统将停止实施灭火操作，以避免不必要的损失。

6.6.5 气体灭火系统的应用范围

气体灭火系统根据其灭火剂种类、灭火机理不同，其适用的范围也各不相同。

6.6.5.1 二氧化碳灭火系统

二氧化碳灭火系统可用于扑救灭火前可切断气源的气体火灾，液体火灾或石蜡、沥青等可熔化的固体火灾，固体表面火灾及棉毛、织物、纸张等部分固体深位火灾，电气火灾。

二氧化碳灭火系统不得用于扑救硝化纤维、火药等含氧化剂的化学制品火灾，钾、钠、镁、钛、锆等活泼金属火灾，氢化钾、氢化钠等金属氢化物火灾。

6.6.5.2 七氟丙烷灭火系统

七氟丙烷灭火系统适于扑救电气火灾、液体火灾、固体表面火灾和灭火前可切断气源的气体火灾。

七氟丙烷灭火系统不得用于扑救下列物质的火灾：含氧化剂的化学制品及混合物，活泼金属，金属氢化物及能自行分解的化学物质火灾。

6.6.5.3 其他气体灭火系统

其他气体灭火系统适用于扑救电气火灾、固体表面火灾、液体火灾、灭火前能切断气源的气体火灾。

不适用于扑救下列火灾：硝化纤维、硝酸钠等氧化剂或含氧化剂的化学制品火灾，钾、镁、钠、钛、锆、铀等活泼金属火灾，氢化钾、氢化钠等金属氢化物火灾，过氧化氢、联胺等能自行分解的化学物质火灾，可燃固体物质的深位火灾。

6.6.6 气体灭火系统的主要组件

6.6.6.1 灭火剂储存容器

灭火剂储存容器既要储存灭火剂，同时又是系统工作的动力源，为系统正常工作提供足够的压力，它是气体灭火系统的主要组件之一，对系统能否正常工作影响很大。同一防护区的灭火剂储存容器，其尺寸大小、灭火剂充装量和充装压力应相同，以便相互替换和维护管理。

储存装置宜设在专用的储存容器间内。局部应用灭火系统的储存装置可设置在固定的安全围栏内。专用的储存容器间的设置应符合下列规定：

(1) 应靠近防护区，出口应直接通向室外或疏散走道。

(2) 耐火等级不应低于二级。

(3) 室内应保持干燥和良好通风。

(4) 设在地下的储存容器间应设机械排风装置，排风口应通向室外。

6.6.6.2 容器阀

容器阀是指安装在灭火剂储存容器出口的控制阀门，其作用是平时用来封存灭火剂，火灾时自动或手动开启释放灭火剂。容器阀有手动启动、气启动、电磁启动和电爆启动等启动方式，与之对应的启动装置有手动启动器、气启动器、电磁启动器、电爆启动器。

6.6.6.3 集流管

集流管可将同时开启的储瓶释放的灭火剂汇集到集流管，然后通过分配管道向防护区释放。集流管是一根较粗的管道，工作压力不小于最高环境温度时的储存容器内的压力。集流管上应设安全阀，防止管道超压，起安全防护的作用。

6.6.6.4 选择阀

在多个保护区域的组合分配系统中，每个防护区或保护对象在集流管上的排气支管上应设置与该区域对应的选择阀。当选择阀对应的防护区或保护对象发生火警时，火灾报警控制器输出直流电流打开选择阀对应的启动气瓶，高压氮气通过控制管路把选择阀打开，再通过控制气管、气体单向阀启动气体灭火系统容器阀，气体灭火剂经汇集管、选择阀进入管网。选择阀可采用电动、气动或机械操作方式。高压系统中选择阀的工作压力不应小于12MPa，低压系统中选择阀的工作压力不应小于2.5MPa。

系统启动时，选择阀应在容器阀动作之前或同时打开。选择阀的位置宜靠近储存容器，并应便于手动操作，方便检查维护，选择阀上应设有标明防护区的铭牌。

6.6.6.5 喷头

喷头是用来控制灭火剂的流速和喷射方向的组件，安装在管网的末端，用于向防护区喷洒灭火剂并在规定时间内达到灭火浓度。全淹没灭火系统的喷头布置应使防护区内二氧化碳分布均匀，喷头应贴近顶棚或屋顶安装。

设置在粉尘或喷漆作业等场所的喷头，应增设不影响喷射效果的防尘罩。

6.6.6.6 压力开关

压力开关可以将压力信号转换成电信号，一般设置在选择阀前后，以判断各部位的动作正确与否。

6.6.6.7 安全阀

安全阀一般设置在储存容器的容器阀上及组合分配系统中的集流管部分。在组合分配系统的集流管部分，由于选择阀平时处于关闭状态，在容器阀的出口处至选择阀的进口端之间形成了一个封闭的空间，因而在此空间内容易形成一个危险的高压区。为了防止储存器发生误喷射，在集流管末端设置一个安全阀或泄压装置，当压力值超过规定值时，安全阀自动开启泄压以保证管网系统的安全。

6.6.6.8 启动气瓶

启动气瓶充有高压氮气，用来打开灭火剂储存容器上的容器阀及相应的选择阀。组合分配系统和灭火剂储存容器较多的单元独立系统，多采用这种设置启动气瓶启动的方式。启动气瓶容积较小，发生火灾时，由火灾报警控制器输出直流电流，启动启动器开启驱动阀，使启动气瓶的氮气释放，经过控制管路，将选择阀和气体灭火剂储存瓶打开，实施灭火。

6.6.6.9 管道

管道在气体灭火系统中担负着输送灭火剂的任务，输送气体灭火剂的管道应采用无缝钢管。在可能产生爆炸的场所，管网应吊挂安装并采取防晃措施。管道可采用螺纹连接、法兰连接或焊接。公称直径等于或小于 80mm 的管道，宜采用螺纹连接；公称直径大于 80mm 的管道，宜采用法兰连接。

气体灭火系统管网布置时，管道应尽量短、直，避免绕流。管网宜布置成均衡管网，管路不应采用四通分流，阀门之间的封闭管段应设置泄压装置；设置在有爆炸危险的可燃气体、蒸气或粉尘场所内的气体灭火系统，其管网应设防静电接地装置。

6.6.6.10 火灾报警装置

防护区设有火灾自动报警系统，通过其探测火灾并监控气体灭火系统，实现气体灭火系统的自动启动。火灾自动报警系统可以单独设置，也可以利用建筑物的火灾自动报警系统集中控制。气体灭火系统还应有监测系统工作状态的流量或压力监测装置，常用的是压力开关。

6.6.7 防护区及灭火剂用量

6.6.7.1 防护区的设置要求

A 防护区的划分

防护区是指满足全淹没灭火系统要求的有限封闭空间。设置全淹没气体灭火系统保护的场所，其设置应满足以下要求：两个或两个以上的防护区采用组合分配系统时，一个组合分配系统所保护的防护区不应超过 8 个；组合分配系统的灭火剂储存量，应按储存量最大的防护区确定。防护区划分应符合下列规定：

(1) 防护区宜以单个封闭空间划分，同一区间的吊顶层和地板下需同时保护时，可合为一个防护区。

(2) 采用管网灭火系统时，一个防护区的面积不宜大于 $800m^2$，且容积不宜大于 $3600m^3$。

(3) 采用预制灭火系统时，一个防护区的面积不宜大于 $500m^2$，且容积不宜大于 $1600m^3$。

(4) 防护区应设置泄压口，七氟丙烷灭火系统的泄压口应位于防护区净高的 2/3 以上。

(5) 防护区设置的泄压口，宜设在外墙上，泄压口面积按相应气体灭火系统设计规定计算。对于设有防爆泄压设施或门窗缝隙未设密封条的防护区可不设泄压口。

B 耐火性能

防护区围护结构及门窗的耐火极限均不宜低于 0. 5h；吊顶的耐火极限不宜低于 0. 25h。

全淹没灭火系统防护区建筑物构件耐火时间（一般为 30min）包括探测火灾时间、延时时间、释放灭火剂时间及保持灭火剂设计浓度的浸渍时间。延时时间为 30s，释放灭火剂时间对于扑救表面火灾不应大于 1min，对于扑救固体深位火灾不应大于 7min。

C 耐压性能

在全封闭空间释放灭火剂时，空间内的压强会迅速增加，如果超过建筑构件承受能力，防护区就会遭到破坏，从而造成灭火剂流失、灭火失败和火灾蔓延的严重后果。防护区围护结构承受内压的允许压强，不宜低于 1200Pa。

D 封闭性能

在防护区的围护构件上不宜设置敞开孔洞，否则将会造成灭火剂流失。在必须设置敞开孔洞时，应设置能手动和自动关闭的装置。在喷放灭火剂前，应自动关闭防护区内除泄压口外的开口。

E 环境温度

防护区的最低环境温度不应低于-10℃。

6.6.7.2 安全要求

设置气体灭火系统的防护区应设疏散通道和安全出口，保证防护区内所有人员在30s内撤离完毕。

防护区内的疏散通道及出口，应设消防应急照明灯具和疏散指示标志灯。防护区内应设火灾声报警器，必要时，可增设闪光报警器。防护区的入口处应设火灾声、光报警器和灭火剂喷放指示灯，以及防护区采用的相应气体灭火系统的永久性标志牌。灭火剂喷放指示灯信号，应保持到防护区通风换气后，以手动方式解除。

防护区的门应向疏散方向开启，并能自行关闭；用于疏散的门必须能从防护区内打开。

灭火后的防护区应通风换气，地下防护区和无窗或设固定窗扇的地上防护区，应设置机械排风装置，排风口宜设在防护区的下部并应直通室外。通信机房、电子计算机房等场所的通风换气次数应不小于每小时5次。

储瓶间的门应向外开启，储瓶间内应设应急照明；储瓶间应有良好的通风条件，地下储瓶间应设机械排风装置，排风口应设在下部，可通过排风管排出室外。

经过有爆炸危险和变电、配电场所的管网，以及布设在以上场所的金属箱体等，应设防静电接地。

有人工作防护区的灭火设计浓度或实际使用浓度，不应大于有毒性反应浓度。

防护区内设置的预制灭火系统的充压压力不应大于2.5MPa。

灭火系统的手动控制与应急操作应有防止误操作的警示显示与措施。

设有气体灭火系统的场所，宜配置空气呼吸器。

6.6.8 二氧化碳灭火系统的设计

6.6.8.1 一般规定

二氧化碳灭火系统按应用方式可分为全淹没灭火系统和局部应用灭火系统。全淹没灭火系统应用于扑救封闭空间内的火灾，局部应用灭火系统应用于扑救不需封闭空间条件的具体保护对象的非深位火灾。

（1）采用全淹没灭火系统的防护区，应符合下列规定：

1）对气体、液体、电气火灾和固体表面火灾，在喷放二氧化碳前不能自动关闭的开口，其面积不应大于防护区总内表面面积的3%，且开口不应设在底面。

2）对固体深位火灾，除泄压口以外的开口，在喷放二氧化碳前应自动关闭。

3）防护区用的通风机和通风管道中的防火阀，在喷放二氧化碳前应自动关闭。

（2）采用局部应用灭火系统的保护对象，应符合下列规定：

1）保护对象周围的空气流动速度不宜大于 3m/s，以免风速过大，影响喷射效果，并不利于灭火；必要时，应采取挡风措施。

2）在喷头与保护对象之间，喷头喷射角范围内不应有遮挡物，以防因阻挡物遮挡，致使灭火剂不能有效喷射到被保护对象表面，而影响灭火效果。

3）当保护对象为可燃液体时，液面至容器缘口的距离不得小于 150mm，以避免可燃液体飞溅，造成流淌火灾或更大的火灾危险。

组合分配系统的二氧化碳储存量，不应小于所需储存量最大的一个防护区域或保护对象的储存量。

当组合分配系统保护 5 个及以上的防护区或保护对象时，或者在 48h 内不能恢复时，二氧化碳应有备用量，备用量不应小于系统设计的储存量。对于高压系统和单独设置备用储存容器的低压系统，备用量的储存容器应与系统管网相连，应能与主储存容器切换使用。

6.6.8.2　灭火剂用量计算

A　全淹没灭火系统灭火剂用量

全淹没二氧化碳灭火系统灭火剂用量包括设计用量、剩余用量和储存量。

（1）设计用量。二氧化碳的设计用量应按下式计算：

$$W = K_b(0.2A + 0.7V) \tag{6-9}$$

$$A = A_v + 30A_0 \tag{6-10}$$

$$V = V_v - V_g \tag{6-11}$$

式中　W——二氧化碳设计用量，kg；

K_b——物质系数；

A——折算面积，m^2；

A_v——防护区的内侧面、底面、顶面（包括其中的开口）的总面积，m^2；

A_0——开口总面积，m^2；

V——防护区的净容积，m^3；

V_v——防护区容积，m^3；

V_g——防护区内非燃烧体和难燃烧体的总体积，m^3。

二氧化碳设计浓度不应小于灭火浓度的 1.7 倍，并不得低于 34%。

当防护区内存有两种及两种以上可燃物时，防护区的二氧化碳设计浓度应采用可燃物中最大的二氧化碳设计浓度。

当防护区的环境温度超过 100℃时，二氧化碳的设计用量应在式（6-9）的基础上，每超过 5℃增加 2%。当防护区的环境温度低于−20℃时，二氧化碳的设计用量应在式（6-9）基础上每降低 1℃增加 2%。

全淹没灭火系统二氧化碳的喷放时间不应大于 1min。当扑救固体深位火灾时，喷放时间不应大于 7min，并应在前 2min 内使二氧化碳的浓度达到 30%。

（2）剩余量。全淹没二氧化碳灭火系统的剩余量一般不详细计算，取设计用量的 10%即可。

（3）储存量。二氧化碳灭火系统的储存量应为设计用量和剩余用量之和，可按式（6-12）计算：

$$W_h = 1.1W \tag{6-12}$$

式中 W_h——全淹没二氧化碳灭火系统灭火剂储存量，kg；

W——全淹没二氧化碳灭火系统灭火剂设计用量，kg。

B 局部应用系统灭火剂用量

局部应用灭火系统的设计可采用面积法或体积法。当保护对象的着火部位是比较平直的表面时，宜采用面积法；当着火对象为不规则物体时，应采用体积法。

（1）设计用量。

1）面积计算法。当保护对象为油盘等液体火灾时，局部应用灭火系统宜采用面积法设计，二氧化碳灭火剂设计用量可按照式（6-13）计算：

$$W = N \times Q \times t \tag{6-13}$$

式中 W——二氧化碳灭火剂设计用量，kg；

N——喷头数量，只；

Q——单个喷头设计流量，kg/min；

t——二氧化碳灭火剂喷射时间，min；局部应用灭火系统的二氧化碳喷射时间不应小于 0.5min。对于燃点温度低于沸点温度的液体和可熔化固体的火灾，二氧化碳的喷射时间不应小于 1.5min。

当采用面积法设计时，应符合下列规定：

①保护对象计算面积应取被保护表面整体的垂直投影面积。

②架空型喷头应以喷头的出口至保护对象表面的距离确定设计流量和相应的正方形保护面积；槽边型喷头保护面积应由设计选定的喷头设计流量确定。

③架空型喷头的布置宜垂直于保护对象的表面，其瞄准点应是喷头保护面积的中心。当确需非垂直布置时，喷头的安装角不应小于 45°，其瞄准点应偏向喷头安装位置的一方。

2）体积计算法。当保护对象为变压器及其类似物体时，局部应用灭火系统宜采用体积计算法设计，二氧化碳灭火剂设计用量可按照式（6-14）计算：

$$W = V \times q \times t \tag{6-14}$$

式中 W——二氧化碳灭火剂设计用量，kg；

V——保护对象的计算体积，m^3；

q——二氧化碳灭火剂单位体积喷射率，$kg/(min \cdot m^3)$；

t——二氧化碳灭火剂喷射时间，min。

（2）二氧化碳管道蒸发量。当管道敷设在环境温度超过45℃的场所且无绝热保护层时，应考虑二氧化碳在管道中的蒸发量。因为对于局部应用二氧化碳灭火系统，只有液态和固态二氧化碳才能有效灭火。

（3）储存量。局部应用二氧化碳灭火系统储存量按式（6-15）计算：

$$W_h = K_v W + W_v \tag{6-15}$$

式中 K_v——裕度系数，高压系统取1.4，低压系统取1.1；

W——局部应用二氧化碳灭火系统设计用量，kg。

C 系统剩余量

系统剩余量是指在灭火剂喷射时间内不能释放到防护区空间而残留在灭火系统中的灭火剂量，包括灭火剂储存容器剩余量和管网剩余量两部分。

喷射时间终了时，残留在储存容器内的灭火剂量可按式（6-16）计算：

$$W' = \rho V_d \tag{6-16}$$

式中 W'——储存容器内灭火剂剩余量，kg；

ρ——灭火剂液态密度，kg/m^3；

V_d——储存容器导液管入口以下部分容器的容积，m^3。

一般生产厂家在产品出厂时会对储存容器内灭火剂剩余量进行测定，为用户提供该储存容器灭火剂剩余量。

6.6.9 灭火剂喷射时间

灭火剂的喷射时间是从全部喷嘴开始喷射液态灭火剂至其中任何一个喷嘴喷射驱动气体为止的一段时间间隔。

（1）全淹没二氧化碳灭火系统的灭火剂喷射时间一般不应大于1min。当扑救固体深位火灾时，喷射时间不应大于7min，并应在2min内使二氧化碳的浓度达到30%。

（2）局部应用CO_2灭火系统的灭火剂喷射时间一般不应大于0.5min，当扑救燃点低于沸点温度的液体火灾，喷射时间不应小于1.5min.

（3）IG541灭火系统灭火剂喷射时间。当IG541混合气体灭火剂喷放至设计用量的95%时，其喷放时间不应大于60s，且不应小于48s。

（4）七氟丙烷灭火系统灭火剂喷射时间，在通信机房和电子计算机房等防护区，设计喷放时间不应大于8s，在其他防护区，设计喷放时间不应大于10s。

6.6.10 灭火剂浸渍时间

灭火剂浸渍时间是指在防护区内维持设计规定的灭火剂浓度，使火灾完全熄灭所需的时间。

（1）二氧化碳灭火剂浸渍时间。对于扑救固体物质火灾，灭火剂浸渍时间不应小于10min，对可燃气体火灾和甲、乙、丙类液体火灾，必须大于1min。

（2）IG541系统灭火浸渍时间。木材、纸张、织物等固体表面火灾，宜采用20min；通信机房、电子计算机房内的电气设备火灾，宜采用10min；其他固体表面火灾，宜采用10min。

（3）七氟丙烷灭火剂浸渍时间。木材、纸张、织物等固体表面火灾，宜采用20min；通信机房、电子计算机房内的电气设备火灾，宜采用5min；其他固体表面火灾，宜采用10min；气体和液体火灾，不应小于1min。

6.7 干粉灭火系统

6.7.1 干粉灭火的基本原理

干粉灭火系统借助于惰性气体压力的驱动，由这些气体携带供应源处的干粉灭火剂，形成气—粉两相混合流，通过输送管道连接到固定的喷嘴上，经喷嘴喷放，实施灭火，属于固定式或半固定式灭火系统。干粉灭火系统是传统的四大固定灭火系统（水、气体、泡沫、干粉）之一，也是应用较成熟的卤代烷灭火系统替代技术之一，应用较为广泛。干粉灭火系统具有灭火速度快、效率高、不导电、可长距离输送、无需防冻、可长期保存、环境污染小、毒性危害小和水渍损失少等优点，主要适用于扑救：

（1）易燃、可燃液体。例如，液体燃料罐、油罐、淬火油槽、洗涤油槽、浸渍槽、涂料反应釜、涂漆生产流水线、飞机库、汽车停车场、锅炉房、加油站、油泵房、液化气站、化学危险品仓库等。

（2）伴有压力喷出的易燃液体或气体设施。例如，输油费、反应塔、换热器、煤气站、天然气井、石油气罐充站等。

（3）室内外变压油浸短路开关、变压器油箱等电气火灾。

（4）印刷厂、造纸厂干燥炉、胶带厂、棉纺厂等。

（5）三乙基铝储存罐、电缆等火灾。

干粉灭火系统不适用于扑救下列火灾：

（1）火灾中产生含有氧的化学物质，例如硝酸纤维。

（2）可燃金属，例如钠、钾、镁等。

（3）固体深位火灾。

6.7.2 干粉灭火剂类型及成分

干粉灭火剂是一种干燥的、易于流动的固体细微粉末。干粉灭火剂是由灭火基料（如小苏打、磷酸铵盐等）和适量的流动助剂（硬脂酸镁、云母粉、滑石粉等）及防潮剂（硅油）在一定工艺条件下研磨、混配制成的固体粉末灭火剂。干粉灭火剂按应用范围可分为以下几类。

6.7.2.1 普通干粉灭火剂

普通干粉灭火剂是目前品种最多、用量最大的一类干粉灭火剂。这类灭火剂可扑救B类、C类、E类火灾，因而又称为BC干粉灭火剂。属于这类的干粉灭火剂有：

（1）以碳酸氢钠为基料的钠盐干粉灭火剂（小苏打干粉）。

（2）以碳酸氢钾为基料的紫钾干粉灭火剂。

（3）以氯化钾为基料的超级钾盐干粉灭火剂。

（4）以硫酸钾为基料的钾盐干粉灭火剂。

（5）以碳酸氢钠和钾盐为基料的混合型干粉灭火剂。

（6）以尿素和碳酸氢钠（碳酸氢钾）的反应物为基料的氨基干粉灭火剂（毛耐克斯Monnex干粉）。

6.7.2.2 多用途干粉灭火剂

这类灭火剂可扑救A类、B类、C类、E类火灾，因而又称为ABC干粉灭火剂，这类干粉多以磷酸盐为基料，一般为淡红色。属于这类的干粉灭火剂有：

（1）以磷酸盐为基料的干粉灭火剂。

（2）以磷酸铵和硫酸铵混合物为基料的干粉灭火剂。

（3）以聚磷酸铵为基料的干粉灭火剂。

6.7.2.3 专用干粉灭火剂

这类灭火剂可扑救D类火灾，又称为D类专用干粉灭火剂或特种干粉灭火剂。属于这类的干粉灭火剂有：

（1）石墨类。在石墨内添加流动促进剂。

（2）氯化钠类。氯化钠广泛用于制作D类干粉灭火剂，选择不同的添加剂适用于不同的灭火对象。

（3）碳酸氢钠类。碳酸氢钠是制作BC干粉灭火剂的主要原料，添加某些结壳物料也适用于制作D类干粉灭火剂。

6.7.2.4 注意事项

（1）BC类与ABC类干粉不能兼容。

(2) BC类干粉与蛋白泡沫或者化学泡沫不兼容，因为干粉对蛋白泡沫和一般合成泡沫有较大的破坏作用。

(3) 对于一些扩散性很强的气体，如氢气、乙炔气体，干粉喷射后难以稀释整个空间的气体，对于精密仪器仪表会留下残渣，用干粉灭火不适用。

6.7.3 干粉的灭火机理

干粉在动力气体（氮气、二氧化碳）的推动下射向火焰进行灭火。干粉在灭火过程中，粉雾与火焰接触、混合，发生一系列物理和化学作用，其灭火机理介绍如下。

6.7.3.1 化学抑制作用

燃烧反应是一种链式反应，OH·和H·上的“·”是维持燃烧连锁反应的关键自由基，它们具有很高的能量，非常活泼，而寿命却很短，一经生成，立即引发下一步反应，生成更多的自由基，使燃烧过程得以延续且不断扩大。干粉灭火剂的灭火组分是燃烧的非活性物质，当把干粉灭火剂加入燃烧区与火焰混合后，干粉粉末与火焰中的自由基接触时，捕获OH·和H·，自由基被瞬时吸附在粉末表面。当大量的粉末以雾状形式喷向火焰时，火焰中的自由基被大量吸附和转化，使自由基数量急剧减少，致使燃烧反应链中断，最终使火焰熄灭。

6.7.3.2 隔离作用

干粉灭火系统喷出的固体粉末覆盖在燃烧物表面，构成阻碍燃烧的隔离层。特别当粉末覆盖达到一定厚度时，还可以起到防止复燃的作用。

6.7.3.3 冷却与窒息作用

干粉灭火剂在动力气体推动下喷向燃烧区进行灭火时，干粉灭火剂的基料在火焰高温作用下，将会发生一系列分解反应，钠盐和钾盐干粉在燃烧区吸收部分热量，并放出大量水蒸气和二氧化碳气体，可起到冷却和稀释可燃气体的作用。磷酸盐等化合物还具有导致炭化的作用，它附着于着火固体表面可炭化，碳化物是热的不良导体，可使燃烧过程变得缓慢，使火焰的温度降低。

6.7.4 使用保管要求

干粉灭火剂应储存在通风、阴凉、干燥处，并密封储存。储存温度最高不得高于55℃，最好不要超过40℃。干粉灭火剂堆放不宜过高，以防压实结块。干粉灭火剂在充装时，应在干燥的环境或天气中进行。充装前，尤其是充装不同类型的干粉储罐，应吹扫干净；充装完毕后，应及时将装粉口密闭。在标准规定的环境储存，干粉灭火剂的有效储存期一般为5年。

6.7.5 干粉灭火系统的组成和分类

6.7.5.1 干粉灭火系统的组成

干粉灭火系统在组成上与气体灭火系统相类似。干粉灭火系统由储存装置、启动分配装置、输粉管道、喷射装置、火灾探测控制装置等组成，其结构如图6-25所示。

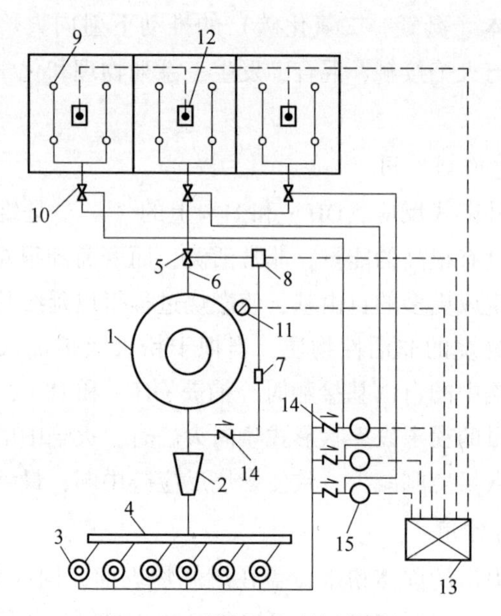

图6-25 干粉灭火系统结构图

1—干粉储罐；2—压力控制器；3—氮气瓶；4—集气管；5—球阀；6—输粉管；7—减压阀；8—电磁阀；9—喷嘴；10—选择阀；11—压力传感器；12—火灾探测器；13—消防控制中心；14—单向阀；15—启动气瓶

6.7.5.2 系统工作原理

干粉灭火系统启动方式可分为自动控制和手动控制，下面对两种控制方式的工作原理进行详细叙述。

A 自动控制方式

当防护区或保护对象着火后，温度迅速上升达到规定值，探测器发出火灾信号到控制器，然后由控制器打开相应报警设备（如声光警报器及警铃）。当启动机构接收到控制器的启动信号后将启动瓶打开，启动瓶内的氮气通过管道将高压驱动气体瓶组的瓶头阀打开，瓶中的高压驱动气体进入集气管，经过高压阀进入减压阀，减压至规定压力后，通过进气阀进入干粉储罐内，搅动罐中干粉灭火剂，使罐中干粉灭火剂疏松形成便于流动的气粉混合物。当干粉罐内的压力上升到规定压力数值时，定压动作机构开始动作，打开干粉罐出口球阀，干粉灭火剂即经过总阀门、选择阀、输粉管和喷嘴喷向着火对象，或者经喷枪射到着火对象的表面进行灭火。

在实际应用中，不论哪种类型的探测器，由于受其自身的质量和环境的影响，在长期运行中不可避免地存在误报的可能。为了提高系统的可靠性，最大限度地避免由于探测器误报引起灭火系统误动作，从而带来不必要的经济损失，通常在保护场所设置两种不同类型或两组同一类型的探测器进行复合探测。只有当两种不同类型或两组同一类型的火灾探测器均检测出保护场所存在火灾时，才能发出启动灭火系统的指令。

B 手动控制方式

手动启动装置是防护区内或保护对象附近的人员在发现火情时启动灭火系统的手段之一，故要求手动启动装置安装在靠近防护区或保护对象同时又能够确保操作人员安全的位置。为了避免操作人员在紧急情况下错按其他按钮，故要求所有手动启动装置都应明显地标示出其对应的防护区或保护对象的名称。

手动紧急停止是在系统启动后的延迟时段内发现不需要或不能够实施喷放灭火剂的情况时可采用的一种使系统中止的手段。出现这种情况的原因很多，比如有人错按了启动按钮；火情未到非启动灭火系统不可的地步，可改用其他简易灭火手段；区域内还有人员尚未完全撤离，等等。一旦系统开始喷放灭火剂，手动紧急停止装置便失去了作用。启用紧急停止装置后，虽然系统控制装置停止了后续动作，但干粉储罐增压仍然继续，系统处于蓄势待发的状态，这时仍有可能需要重新启动系统，释放灭火剂。比如有人错按了紧急停止按钮、防护区内被困人员已经撤离等。所以，要求在使用手动紧急停止装置后，手动启动装置可以再次启动。

根据使用对象和场合的不同，灭火系统亦可与感温、感烟探测器联动。在经常有人的地方也可采用半自动操作，即人工确认火灾，启动手动按钮即可完成全部喷粉灭火动作。

6.7.5.3 干粉灭火系统的分类

A 按应用方式分类

（1）全淹没式干粉灭火系统。全淹没式干粉灭火系统是指在规定时间内，向防护区喷射一定浓度的干粉灭火剂，并使其均匀地充满整个防护区的灭火系统。该系统的特点是对防护区提供整体保护，适用于扑救封闭空间的火灾，一般用于房间较小、火灾燃烧表面不宜确定且不会复燃的场合，如油泵房等场所。

（2）局部应用式干粉灭火系统。局部应用式干粉灭火系统是指通过喷嘴直接向火焰或燃烧表面喷射灭火剂，并能在火焰周围的局部范围建立起较高浓度

（大于灭火浓度）以实施灭火的系统。当不宜在整个房间建立灭火浓度或仅保护某局部范围、某一设备、室外火灾危险场所等时，可选择局部应用式干粉灭火系统。因此，要求设计时应确保灭火剂能够将整个保护对象的表面覆盖。当系统用于保护房间内的某个局部范围或室外的某一设备，应使保护对象与其他物品必须隔开，以保证火不会蔓延到保护区以外的地方。例如用于保护甲、乙、丙类液体的敞顶罐（或槽），或不怕粉末污染的电气设备以及其他场所。

B 按设计情况分类

（1）设计型干粉灭火系统。设计型干粉灭火系统是指根据保护对象的具体情况，通过设计计算确定系统形式。该系统中的所有参数都需经设计确定，并按要求选择各部件设备型号。一般较大的保护场所或有特殊要求的场所宜采用设计型干粉灭火系统。

（2）预制型干粉灭火系统。预制型干粉灭火系统是指由工厂生产的系列成套干粉灭火设备，系统的规格是通过对保护对象做灭火试验后预先设计好的，即所有设计参数都已确定，使用时只需选型，不必进行复杂的设计计算。对保护对象不是很大且无特殊要求的场所，一般选择预制型干粉灭火系统。

C 按系统保护情况分类

（1）组合分配系统。当一区域有几个保护对象且每个保护对象发生火灾后又不会蔓延时，可选用组合分配系统，即用一套灭火剂储存装置保护两个及以上防护区或保护对象的灭火系统。组合分配系统保护的防护区与保护对象之和不得超过8个，系统的规模应满足最大保护对象的需要。

（2）单元独立系统。若火灾的蔓延情况不能预测，则每个保护对象应单独设置一套系统保护，即单元独立系统。预制型灭火系统为单元独立系统，即一个防护区或保护对象宜用一套预制型灭火系统保护。多个保护对象采用同一喷射系统，同时向各个保护对象释放干粉灭火剂，也是一种单元独立系统。

D 按驱动气体储存方式分类

（1）储气式干粉灭火系统。储气式干粉灭火系统是指将驱动气体（氮气或二氧化碳气体）单独储存在储气瓶中，灭火使用时，再将驱动气体充入干粉储罐，进而携带驱动干粉喷射实施灭火的系统。这类系统装填粉末比较容易，干粉储罐的永久密封要求不太严格，且储气钢瓶容易密封，要求储气瓶放置点环境温度不低于0℃，以保证灭火效果。干粉灭火系统大多数采用的是这种系统形式。

（2）储压式干粉灭火系统。储压式干粉灭火系统指将驱动气体与干粉灭火剂同储于一个容器，灭火时直接启动干粉储罐的系统。这种系统结构比储气系统简单，但要求驱动气体不能泄漏。干粉储罐置于-40℃的环境而不影响灭火效果。

（3）燃气式干粉灭火系统。燃气式干粉灭火系统的驱动气体不采用压缩气体，而是在火灾时点燃燃气发生器内的固体燃料，通过燃烧生成的燃气压力来驱动干粉喷射实施灭火。这种灭火系统的优点是启动快，发生器不工作时，其内无压力，不担心漏气问题，但点火装置一定要绝对可靠，即无误点火现象，点火时要100%的成功。

6.7.6 干粉灭火系统的设计

6.7.6.1 一般规定

干粉灭火系统按应用方式可分为全淹没灭火系统和局部应用灭火系统。扑救封闭空间内的火灾应采用全淹没灭火系统，扑救具体保护对象的火灾应采用局部应用灭火系统。

采用全淹没灭火系统的防护区，应符合下列规定：

(1) 喷放干粉时不能自动关闭的防护区开口，其总面积不应大于该防护区总内表面积的15%，且开口不应设在底面。

(2) 防护区的围护结构及门、窗的耐火极限不应小于0.50h，吊顶的耐火极限不应小于0.25h；围护结构及门、窗的允许压力不宜小于1200Pa。

采用局部应用灭火系统的保护对象，应符合下列规定：

(1) 保护对象周围的空气流动速度不应大于2m/s，必要时，应采取挡风措施。

(2) 在喷头和保护对象之间，喷头喷射角范围内不应有遮挡物。

(3) 当保护对象为可燃液体时，液面至容器缘口的距离不得小于150mm。

当防护区或保护对象有可燃气体，易燃、可燃液体供应源时，启动干粉灭火系统之前或同时，必须切断气体、液体的供应源。

可燃气体，易燃、可燃液体和可熔化固体火灾宜采用碳酸氢钠干粉灭火剂；可燃固体表面火灾应采用磷酸铵盐干粉灭火剂。

组合分配系统的灭火剂储存量不应小于所需储存量最多的一个防护区或保护对象的储存量。

组合分配系统保护的防护区与保护对象之和不得超过8个。当防护区与保护对象之和超过5个时，或者在喷放后48h内不能恢复到正常工作状态时，灭火剂应有备用量。备用量不应小于系统设计的储存量。

备用干粉储存容器应与系统管网相连，并能与主用干粉储存容器切换使用。

6.7.6.2 全淹没灭火系统

全淹没式干粉灭火系统的干粉灭火剂用量包括两部分：一部分是保证在封闭空间形成灭火浓度所需的干粉灭火剂量；另一部分是补偿各种可能降低灭火效率所消耗干粉灭火剂的附加量。灭火剂设计用量应按下列公式计算：

$$m = K_1 V + \sum K_{oi} A_{oi} \tag{6-17}$$

$$V = V_v - V_g + V_z \tag{6-18}$$

$$V_z = Q_z t \tag{6-19}$$

$$K_{oi} = 0 \quad (A_{oi} < 1\% A_v) \tag{6-20}$$

$$K_{oi} = 2.5 \quad (1\% A_v \leqslant A_{oi} < 5\% A_v) \tag{6-21}$$

$$K_{oi} = 5 \quad (5\% A_v \leqslant A_{oi} \leqslant 15\% A_v) \tag{6-22}$$

式中 m——干粉设计用量，kg；

K_1——灭火剂设计浓度，kg/m^3，不得小于 0.65kg/m^3；

V——防护区净容积，m^3；

K_{oi}——开口补偿系数，kg/m^3；

A_{oi}——不能自动关闭的防护区开口面积，m^3；

V_v——防护区容积，m^3；

V_g——防护区内不燃烧体和难燃烧体的总体积，m^3；

V_z——不能切断的通风系统的附加体积，m^3；

Q_z——通风流量，m^3/s；

t——干粉喷射时间，s，不应大于 30s；

A_v——防护区的内侧面、底面、顶面（包括其中开口）的总内表面积，m^2。

全淹没灭火系统喷头的布置应使防护区内灭火剂分布均匀。

防护区应设泄压口，并宜设在外墙上，其高度应大于防护区净高的 2/3。

6.7.6.3 局部应用灭火系统

局部应用灭火系统的设计可采用面积法或体积法。当保护对象的着火部位是平面时，宜采用面积法；当采用面积法不能做到使所有表面被完全覆盖时，应采用体积法。

A 面积法

当采用面积法设计时，应符合下列规定：

（1）保护对象计算面积应取被保护表面的垂直投影面积。

（2）架空型喷头应以喷头的出口至保护对象表面的距离确定其干粉输送速率和相应保护面积，槽边型喷头保护面积应由设计选定的干粉输送速率确定。

（3）干粉设计用量应按式（6-23）计算：

$$m = N Q_i t \tag{6-23}$$

式中 N——喷头数量；

Q_i——单个喷头的干粉输送速率，kg/s，按产品样本取值。

室内局部应用灭火系统的干粉喷射时间不应小于 30s；室外或有复燃危险的

室内局部应用灭火系统的干粉喷射时间不应小于 60s。

B　体积法

当采用体积法设计时，应符合下列规定：

（1）保护对象的计算体积应采用假定的封闭罩的体积。封闭罩的底应是实际底面；封闭罩的侧面及顶部当无实际围护结构时，它们至保护对象外缘的距离不应小于 1.5m。

（2）干粉设计用量应按下列公式计算：

$$m = V_1 q_v t \tag{6-24}$$

$$q_v = 0.04 - 0.006 A_p A_t \tag{6-25}$$

式中　V_1——保护对象的计算体积，m^3；

q_v——单位体积的喷射速率，$kg/(s \cdot m^3)$；

A_p——在假定封闭罩中存在的实体墙等实际围封面面积，m^2；

A_t——假定封闭罩的侧面围封面面积，m^2。

（3）喷头的布置应使喷射的干粉完全覆盖保护对象，并应满足单位体积的喷射速率和设计用量的要求。

6.7.7　预制灭火装置

预制灭火装置的灭火剂储存量不得大于 150kg，管道长度不得大于 20m，一个防护区或保护对象宜用一套预制灭火装置保护。一个防护区或保护对象所用预制灭火装置最多不得超过 4 套，并应同时启动，其动作响应时间差不得大于 2s。干粉管网起点，就是干粉储存容器输出容器阀出口，其压力不应大于 2.5MPa；管网最不利点喷头工作压力不应小于 0.1MPa。

6.7.8　干粉灭火系统组件及设置要求

6.7.8.1　系统组件

储存装置由干粉储存容器、容器阀、安全泄压装置、驱动气体储瓶、瓶头阀、集流管、减压阀、压力报警及控制装置等组成。

干粉储存容器设计压力可取 1.6MPa 或 2.5MPa 压力级；其干粉灭火剂的装量系数不应大于 0.85，其增压时间不应大于 30s。

干粉储存容器应满足驱动气体系数、干粉储存量、输出容器阀出口干粉输送速率和压力的要求。

驱动气体应选用惰性气体，宜选用氮气；二氧化碳含水率不应大于 0.015%（*m/m*），其他气体含水率不得大于 0.006%（*m/m*）；驱动压力不得大于干粉储存容器的最高工作压力。

储存装置的布置应方便检查和维护，并宜避免阳光直射，其环境温度应为-20~50℃。

储存装置宜设在专用的储存装置间内。专用储存装置间的设置应符合下列规定：

（1）应靠近防护区，出口应直接通向室外或疏散通道。

（2）耐火等级不应低于二级。

（3）宜保持干燥和良好通风，并应设应急照明。

当采取防湿、防冻、防火等措施后，局部应用灭火系统的储存装置可设置在固定的安全围栏内。

6.7.8.2 系统设置要求选择阀和喷头

气体管道连接必须牢固，每安装一段管道就应吹扫一次，保证管内干净。在减压阀前，要经过过滤网。

干粉灭火剂须按规定的品种和数量灌装，灌装最好在晴天，避免在阴雨天操作，并应一次装完，立即密封。

全淹没系统喷头应均匀分布，喷头间距不大于2.25m，喷头与墙的距离不大于1m，每个喷头的保护容积不大于$14m^3$。

灭火救援设施

第7章　课件

灭火救援设施主要有消防车道、消防登高面、消防救援场地、灭火救援窗、消防电梯等。

7.1　消 防 车 道

消防车道是供消防车灭火时通行的道路。设置消防车道的目的在于，一旦发生火灾可以确保消防车畅通无阻，迅速到达火场，及时扑灭火灾。消防车道的设置应根据当地专业消防救援力量使用的消防车辆的外形尺寸、载重、转弯半径等消防车技术参数，以及建筑物的体量大小、周围通行条件等因素确定。

7.1.1　消防车道的设置

（1）对于那些高度高、体量大，功能复杂、扑救困难的建筑应设环形消防车道。高层民用建筑，超过3000个座位的体育馆，超过2000个座位的会堂，占地面积大于3000m^{2}的商店建筑、展览建筑等单、多层公共建筑的周围应设置环形消防车道，确有困难时，可沿建筑的两个长边设置消防车道。对于高层住宅建筑和山坡地或河道边临空建造的高层民用建筑，可沿建筑的一个长边设置消防车道，但该长边所在建筑立面应为消防车登高操作面。

（2）工厂、仓库区内应设置消防车道。高层厂房、占地面积大于3000m^{2}的甲、乙、丙类厂房和占地面积大于1500m^{2}的乙、丙类仓库，应设置环形消防车道，确有困难时，应沿建筑物的两个长边设置消防车道。

（3）设置环形消防车道时至少应有两处与其他车道连通，必要时还应设置与环形车道相连的中间车道，且道路设置应考虑大型车辆的转弯半径。

7.1.2　消防车道的种类

7.1.2.1　穿过建筑的消防车道

（1）对于一些使用功能多、面积大、建筑长度长的建筑，如L形、U形、口形建筑，当其沿街长度超过150m或总长度大于220m时，应在适当位置设置穿过建筑物的消防车道。

（2）为了日常使用方便和消防人员快速便捷地进入建筑内院救火，有封闭内院或天井的建筑物，当其短边长度大于24m时，宜设置进入内院或天井的消防车道。

有封闭内院或天井的建筑物沿街时，应设置连通街道和内院的人行通道（可利用楼梯间），其间距不宜大于80m。

（3）在穿过建筑物或进入建筑物内院的消防车道两侧，不应设置影响消防车通行或人员安全疏散的设施。

（4）规模较大的封闭式商业街、购物中心、游乐场等，进入院内的消防车道的出口不应少于2个，且院内道路宽度不应小于6m。

7.1.2.2 尽头式消防车道

当建筑和场所的周边受地形环境条件限制，难以设置环形消防车道或与其他道路连通的消防车道时，可设置尽头式消防车道。

7.1.2.3 消防水源地消防车道

供消防车取水的天然水源和消防水池应设置消防车道。消防车道边缘距离取水点不宜大于2m。

7.1.3 消防车道技术要求

7.1.3.1 消防车道的净宽和净高

消防车道一般按单行线考虑，为便于消防车顺利通过，消防车道的净宽度和净空高度均不应小于4m，消防车道的坡度不宜大于8%。

7.1.3.2 消防车道的荷载

轻、中系列消防车最大总质量不超过11t，重系列消防车的最大总质量15~50t。作为车道，不管是市政道路还是小区道路，一般都应能满足大型消防车的通行。消防车道的路面、救援操作场地及消防车道和救援操作场地下面的管道和暗沟等，应能承受重型消防车的压力，且应考虑建筑物的高度、规模及当地消防车的实际参数。

7.1.3.3 消防车道的最小转弯半径

车道转弯处应考虑消防车的最小转弯半径，以便于消防车顺利通行。消防车的最小转弯半径是指消防车回转时消防车的前轮外侧循圆曲线行走轨迹的半径。目前，我国普通消防车的转弯半径为9m，登高车的转弯半径为12m，一些特种车辆的转弯半径为16~20m，因此，弯道外侧需要保留一定的空间，保证消防车紧急通行，停车场或其他设施不能侵占消防车道的宽度，以免影响扑救工作。

7.1.3.4 消防车道的回车场

尽头式车道应根据消防车辆的回转需要设置合理的回车道或回车场。回车场的面积不应小于12m×12m；对于高层建筑，回车场不宜小于15m×15m；供重型消防车使用时，不宜小于 18m×18m。

7.1.3.5 消防车道的间距

室外消火栓的保护半径在 150m 左右，按规定一般设在城市道路两旁，故消防车道的间距应为 160m。

7.2 登高面、消防救援场地和灭火救援窗

建筑的消防登高面、消防救援场地和灭火救援窗，是火灾时进行有效的灭火救援行动的重要设施。

7.2.1 消防登高面

登高消防车能够靠近高层主体建筑，便于消防车作业和消防人员进入高层建筑进行抢救人员和扑救火灾的建筑立面称为该建筑的消防登高面，也叫建筑的消防扑救面。

对于高层建筑，应根据建筑的立面和消防车道等情况，合理确定建筑的消防登高面。根据消防登高车的变幅角的范围以及实地作业，进深不大于 4m 的裙房不会影响举高车的操作，因此，高层建筑应至少沿一条长边或周边长度的 1/4 且不小于一条长边长度的底边连续布置消防车登高操作场地，该范围内的裙房进深不应大于 4m。建筑高度不大于 50m 的建筑，连续布置消防车登高操作场地有困难时，可间隔布置，但间隔距离不宜大于 30m，且消防车登高操作场地的总长度仍应符合上述规定。

建筑物与消防车登高操作场地相对应的范围内，应设置直通室外的楼梯或直通楼梯间的入口，方便救援人员快速进入建筑展开灭火和救援。

7.2.2 消防救援场地

7.2.2.1 最小操作场地面积

消防登高场地应结合消防车道设置。考虑到举高车的支腿横向跨距不超过 6m，同时考虑普通车（宽度为 2.5m）的交会以及消防队员携带灭火器具的通行，一般以 10m 为妥。根据登高车的车长 15m 以及车道的宽度，最小操作场地长度和宽度不宜小于 15m×10m。对于建筑高度大于 50m 的建筑，操作场地的长度和宽度分别不应小于 20m 和 10m，且场地的坡度不宜大于 3%。

7.2.2.2 场地与建筑的距离

根据火场经验和登高车的操作，一般登高场地需离建筑 5m，最大距离可由建筑高度、举高车的额定工作高度确定。一般扑救 50m 以上的建筑火灾时，在

5~13m 内消防登高车可达其额定高度。为方便布置，登高场地距建筑外墙不宜小于5m，且不应大于10m。

7.2.2.3 操作场地荷载计算

作为消防车登高操作场地，由于需承受30~50t 举高车的重量，在举高车中后桥处也需承受26t 的载荷，因此，应从设计结构上考虑作局部处理。虽然地下管道、暗沟、水池、化粪池等不会很影响消防车荷载，但为安全起见，不宜把上述地下设施布置在消防登高操作场地内。同时在地下建筑上布置消防登高操作场地时，地下建筑的楼板荷载应按承载大型重系列消防车计算。

7.2.2.4 操作空间的控制

应根据高层建筑的实际高度，合理控制消防登高场地的操作空间，场地与建筑之间不应设置妨碍消防车操作的架空高压电线、树木、车库出入口等障碍，同时要避开地下建筑内设置的危险场所等的泄爆口。

在高层建筑的消防登高面一侧，地面必须设置消防车道和供消防车停靠并进行灭火救人的作业场地，该场地叫做消防救援场地。

7.2.3 灭火救援窗

在高层建筑的消防登高面一侧外墙上设置的供消防人员快速进入建筑主体且便于识别的灭火救援窗口称为灭火救援窗。厂房、仓库、公共建筑的外墙应每层设置灭火救援窗。灭火救援窗的设置要求如下：

在灭火时，只有将灭火剂直接作用于火源或燃烧的可燃物，才能有效灭火。除少数建筑外，大部分建筑的火灾在消防队到达时均已发展到比较大的规模，从楼梯间进入有时难以直接接近火源，因此有必要在外墙上设置供灭火救援用的入口。厂房、仓库、公共建筑的外墙应每层设置可供消防救援人员进入的窗口。窗口的净高度和净宽度均不应小于1.0m，下沿距室内地面不宜大于1.2m，间距不宜大于20m，且每个防火分区不应少于2个，设置位置应与消防车登高操作场地相对应。窗口的玻璃应易于破碎，并应设置可在室外识别的明显标志。

7.3 消防电梯

对于高层建筑，设置消防电梯能节省消防员的体力，使消防员能快速接近着火区域，提高战斗力和灭火救援效果。根据在正常情况下对消防员的测试结果，消防员从楼梯攀登的高度一般不大于23m；否则，对人体的体力消耗很大。对于地下建筑，由于排烟、通风条件很差，受当前装备的限制，消防员通过楼梯进入地下的危险性较地上建筑要高，因此，要尽量缩短到达火场的时间。由于普通的客、货电梯不具备防火、防烟、防水条件，火灾时电源往往没有保证，不能用于消防员的灭火救援，因此，要求高层建筑和埋深较大的地下建筑设置供消防员专用的消防电梯。

符合消防电梯的要求的客梯或工作电梯，可以兼作消防电梯。

7.3.1 消防电梯的设置范围

（1）建筑高度大于 33m 的住宅建筑。

（2）一类高层公共建筑和建筑高度大于 32m 的二类高层公共建筑。

（3）设置消防电梯的建筑的地下或半地下室，埋深大于 10m 且总建筑面积大于 3000m^2的其他地下或半地下建筑（室）。

（4）符合下列条件的建筑可不设置消防电梯：

1）建筑高度大于 32m 且设置电梯，任一层工作平台上的人数不超过 2 人的高层塔架。

2）局部建筑高度大于 32m，且局部高出部分的每层建筑面积不大于 50m^2的丁、戊类厂房。

7.3.2 消防电梯的设置要求

（1）消防电梯应分别设置在不同防火分区内，且每个防火分区不应少于1 台。

（2）建筑高度大于 32m 且设置电梯的高层厂房（仓库），每个防火分区内宜设置 1 台消防电梯。

（3）消防电梯应具有防火、防烟、防水功能。

（4）消防电梯应设置前室或与防烟楼梯间合用的前室。设置在仓库连廊、冷库穿堂或谷物筒仓工作塔内的消防电梯，可不设置前室。消防电梯前室应符合以下要求：

1）前室宜靠外墙设置，并应在首层直通室外或经过长度不大于 30m 的通道通向室外。

2）前室的使用面积公共建筑不应小于 6m^2，居住建筑不应小于 4.5m^2；与防烟楼梯间合用的前室，公共建筑不应小于 10m^2，居住建筑不应小于 6m^2。

3）前室或合用前室的门应采用乙级防火门，不应设置卷帘。

（5）消防电梯井、机房与相邻电梯井、机房之间应设置耐火极限不低于2.00h 的防火隔墙，隔墙上的门应采用甲级防火门。

（6）在扑救建筑火灾过程中，建筑内有大量消防废水流散，电梯井内外要考虑设置排水和挡水设施，并设置可靠的电源和供电线路，以保证电梯可靠运行。因此在消防电梯的井底应设置排水设施，排水井的容量不应小于 2m^3，排水泵的排水量不应小于 10L/s，且消防电梯间前室的门口宜设置挡水设施。

（7）消防电梯的载重量及行驶速度。为了满足消防扑救的需要，消防电梯应选用较大的载重量，一般不应小于800kg，且轿厢尺寸不宜小于1.5m×2m。这样，火灾时可以将一个战斗班的（8人左右）消防队员及随身携带的装备运到火场，同时可以满足用担架抢救伤员的需要。对于医院建筑等类似建筑，消防电梯轿厢内的净面积尚需考虑病人、残障人员等的救援以及方便对外联络的需要。消防电梯要层层停靠，包括地下室各层。为了赢得宝贵的时间，消防电梯的行驶速度从首层至顶层的运行时间不宜大于60s。

（8）消防电梯的电源及附设操作装置。消防电梯的供电应为消防电源并设备用电源，在最末级配电箱自动切换，动力与控制电缆、电线、控制面板应采取防水措施；在首层的消防电梯入口处应设置供消防队员专用的操作按钮，使之能快速回到首层或到达指定楼层；电梯轿厢内部应设置专用消防对讲电话，方便队员与控制中心联络。

（9）电梯轿厢的内部装修应采用不燃材料。

附　　录

附录 A　工业建筑灭火器配置场所的危险等级举例

危险等级	举　　例	
	厂房和露天、半露天生产装置区	库房和露天、半露天堆场
严重危险级	1. 闪点<60℃的油品和有机溶剂的提炼、回收、洗涤部位及其泵房、灌桶间	1. 化学危险物品库房
	2. 橡胶制品的涂胶和胶浆部位	2. 装卸原油或化学危险物品的车站、码头
	3. 二硫化碳的粗馏、精馏工段及其应用部位	3. 甲、乙类液体储罐区、桶装库房、堆场
	4. 甲醇、乙醇、丙酮、丁酮、异丙醇、醋酸乙酯、苯等的合成、精制厂房	4. 液化石油气储罐区、桶装库房、堆场
	5. 植物油加工厂的浸出厂房	5. 棉花库房及散装堆场
	6. 洗涤剂厂房石蜡裂解部位、冰醋酸裂解厂房	6. 稻草、芦苇、麦秸等堆场
	7. 环氧氢丙烷、苯乙烯厂房或装置区	7. 赛璐珞及其制品、漆布、油布、油纸及其制品，油绸及其制品库房
	8. 液化石油气灌瓶间	8. 酒精度为60度以上的白酒库房
	9. 天然气、石油伴生气、水煤气或焦炉煤气的净化（如脱硫）厂房压缩机室及鼓风机室	
	10. 乙炔站、氢气站、煤气站、氧气站	
	11. 硝化棉、赛璐珞厂房及其应用部位	
	12. 黄磷、赤磷制备厂房及其应用部位	
	13. 樟脑或松香提炼厂房，焦化厂精萘厂房	
	14. 煤粉厂房和面粉厂房的碾磨部位	
	15. 谷物筒仓工作塔、亚麻厂的除尘器和过滤器室	
	16. 氯酸钾厂房及其应用部位	
	17. 发烟硫酸或发烟硝酸浓缩部位	
	18. 高锰酸钾、重铬酸钠厂房	
	19. 过氧化钠、过氧化钾、次氯酸钙厂房	
	20. 各工厂的总控制室、分控制室	
	21. 国家和省级重点工程的施工现场	
	22. 发电厂（站）和电网经营企业的控制室、设备间	

续附录 A

危险等级	举例	
	厂房和露天、半露天生产装置区	库房和露天、半露天堆场
中危险级	1. 闪点≥60℃的油品和有机溶剂的提炼、回收工段及其抽送泵房	1. 丙类液体储罐区、桶装库房、堆场
	2. 柴油、机器油或变压器油灌桶间	2. 化学、人造纤维及其织物和棉、毛、丝、麻及其织物的库房、堆场
	3. 润滑油再生部位或沥青加工厂房	3. 纸、竹、木及其制品的库房、堆场
	4. 植物油加工精炼部位	4. 火柴、香烟、糖、茶叶库房
	5. 油浸变压器室和高、低压配电室	5. 中药材库房
	6. 工业用燃油、燃气锅炉房	6. 橡胶、塑料及其制品的库房
	7. 各种电缆廊道	7. 粮食、食品库房、堆场
	8. 油淬火处理车间	8. 电脑、电视机、收录机等电子产品及家用电器库房
	9. 橡胶制品压延、成型和硫化厂房	9. 汽车、大型拖拉机停车库
	10. 木工厂房和竹、藤加工厂房	10. 酒精度小于60度的白酒库房
	11. 针织品厂房和纺织、印染、化纤生产的干燥部位	11. 低温冷库
	12. 服装加工厂房、印染厂成品厂房	
	13. 麻纺厂粗加工厂房、毛涤厂选毛厂房	
	14. 谷物加工厂房	
	15. 卷烟厂的切丝、卷制、包装厂房	
	16. 印刷厂的印刷厂房	
	17. 电视机、收录机装配厂房	
	18. 显像管厂装配工段烧枪间	
	19. 磁带装配厂房	
	20. 泡沫塑料厂的发泡、成型、印片、压花部位	
	21. 饲料加工厂房	
	22. 地市级及以下的重点工程的施工现场	
轻危险级	1. 金属冶炼、铸造、铆焊、热轧、锻造、热处理厂房	1. 钢材库房、堆场
	2. 玻璃原料熔化厂房	2. 水泥库房、堆场
	3. 陶瓷制品的烘干、烧成厂房	3. 搪瓷、陶瓷制品库房、堆场
	4. 酚醛泡沫塑料的加工厂房	4. 难燃烧或非燃烧的建筑装饰材料库房、堆场
	5. 印染厂的漂炼部位	5. 原木库房、堆场
	6. 化纤厂后加工润湿部位	6. 丁、戊类液体储罐区、桶装库房、堆场
	7. 造纸厂或化纤厂的浆粕蒸煮工段	
	8. 仪表、器械或车辆装配车间	
	9. 不燃液体的泵房和阀门室	
	10. 金属（镁合金除外）冷加工车间	
	11. 氟利昂厂房	

附录 B　民用建筑灭火器配置场所的危险等级举例

危险等级	举　　例
严重危险级	1. 县级及以上的文物保护单位、档案馆、博物馆的库房、展览室、阅览室
	2. 设备贵重或可燃物多的实验室
	3. 广播电台、电视台的演播室、道具间和发射塔楼
	4. 专用电子计算机房
	5. 城镇及以上的邮政信函和包裹分拣房、邮袋库、通信枢纽及其电信机房
	6. 客房数在 50 间以上的旅馆、饭店的公共活动用房、多功能厅、厨房
	7. 体育场（馆）、电影院、剧院、会堂、礼堂的舞台及后台部位
	8. 住院床位在 50 张及以上的医院的手术室、理疗室、透视室、心电图室、药房、住院部、门诊部、病历室
	9. 建筑面积在 2000m^2 及以上的图书馆、展览馆的珍藏室、阅览室、书库、展览厅
	10. 民用机场的候机厅、安检厅及空管中心、雷达机房
	11. 超高层建筑和一类高层建筑的写字楼、公寓楼
	12. 电影、电视摄影棚
	13. 建筑面积在 1000m^2 及以上的经营易燃易爆化学物品的商场、商店的库房及铺面
	14. 建筑面积在 200m^2 及以上的公共娱乐场所
	15. 老人住宿床位在 50 张及以上的养老院
	16. 幼儿住宿床位在 50 张及以上的托儿所、幼儿园
	17. 学生住宿床位在 100 张及以上的学校集体宿舍
	18. 县级及以上的党政机关办公大楼的会议室
	19. 建筑面积在 500m^2 及以上的车站和码头的候车（船）室、行李房
	20. 城市地下铁道、地下观光隧道
	21. 汽车加油站、加气站
	22. 机动车交易市场（包括旧机动车交易市场）及其展销厅
	23. 民用液化气、天然气灌装站、换瓶站、调压站
中危险级	1. 县级以下的文物保护单位、档案馆、博物馆的库房、展览室、阅览室
	2. 一般的实验室
	3. 广播电台电视台的会议室、资料室
	4. 设有集中空调、电子计算机、复印机等设备的办公室
	5. 城镇以下的邮政信函和包裹分拣房、邮袋库、通信枢纽及其电信机房
	6. 客房数在 50 间以下的旅馆、饭店的公共活动用房、多功能厅和厨房
	7. 体育场（馆）、电影院、剧院、会堂、礼堂的观众厅
	8. 住院床位在 50 张以下的医院的手术室、理疗室、透视室、心电图室、药房、住院部、门诊部、病历室

续附录 B

危险等级	举　例
中危险级	9. 建筑面积在 2000m^2 以下的图书馆、展览馆的珍藏室、阅览室、书库、展览厅
	10. 民用机场的检票厅、行李厅
	11. 二类高层建筑的写字楼、公寓楼
	12. 高级住宅、别墅
	13. 建筑面积在 1000m^2 以下的经营易燃易爆化学物品的商场、商店的库房及铺面
	14. 建筑面积在 200m^2 以下的公共娱乐场所
	15. 老人住宿床位在 50 张以下的养老院
	16. 幼儿住宿床位在 50 张以下的托儿所、幼儿园
	17. 学生住宿床位在 100 张以下的学校集体宿舍
	18. 县级以下的党政机关办公大楼的会议室
	19. 学校教室、教研室
	20. 建筑面积在 500m^2 以下的车站和码头的候车（船）室、行李房
	21. 百货楼、超市、综合商场的库房、铺面
	22. 民用燃油、燃气锅炉房
	23. 民用的油浸变压器室和高、低压配电室
轻危险级	1. 日常用品小卖店及经营难燃烧或非燃烧的建筑装饰材料商店
	2. 未设集中空调、电子计算机、复印机等设备的普通办公室
	3. 旅馆、饭店的客房
	4. 普通住宅
	5. 各类建筑物中以难燃烧或非燃烧的建筑构件分隔的并主要存储难燃烧或非燃烧材料的辅助房间

附录C　自动喷水灭火系统设置场所火灾危险等级举例

火灾危险等级		设置场所
轻危险级		住宅建筑、幼儿园、老年人建筑，建筑高度小于或等于24m的旅馆、办公楼，仅在走道设置闭式系统的建筑等
中危险级	Ⅰ级	（1）高层民用建筑：旅馆、办公楼、综合楼、邮政楼、金融电信楼、指挥调度楼、广播电视楼（塔）等 （2）公共建筑（含单多高层）：医院、疗养院，图书馆（书库除外）、档案馆、展览馆（厅），影剧院、音乐厅和礼堂（舞台除外）及其他娱乐场所，火车站和飞机场及码头的建筑，总建筑面积小于5000m^{2}的商场、总建筑面积小于1000m^{2}的地下商场等 （3）文化遗产建筑：木结构古建筑、国家文物保护单位等 （4）工业建筑：食品、家用电器、玻璃制品等工厂的备料与生产车间等，冷藏库、钢屋架等建筑构件
	Ⅱ级	（1）民用建筑：书库，舞台（葡萄架除外），汽车停车场，总建筑面积为5000m^{2}及以上的商场，总建筑面积为1000m^{2}及以上的地下商场，净空高度不超过8m、物品高度不超过3.5m的超级市场等 （2）工业建筑：棉毛麻丝及化纤的纺织、织物及制品、木材木器及胶合板、谷物加工、烟草及制品、饮用酒（啤酒除外）、皮革及制品、造纸及纸制品、制药等工厂的备料与生产车间
严重危险级	Ⅰ级	印刷厂、酒精制品、可燃液体制品等工厂的备料与车间，净空高度不超过8m、物品高度超过3.5m的超级市场等
	Ⅱ级	易燃液体喷雾操作区域、固体易燃物品、可燃的气溶胶制品、溶剂清洗、喷涂油漆、沥青制品等工厂的备料及生产车间、摄影棚、舞台葡萄架下部
仓库危险级	Ⅰ级	食品、烟酒，木箱、纸箱包装的不燃难燃物品等
	Ⅱ级	木材、纸、皮革、谷物及制品、棉毛麻丝化纤及制品、家用电器、电缆、B组塑料与橡胶及其制品、钢塑混合材料制品、各种塑料瓶盒包装的不燃物品及各类物品混杂储存的仓库等
	Ⅲ级	A组塑料与橡胶及其制品，沥青制品等
备注		A组塑料、橡胶：丙烯腈-丁二烯-苯乙烯共聚物（ABS）、缩醛（聚甲醛）、聚甲基丙烯酸甲酯、玻璃纤维增强聚酯（FRP）、热塑性聚酯（PET）、聚丁二烯、聚碳酸酯、聚乙烯、聚丙烯、聚苯乙烯、聚氨基甲酸酯、高增塑聚氯乙烯（PVC，如人造革、胶片等）、苯乙烯—丙烯腈（SAN）等。丁基橡胶、乙丙橡胶（EPDM）、发泡类天然橡胶、腈橡胶（丁腈橡胶）、聚酯合成橡胶、丁苯橡胶（SBR）等。 B组塑料、橡胶：醋酸纤维素、醋酸丁酸纤维素、乙基纤维素、氟塑料、锦纶（锦纶6、锦纶6/6）、三聚氰胺甲醛、酚醛塑料、硬聚氯乙烯（PVC，如管道、管件等）、聚偏二氟乙烯（PVDC）、聚偏氟乙烯（PVDF）、聚氟乙烯（PVF）、脲甲醛等。 氯丁橡胶、不发泡类天然橡胶、硅橡胶等。粉末、颗粒、压片状的A组塑料

参考文献

[1] 张俊芳. 建筑防火设计原理 [M]. 杭州：浙江大学出版社，2018.
[2] 颜峻. 建筑防火设计 [M]. 北京：气象出版社，2017.
[3] 兰伟兴. 建筑防火设计 [M]. 北京：原子能出版社，2019.
[4] 毕伟民. 消防全攻略——建筑防火 [M]. 北京：煤炭工业出版社，2019.
[5] 阳富强. 建筑防火课程设计 [M]. 北京：化学工业出版社，2018.
[6] 晓筑教育. 建筑防火及评估技术实务与综合能力考点精讲 [M]. 上海：上海科学普及出版社，2019.
[7] 李赋，解立峰，除森，等. 防火与防爆工程 [M]. 哈尔滨：哈尔滨工业大学出版社，2016.
[8] 赵毅著. 建筑防火体系及各国发展现状 [M]. 哈尔滨：哈尔滨地图出版社，2018
[9] 蒙慧玲，周健. 建筑防火设计 [M]. 北京：中国科学技术出版社，2017.
[10] 崔政斌，石跃武. 防火防爆技术 [M]. 北京：化学工业出版社，2010.
[11] 徐彧，李耀庄. 建筑防火设计 [M]. 北京：机械工业出版社，2015.
[12] 蔡芸，主编. 建筑防火 [M]. 北京：中国人民公安大学出版社，2014.
[13] 吕显智，周白霞. 建筑防火 [M]. 北京：机械工业出版社，2014.
[14] 张格梁. 建筑防火设计技术指南 [M]. 北京：中国建筑工业出版社，2015.
[15] 朱丽华，徐锋. 防火防爆 [M]. 北京：中国质检出版社，2017.
[16] 杨泗霖. 防火与防爆 [M]. 北京：首都经济贸易大学出版社，2019.
[17] 张英华，高玉坤，黄志安. 防灭火系统设计 [M]. 北京：冶金工业出版社，2019.
[18] 张艳艳，孙辉，陈晨. 防火防爆技术 [M]. 成都：西南交通大学出版社，2019.
[19] 蔡芸，李孝斌. 防火与防爆工程 [M]. 北京：中国质检出版社，2014.
[20] 朱建芳. 防火防爆理论与技术 [M]. 北京：煤炭工业出版社，2013.
[21] 和丽秋. 消防燃烧学 [M]. 北京：机械工业出版社，2014.
[22] 张培红. 防火防爆 [M]. 沈阳：东北大学出版社，2011.
[23] 米华莉. 防火防爆技术 [M]. 北京：中国建筑工业出版社，2017.
[24] 路长. 消防安全技术与管理 [M]. 北京：地质出版社，2017.
[25] 张英华，黄志安，高玉坤. 燃烧与爆炸学 [M]. 北京：冶金工业出版社，2015.
[26] 中国消防协会. 消防安全技术实务 [M]. 北京：中国人事出版社，2019.
[27] 中国消防协会. 消防安全案例分析 [M]. 北京：中国人事出版社，2019.
[28] 蔡芸，李孝斌. 防火与防爆工程 [M]. 北京：中国质检出版社，中国标准出版社，2014.
[29] 方正，谢晓晴. 消防给水排水工程 [M]. 北京：机械工业出版社，2018.
[30] 伍爱友，彭新. 防火与防爆工程 [M]. 北京：国防工业出版社，2014.
[31] 李钰，王春青. 建筑消防工程学 [M]. 2 版. 北京：中国矿业大学出版社，2016.
[32] 傅智敏. 工业企业防火 [M]. 北京：中国人民公安大学出版社，2014.
[33] 注册安全工程师执业资格考试命题研究中心. 安全生产法及相关法律知识 [M]. 武汉：华中科技大学出版社，2015.
[34] 王信群，黄冬梅，梁晓瑜. 火灾爆炸理论与预防控制技术 [M]. 北京：冶金工业出版社，2014.

[35] 孙万付，郭秀云，李运才．危险化学品安全技术全书［M］. 北京：化学工业出版社，2017.
[36] 交通运输部水运科学研究所，上海化工研究院．GB 6944—2012 危险货物分类和品名编号［S］. 北京：中国标准出版社，2012.
[37] 哈尔滨工业大学．JGJ 450—2018 老年人照料设施建筑设计标准［S］. 北京：中国建筑工业出版社，2018.
[38] 中国化工经济技术发展中心，上海化工研究院，浙江省化工研究院有限公司等．GB 3000. 15—2013. 化学品分类和标签规范［S］. 北京：中国标准出版社，2013.
[39] 公安部上海消防研究所，等．GB 50140—2005 建筑灭火器配置设计规范［S］. 北京：中国计划出版社，2005.
[40] 公安部消防局，等．GA 95—2007 灭火器维修与报废规程［S］. 北京：中国标准出版社，2007.
[41] 中华人民共和国公安部．GB 50974—2014 消防给水及消火栓系统技术规范［S］. 北京：中国计划出版社，2014.
[42] 中华人民共和国公安部．GB 50084—2017 自动喷水灭火系统设计规范［S］. 北京：中国计划出版社，2017.
[43] 中华人民共和国公安部．GB 50116—2014 火灾自动报警系统设计规范［S］. 北京：中国计划出版社，2014.
[44] 公安部天津消防研究所，等．GB 50016—2018 建筑设计防火规范［S］. 北京：中国计划出版社，2018.
[45] 公安部四川消防研究所，等．GB 51251—2018 建筑防烟排烟系统技术标准［S］. 北京：中国计划出版社，2018.
[46] 中华人民共和国公安部．GB 50347—2004 干粉灭火系统设计规范［S］. 北京：中国计划出版社，2004.
[47] 公安部天津消防研究所，等．GB 50193—2010 二氧化碳灭火系统设计规范［S］. 北京：中国计划出版社，2010.
[48] 中华人民共和国公安部．GB 50877—2014 防火卷帘、防火门、防火窗施工及验收规范［S］. 中国计划出版社，2014.
[49] 中华人民共和国公安部．GB 50370—2005 气体灭火系统设计规范［S］. 北京：中国计划出版社，2005.
[50] 中华人民共和国公安部．GB 4396—2005 二氧化碳灭火剂［S］. 北京：中国标准出版社，2005.
[51] 公安部天津消防研究所，等．GB 12955—2008 防火门［S］. 北京：中国计划出版社，2008.
[52] 中华人民共和国住房和城乡建设部．GB 50268—2008 给水排水管道工程施工及验收规范［S］. 北京：中国建筑工业出版社，2008.
[53] 公安部天津消防研究所．GA 533—2012 挡烟垂壁［S］. 北京：中国标准出版社，2012.
[54] 公安部天津消防研究所．GB 16669—2010 二氧化碳灭火系统及部件通用技术条件［S］. 北京：中国标准出版社，2010.
[55] 中华人民共和国公安部．GB 18614—2012 七氟丙烷灭火剂［S］. 北京：中国标准出版社，2012.

冶金工业出版社部分图书推荐